KB263509

세상이 변해도
배움의 즐거움은
변함없도록

시대는 빠르게 변해도
배움의 즐거움은
변함없어야 하기에

어제의 비상은
남다른 교재부터
결이 다른 콘텐츠
전에 없던 교육 플랫폼까지

변함없는 혁신으로
교육 문화 환경의 새로운 전형을
실현해왔습니다.

비상은 오늘, 다시 한번
새로운 교육 문화 환경을 실현하기 위한
또 하나의 혁신을 시작합니다.

오늘의 내가 어제의 나를 초월하고
오늘의 교육이 어제의 교육을 초월하여
배움의 즐거움을 지속하는 혁신,

바로, 메타인지 기반 완전 학습을.

상상을 실현하는 교육 문화 기업 비상

메타인지 기반 완전 학습
초월을 뜻하는 meta와 생각을 뜻하는 인지가 결합한 메타인지는
자신이 알고 모르는 것을 스스로 구분하고 학습계획을 세우도록 하는
궁극의 학습 능력입니다. 비상의 메타인지 기반 완전 학습 시스템은
잠들어 있는 메타인지를 깨워 공부를 100% 내 것으로 만들도록 합니다.

개념+유형

유형편

기초탄탄 LITE

중등 수학

3·2

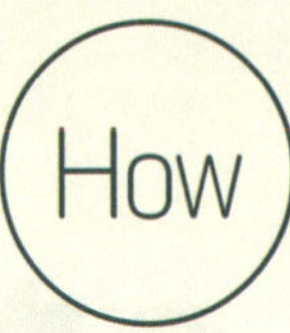

How

어떻게 만들어졌나요?

유형편 라이트는 수학에 왠지 어려움이 느껴지고 자신감이 부족한 학생들을 위해 만들어졌습니다.

When

언제 활용할까요?

개념편 진도를 나간 후 한 번 더 정리하고 싶을 때! 앞으로 배울 내용의 문제를 확인하고 싶을 때!
부족한 유형 문제를 반복 연습하고 싶을 때! 시험에 자주 출제되는 문제를 알고 싶을 때!

Why

왜 유형편 라이트를 보아야 하나요?

다양한 유형의 문제를 기초부터 반복하여 연습할 수 있도록 구성하였으므로 앞으로 배울 내용을 예습하거나
부족한 유형을 학습하려는 친구라면 누구나 꼭 갖고 있어야 할 교재입니다.
아무리 기초가 부족하더라도 이 한 권만 내 것으로 만든다면 상위권으로 도약할 수 있습니다.

유형편 라이트 의 구성

문제 풀이의 비법을 담은
내용 정리

부족한 유형은
한 번 더 연습

자주 출제되는 문제를
두 번씩 보는
쌍둥이 기출문제

쌍둥이 기출문제 중
핵심 문제만을 모아
단원 마무리

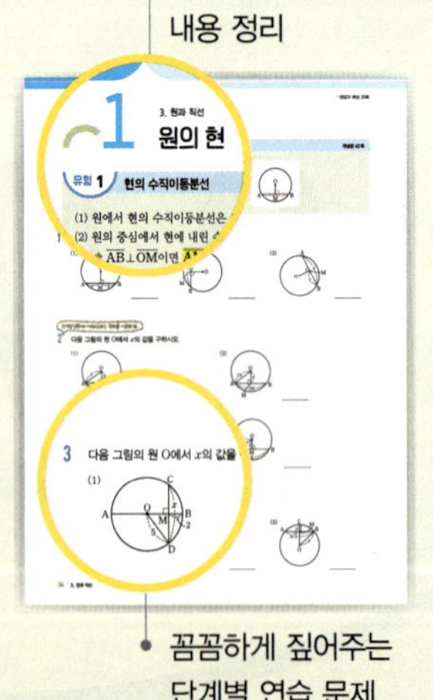

꼼꼼하게 짚어주는
단계별 연습 문제

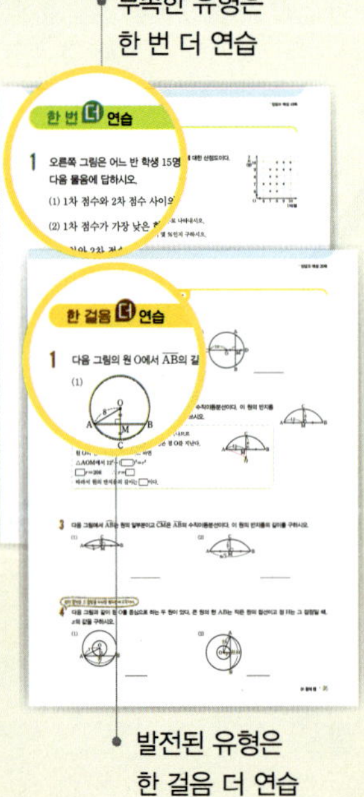

발전된 유형은
한 걸음 더 연습

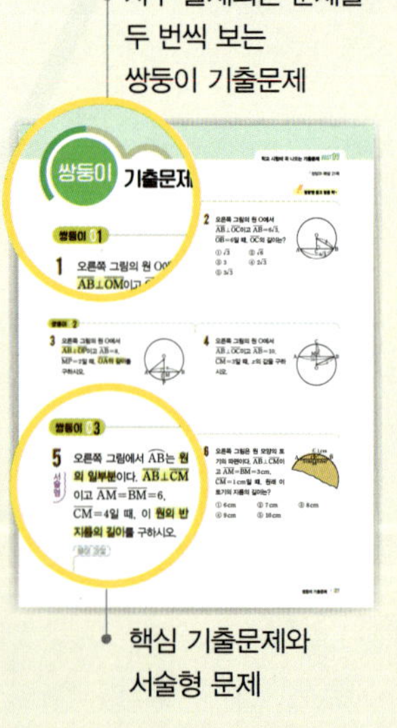

핵심 기출문제와
서술형 문제

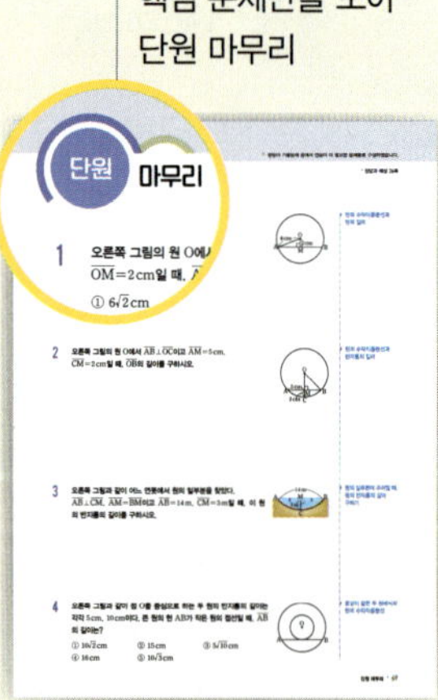

1 삼각비

1. 삼각비

삼각비의 뜻과 값

$\angle B = 90°$인 직각삼각형 ABC에서

(1) $\sin A = \dfrac{(높이)}{(빗변의\ 길이)} = \dfrac{\overline{BC}}{\overline{AC}}$
  └→ ∠A의 **사인**

(2) $\cos A = \dfrac{(밑변의\ 길이)}{(빗변의\ 길이)} = \dfrac{\overline{AB}}{\overline{AC}}$
  └→ ∠A의 **코사인**

(3) $\tan A = \dfrac{(높이)}{(밑변의\ 길이)} = \dfrac{\overline{BC}}{\overline{AB}}$
  └→ ∠A의 **탄젠트**

위의 $\sin A$, $\cos A$, $\tan A$를 통틀어 ∠A의 **삼각비**라고 한다.

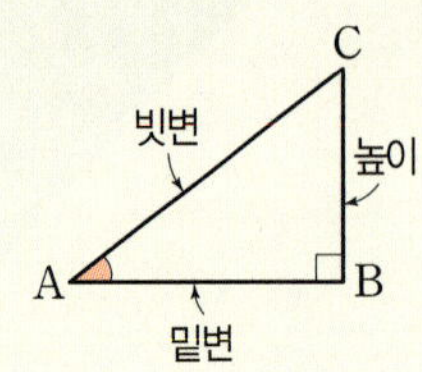

∠A의 삼각비는 ∠A를 기준으로 다음 그림과 같이 생각하면 쉽게 기억할 수 있다.

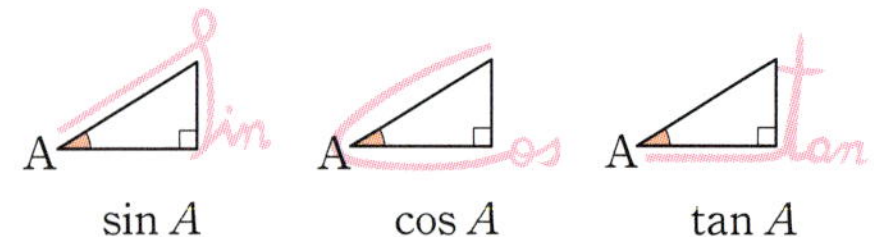

> 기준이 되는 각에 따라 높이와 밑변이 달라져!

1 아래 그림의 직각삼각형 ABC에서 다음 삼각비의 값을 구하시오.

(1) 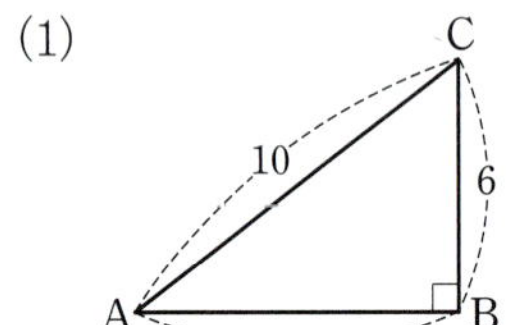

$\sin A =$ ＿＿＿

$\cos A =$ ＿＿＿

$\tan A =$ ＿＿＿

(2) 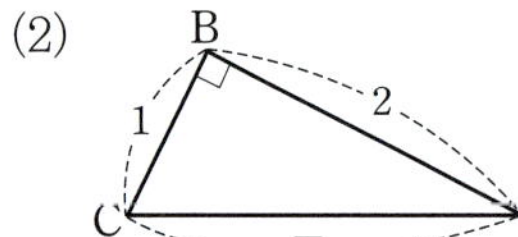

$\sin C =$ ＿＿＿

$\cos C =$ ＿＿＿

$\tan C =$ ＿＿＿

(3) 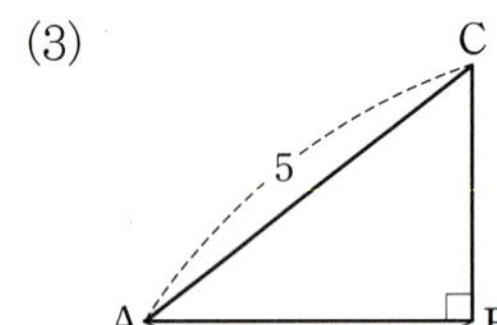

$\sin A =$ ＿＿＿

$\cos A =$ ＿＿＿

$\tan A =$ ＿＿＿

(4) 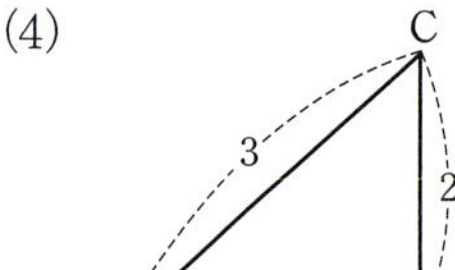

$\sin C =$ ＿＿＿

$\cos C =$ ＿＿＿

$\tan C =$ ＿＿＿

(5) 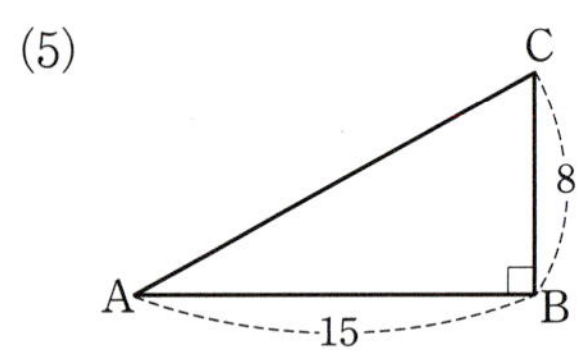

$\sin A =$ ＿＿＿

$\cos A =$ ＿＿＿

$\tan A =$ ＿＿＿

(6) 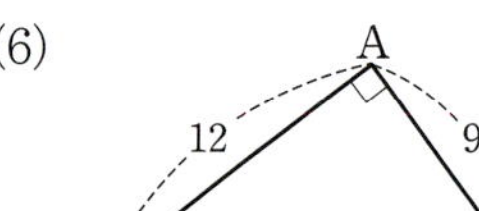

$\sin C =$ ＿＿＿

$\cos C =$ ＿＿＿

$\tan C =$ ＿＿＿

2 아래 그림의 직각삼각형 ABC에서 삼각비의 값이 주어질 때, 다음을 구하시오.

(1) 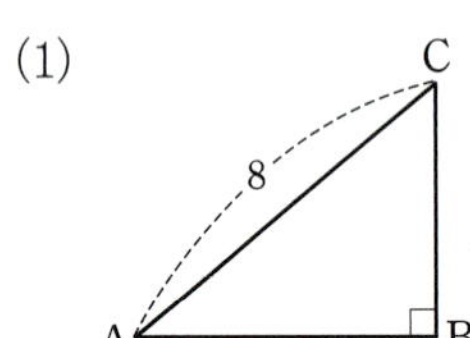

$\sin A = \dfrac{\sqrt{5}}{4} \ \Rightarrow \ \dfrac{\overline{BC}의\ 길이}{\overline{AB}의\ 길이}$ ＿＿＿＿

(2) 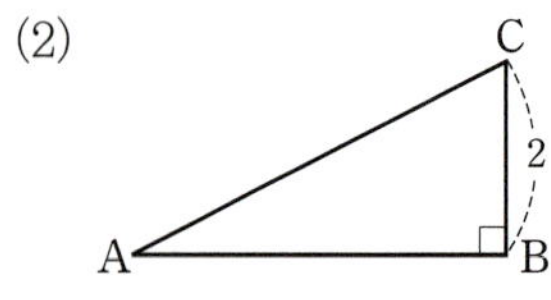

$\tan A = \dfrac{1}{2} \ \Rightarrow \ \dfrac{\overline{AB}의\ 길이}{\overline{AC}의\ 길이}$ ＿＿＿＿

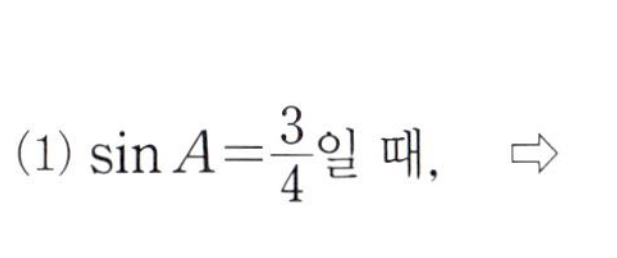

3 다음을 구하시오. (단, $0° < A < 90°$)

(1) $\sin A = \dfrac{3}{4}$ 일 때, $\Rightarrow$ 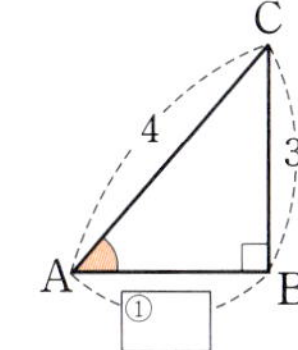 $\Rightarrow$ $\cos A = \boxed{②}$, $\tan A = \boxed{③}$

(2) $\cos A = \dfrac{3}{5}$ 일 때, $\tan A$의 값 ______

(3) $\tan A = \sqrt{3}$ 일 때, $\cos A$의 값 ______

(4) $\cos A = \dfrac{2}{3}$ 일 때, $\sin A + \tan A$의 값 ______

(5) $\tan A = 1$ 일 때, $\cos A - \sin A$의 값 ______

(6) $\sin A = \dfrac{\sqrt{5}}{5}$ 일 때, $\cos A \times \tan A$의 값 ______

4 오른쪽 그림의 직각삼각형 ABC에서 ∠C와 크기가 같은 각에 ×표시를, ∠C의 크기와의 합이 90°가 되는 각에 ○표시를 하고 다음 □ 안에 알맞은 것을 쓰시오.

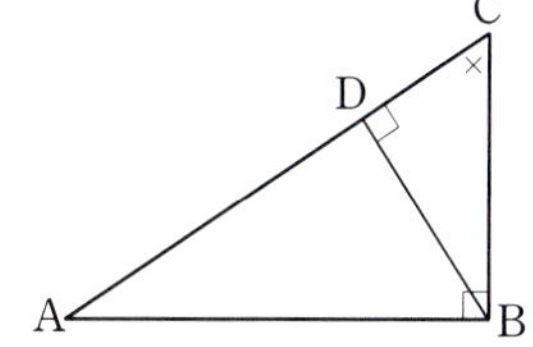

(1) $\sin A = \dfrac{\overline{BC}}{\overline{AC}} = \dfrac{\boxed{}}{\overline{AB}} = \dfrac{\boxed{}}{\overline{BC}}$

(2) $\cos A = \dfrac{\overline{AB}}{\overline{AC}} = \dfrac{\overline{AD}}{\boxed{}} = \dfrac{\overline{BD}}{\boxed{}}$

(3) $\tan A = \dfrac{\boxed{}}{\overline{AB}} = \dfrac{\overline{BD}}{\boxed{}} = \dfrac{\boxed{}}{\overline{BD}}$

(표 머리말: △ABC △ADB △BDC)

[5~6] 주어진 그림의 직각삼각형 ABC에서 다음을 구하시오.

5 △ABC에서 (1) ∠BAD와 크기가 같은 각 ________

(2) ∠DAC와 크기가 같은 각 ________

(3) $\sin x =$ ______ $\cos x =$ ______ $\tan x =$ ______

(4) $\sin y =$ ______ $\cos y =$ ______ $\tan y =$ ______

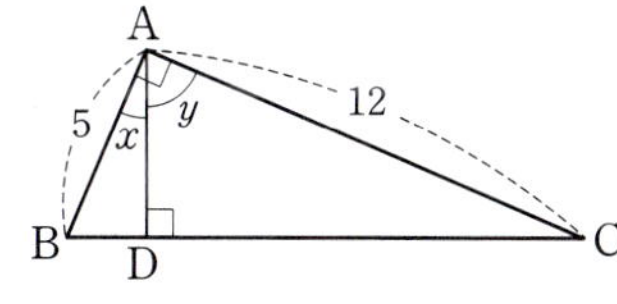

6 △ABC에서 (1) ∠BDE와 크기가 같은 각 ________

(2) $\sin x =$ ______ $\cos x =$ ______ $\tan x =$ ______

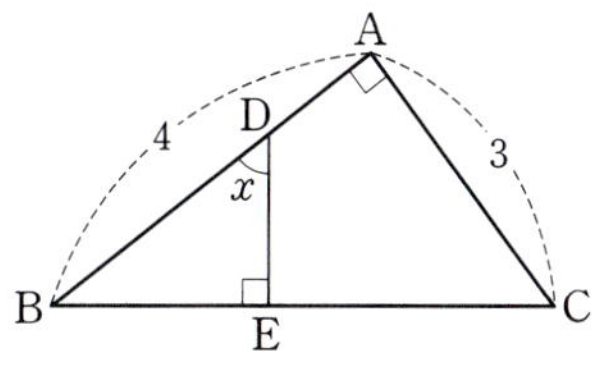

유형 **2**   30°, 45°, 60°의 삼각비의 값

삼각비 $\diagdown$ A	30°	45°	60°
$\sin A$	$\dfrac{1}{2}$	$\dfrac{\sqrt{2}}{2}$	$\dfrac{\sqrt{3}}{2}$
$\cos A$	$\dfrac{\sqrt{3}}{2}$	$\dfrac{\sqrt{2}}{2}$	$\dfrac{1}{2}$
$\tan A$	$\dfrac{\sqrt{3}}{3}$	1	$\sqrt{3}$

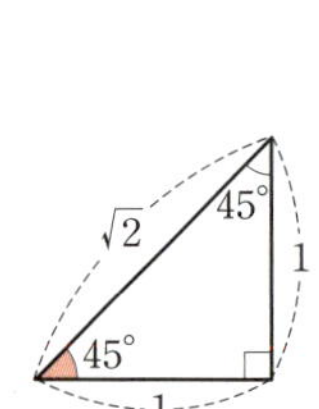

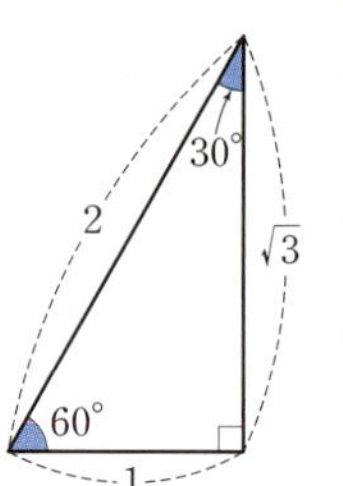

[참고] $\sin^2 A = (\sin A)^2$, $\cos^2 A = (\cos A)^2$, $\tan^2 A = (\tan A)^2$

> 30°, 45°, 60°의 삼각비의 값을 이용하여 식의 값을 구해 봐.

1 다음을 계산하시오.

(1) $\sin 30° + \cos 60°$ _____

(2) $\cos 30° - \sin 45°$ _____

(3) $\tan 60° \times \tan 30°$ _____

(4) $\sin 60° \times \tan 60°$ _____

(5) $\sin 45° \div \cos 45°$ _____

(6) $\sin^2 30° + \cos^2 30°$ _____

(7) $\sin 60° + \cos 30° + \tan 45°$ _____

(8) $\sin 30° - \tan 45° + \cos 60°$ _____

2 다음을 계산하시오.

(1) $(\sin 45° - \cos 45°) \times \sin 30°$ _____

(2) $\sin 60° \times \tan 30° + \tan 45°$ _____

(3) $\sin 30° - \sqrt{3}\tan 30° - \cos 60°$ _____

(4) $(\sin 30° + \cos 30°)(\sin 60° - \cos 60°)$ _____

(5) $\sqrt{3}\sin 60° \times \cos 60° + \cos 30° \times \tan 30°$ _____

(6) $2\sin 60° + \sqrt{3}\tan 45° \times \tan 60°$ _____

(7) $\sin^2 30° + \tan 30° \times \tan 60° + \sin^2 60°$ _____

(8) $\dfrac{\cos 30° - \sin 30°}{\tan 60° - \tan 45°}$ _____

3 다음 그림의 직각삼각형에서 x, y의 값을 각각 구하시오.

(1) 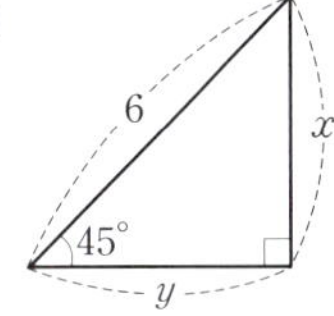

(2) 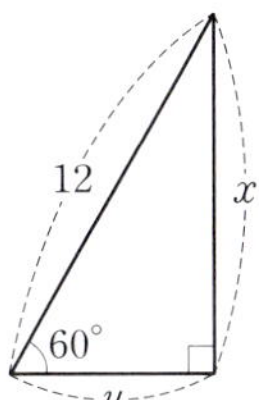

(3) 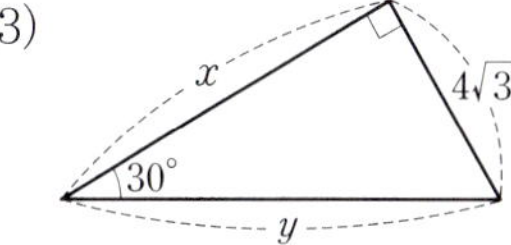

_______________________ _______________________ _______________________

4 다음 그림에서 x, y의 값을 각각 구하시오.

(1) 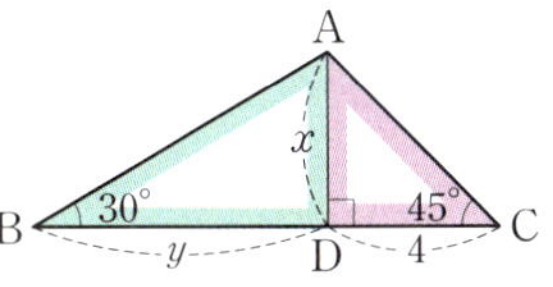

(2) 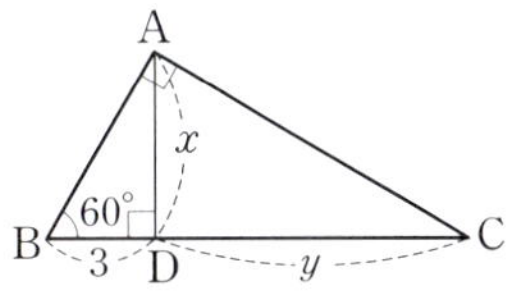

(3) 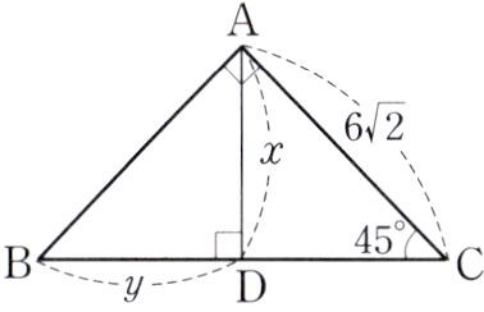

_______________________ _______________________ _______________________

(4) 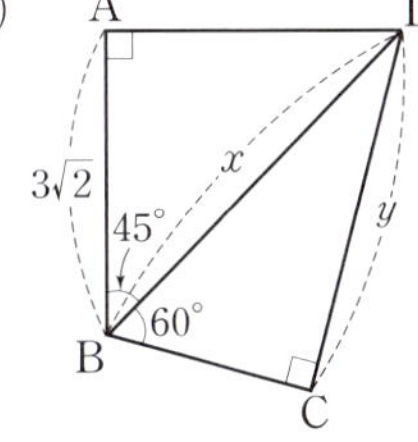

(5) 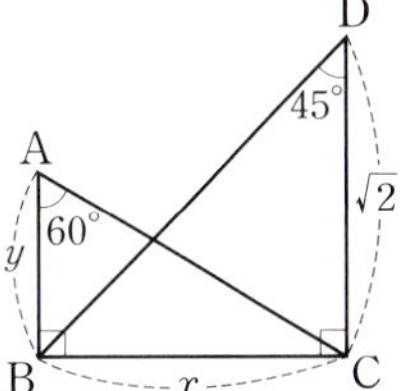

(6) 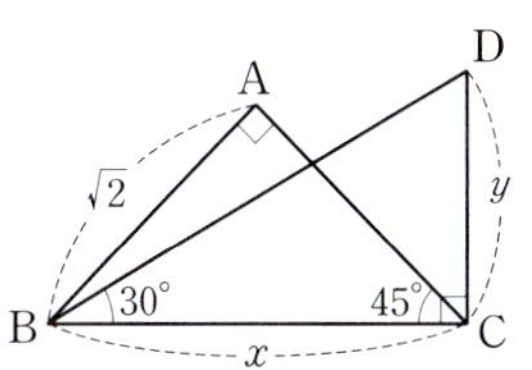

_______________________ _______________________ _______________________

5 오른쪽 그림의 직각삼각형 ABD에서 $\overline{BC}$의 길이를 구하려고 한다. 다음을 구하시오.

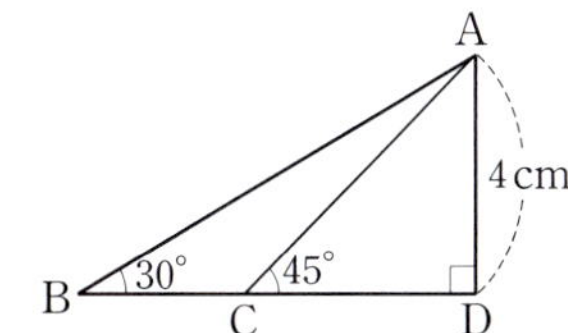

(1) $\overline{CD}$의 길이 _______________

(2) $\overline{BD}$의 길이 _______________

(3) $\overline{BC}$의 길이 _______________

삼각비와 직선의 기울기

오른쪽 그림과 같이 직선 $y=mx+n\,(m>0)$이 x축과 이루는 예각의 크기를 a라고 하면

➡ (직선의 기울기)$=m=\dfrac{(y\text{의 값의 증가량})}{(x\text{의 값의 증가량})}=\dfrac{\overline{AO}}{\overline{BO}}=\dfrac{(\text{높이})}{(\text{밑변의 길이})}=\tan a$

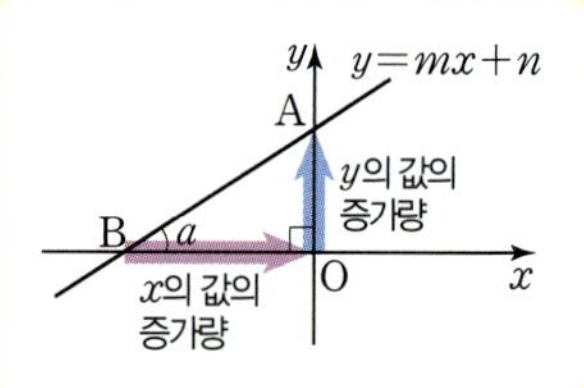

---

6 오른쪽 그림과 같이 직선 $y=2x+1$이 x축과 이루는 예각의 크기를 a라고 할 때, $\tan a$의 값을 구하시오.

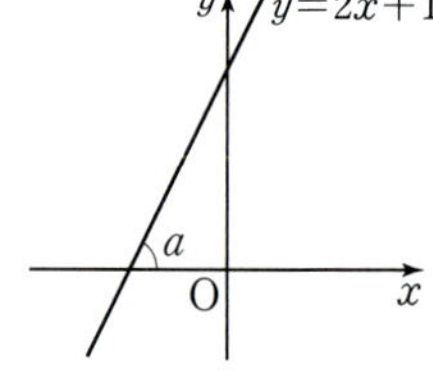

---

7 오른쪽 그림과 같이 y절편이 3이고, x축과 이루는 예각의 크기가 60°인 직선에 대하여 다음을 구하시오.

(1) 직선의 기울기 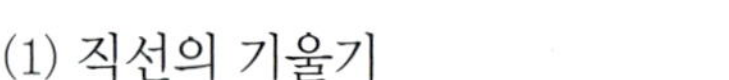

(2) 직선의 방정식 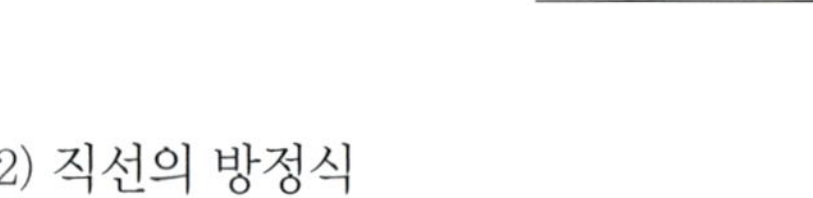

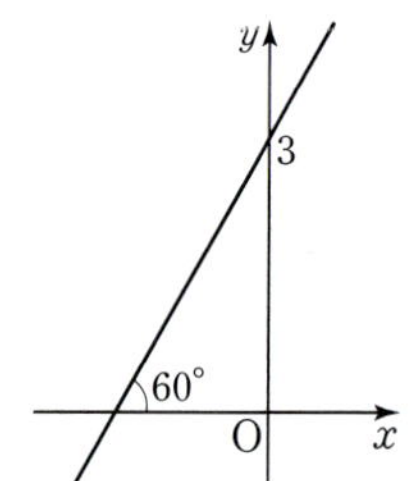

---

8 오른쪽 그림과 같이 x절편이 -2이고, x축과 이루는 예각의 크기가 45°인 직선에 대하여 다음을 구하시오.

(1) 직선의 기울기 

(2) 직선의 방정식 

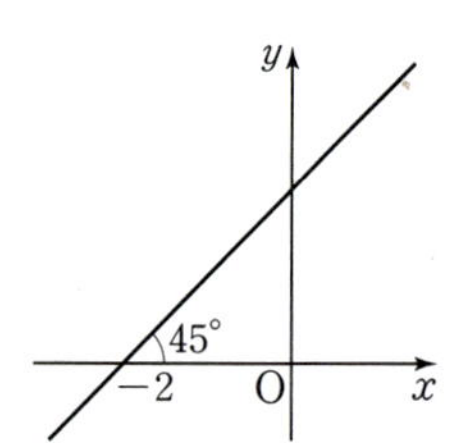

쌍둥이 기출문제

● 정답과 해설 9쪽

형광펜 들고 밑줄 좍~

쌍둥이 01

1 오른쪽 그림과 같이 $\angle C=90°$인 **직각삼각형 ABC**에서 $\cos B$의 **값은?**

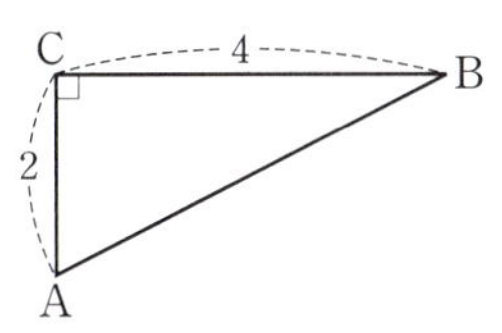

① $\dfrac{1}{4}$ ② $\dfrac{\sqrt{5}}{5}$

③ $\dfrac{1}{2}$ ④ $\dfrac{\sqrt{5}}{4}$

⑤ $\dfrac{2\sqrt{5}}{5}$

2 오른쪽 그림과 같이 $\angle B=90°$인 직각삼각형 ABC에서 다음 중 옳은 것은?

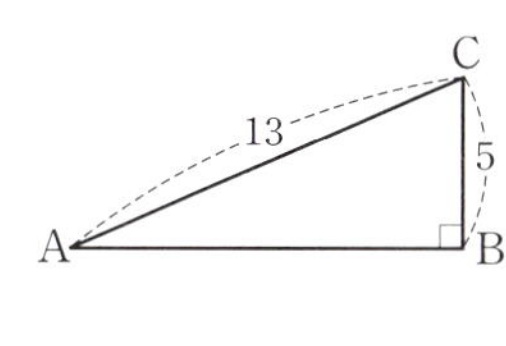

① $\sin A=\dfrac{12}{13}$ ② $\cos A=\dfrac{5}{13}$

③ $\tan A=\dfrac{13}{5}$ ④ $\cos C=\dfrac{12}{13}$

⑤ $\tan C=\dfrac{12}{5}$

쌍둥이 02

3 오른쪽 그림의 직각삼각형 ABC에서 $\overline{BC}=10\,\text{cm}$, $\cos B=\dfrac{2}{3}$일 때, $\overline{AC}$의 **길이**를 구하시오.

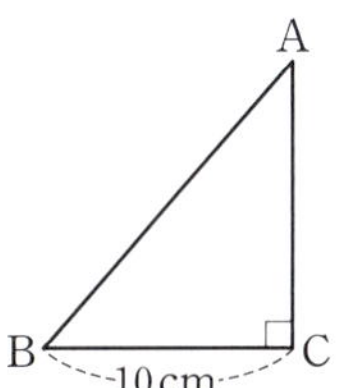

4 오른쪽 그림의 직각삼각형 ABC에서 $\overline{AB}=6\,\text{cm}$, $\sin B=\dfrac{\sqrt{5}}{3}$일 때, $\triangle ABC$의 넓이를 구하시오.

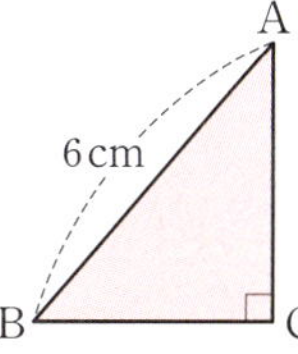

쌍둥이 03

5 $\sin A=\dfrac{3}{5}$일 때, $\cos A$의 **값은?** (단, $0°<A<90°$)

① $\dfrac{2}{5}$ ② $\dfrac{1}{2}$ ③ $\dfrac{2}{3}$

④ $\dfrac{3}{4}$ ⑤ $\dfrac{4}{5}$

6 $3\tan A-2=0$일 때, $\sin A$의 값은?

(단, $0°<A<90°$)

① $\dfrac{\sqrt{13}}{13}$ ② $\dfrac{2\sqrt{13}}{13}$ ③ $\dfrac{3\sqrt{13}}{13}$

④ $\dfrac{1}{3}$ ⑤ $\dfrac{2}{3}$

쌍둥이 04

7 오른쪽 그림의 **직각삼각형 ABC**에서 $\overline{BC}\perp\overline{DE}$일 때, $\sin x-\cos x$의 **값을** 구하시오.

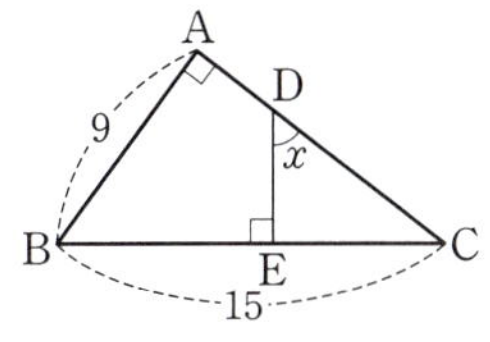

8 오른쪽 그림의 직각삼각형 ABC에서 $\overline{AC}\perp\overline{BD}$일 때, $\cos x+\tan y$의 값을 구하시오.

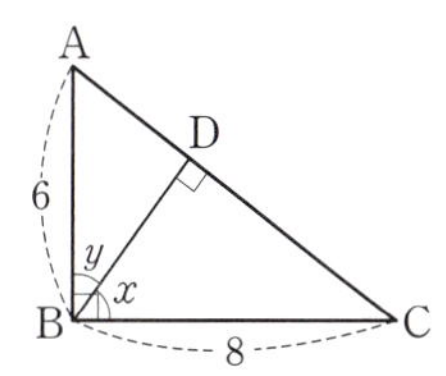

쌍둥이 기출문제

쌍둥이 05

9 다음 중 옳은 것을 모두 고르면? (정답 2개)

① $\tan 60° - \sin 45° = \dfrac{2\sqrt{3} - 3\sqrt{2}}{2}$

② $\sin 30° + \cos 60° = 1$

③ $\sin 60° \times \cos 30° = \dfrac{\sqrt{3}}{4}$

④ $\tan 45° \div \cos 45° = \dfrac{\sqrt{2}}{2}$

⑤ $\cos 30° \times \tan 60° = \dfrac{3}{2}$

10 다음을 계산하시오.

$$\sin 30° - \cos 60° + \tan 60° \times \tan 30°$$

쌍둥이 06

11 오른쪽 그림의 $\triangle ABC$에서 $\overline{AD} \perp \overline{BC}$이고 $\angle B = 60°$, $\angle C = 45°$, $\overline{AB} = 8$일 때, $x + y$의 값은?

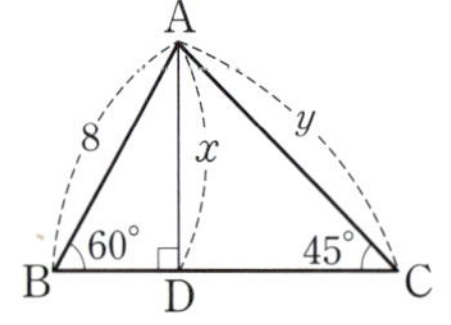

① $2\sqrt{3} + 2\sqrt{6}$ ② $4 + 4\sqrt{3}$ ③ $6 + 4\sqrt{3}$

④ $4 + 4\sqrt{6}$ ⑤ $4\sqrt{3} + 4\sqrt{6}$

12 서술형 오른쪽 그림과 같은 두 직각삼각형 ABC와 BCD에서 $\angle A = 60°$, $\angle D = 45°$이고 $\overline{AB} = 1$일 때, $\overline{BD}$의 길이를 구하시오.

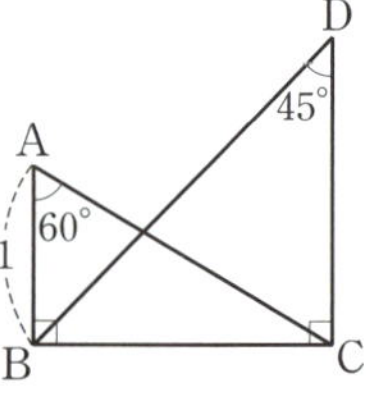

풀이 과정

답

쌍둥이 07

13 오른쪽 그림과 같이 y절편이 5이고, x축과 이루는 예각의 크기가 45°인 직선의 방정식을 구하시오.

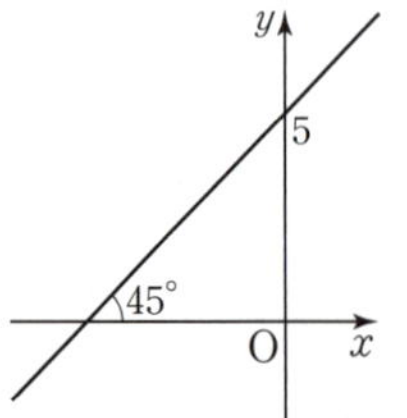

14 오른쪽 그림과 같이 x절편이 -3이고, x축과 이루는 예각의 크기가 30°인 직선이 있다. 이 직선의 방정식을 $y = ax + b$라고 할 때, 상수 a, b에 대하여 $a + b$의 값을 구하시오.

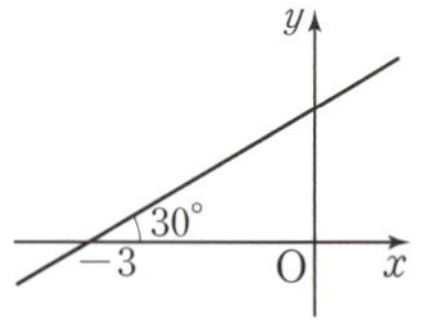

유형 3 · 예각에 대한 삼각비의 값

반지름의 길이가 1인 사분원에서 임의의 예각 a에 대하여

(1) $\sin a = \dfrac{\overline{AB}}{\overline{OA}} = \dfrac{\overline{AB}}{1} = \overline{AB}$ ← 직각삼각형 AOB에서 생각한다.

(2) $\cos a = \dfrac{\overline{OB}}{\overline{OA}} = \dfrac{\overline{OB}}{1} = \overline{OB}$

(3) $\tan a = \dfrac{\overline{CD}}{\overline{OD}} = \dfrac{\overline{CD}}{1} = \overline{CD}$ ← 직각삼각형 COD에서 생각한다.

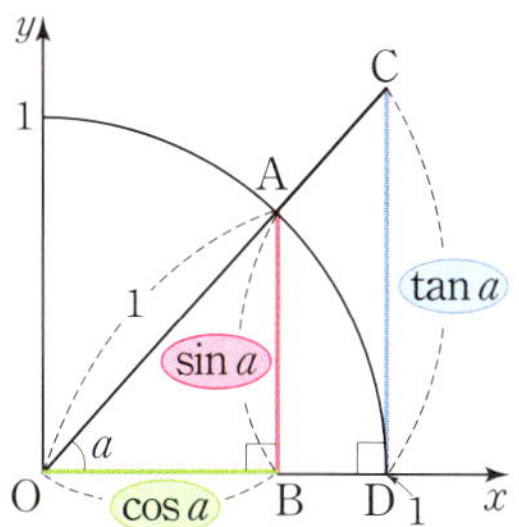

[1~2] 한 변의 길이가 1인 직각삼각형에서 삼각비의 값을 생각해 봐.

1 오른쪽 그림과 같이 반지름의 길이가 1인 사분원에서 다음 선분의 길이를 나타내는 삼각비를 보기에서 모두 고르시오.

> 보기
>
> | $\sin x$, | $\cos x$, | $\tan x$, |
> | $\sin y$, | $\cos y$, | $\tan y$ |

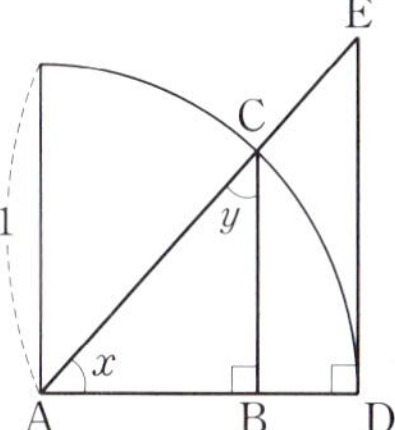

(1) $\overline{AB}$ ______________

(2) $\overline{BC}$ ______________

(3) $\overline{DE}$ ______________

2 오른쪽 그림과 같이 반지름의 길이가 1인 사분원에서 다음 중 옳지 <u>않은</u> 것은?

① $\sin x = \overline{AB}$ ② $\cos x = \overline{OB}$

③ $\sin z = \overline{OB}$ ④ $\cos y = \overline{AB}$

⑤ $\tan x = \overline{AB}$

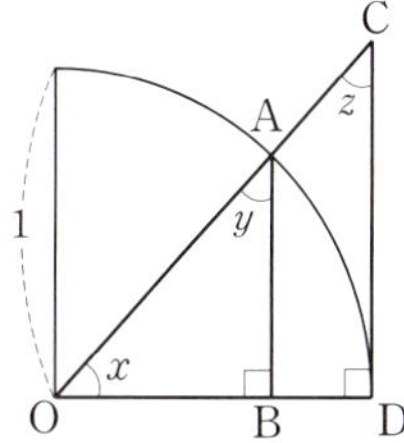

3 오른쪽 그림은 반지름의 길이가 1인 사분원을 좌표평면 위에 나타낸 것이다. 다음 삼각비의 값을 구하시오.

(1) $\sin 50°$ _____________

(2) $\cos 50°$ _____________

(3) $\tan 50°$ _____________

(4) $\sin 40°$ _____________

(5) $\cos 40°$ _____________

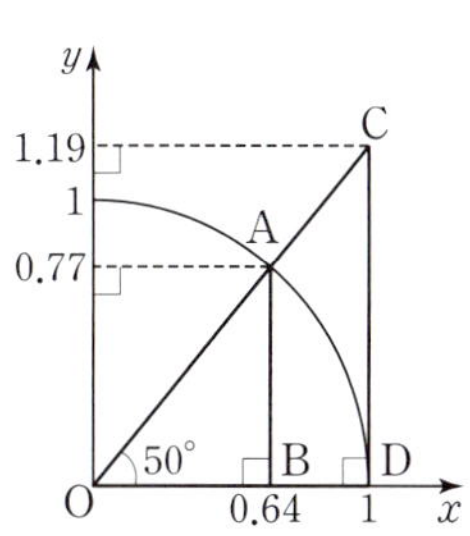

유형 **4** 0°, 90°의 삼각비의 값

개념편 13~14쪽

A \ 삼각비	$\sin A$	$\cos A$	$\tan A$
0°	0	1	0
90°	1	0	정할 수 없다.

1 다음 중 삼각비의 값이 1인 것을 모두 고르시오.

$$\sin 0°, \qquad \cos 0°, \qquad \tan 45°,$$
$$\tan 90°, \qquad \sin 90°, \qquad \cos 90°$$

2 다음을 계산하시오.

(1) $\sin 0° + \tan 45° + \sin 90°$ __________

(2) $(\cos 90° + \tan 0°) \div \cos 0°$ __________

(3) $\sin 45° \times \cos 90° + \cos 45° \times \sin 90°$ __________

(4) $\sin 30° - \cos 90° \times \sin 0° + \tan 45°$ __________

3 다음 ☐ 안에 >, < 중 알맞은 것을 쓰시오.

(1) $\sin 30° \,\square\, \sin 60°$ (2) $\cos 45° \,\square\, \cos 90°$ (3) $\tan 30° \,\square\, \tan 45°$

(4) $\sin 45° \,\square\, \tan 45°$ (5) $\cos 60° \,\square\, \tan 60°$ (6) $\sin 90° \,\square\, \cos 90°$

4 다음 삼각비의 값을 큰 것부터 차례로 나열하시오.

$$\sin 45°, \qquad \cos 30°, \qquad \tan 45°, \qquad \cos 60°, \qquad \tan 0°$$

유형 5 삼각비의 표

삼각비의 표에서 삼각비의 값은 각도의 가로줄과 삼각비의 세로줄이 만나는 칸에 있는 수이다.

예 오른쪽 삼각비의 표를 이용하여 $\sin 15°$, $\tan 16°$의 값을 각각 구하면
$\sin 15°=0.2588$, $\tan 16°=0.2867$

각도	사인(sin)	코사인(cos)	탄젠트(tan)
⋮	⋮	⋮	⋮
15°	0.2588	0.9659	0.2679
16°	0.2756	0.9613	0.2867
⋮	⋮	⋮	⋮

---

1 아래 삼각비의 표를 이용하여 다음 삼각비의 값을 구하시오.

각도	사인(sin)	코사인(cos)	탄젠트(tan)
48°	0.7431	0.6691	1.1106
49°	0.7547	0.6561	1.1504
50°	0.7660	0.6428	1.1918
51°	0.7771	0.6293	1.2349
52°	0.7880	0.6157	1.2799
53°	0.7986	0.6018	1.3270

(1) $\sin 48°$ ＿＿＿＿＿

(2) $\cos 51°$ ＿＿＿＿＿

(3) $\tan 52°$ ＿＿＿＿＿

(4) $\sin 49°$ ＿＿＿＿＿

(5) $\cos 53°$ ＿＿＿＿＿

(6) $\tan 50°$ ＿＿＿＿＿

2 **1**번의 삼각비의 표를 이용하여 다음을 만족시키는 x의 크기를 구하시오.

(1) $\sin x=0.7660$ ＿＿＿＿＿

(2) $\cos x=0.6157$ ＿＿＿＿＿

(3) $\tan x=1.1504$ ＿＿＿＿＿

3 아래 삼각비의 표를 이용하여 다음을 계산하시오.

각도	사인(sin)	코사인(cos)	탄젠트(tan)
20°	0.3420	0.9397	0.3640
21°	0.3584	0.9336	0.3839
22°	0.3746	0.9272	0.4040
23°	0.3907	0.9205	0.4245
24°	0.4067	0.9135	0.4452
25°	0.4226	0.9063	0.4663

(1) $\sin 20°+\cos 25°$ ＿＿＿＿＿

(2) $\cos 24°-\tan 21°$ ＿＿＿＿＿

(3) $\cos 21°-\sin 22°-\tan 24°$ ＿＿＿＿＿

(4) $\tan 25°+\cos 23°-\sin 24°$ ＿＿＿＿＿

4 **3**번의 삼각비의 표를 이용하여 다음을 구하시오.

(1) $\sin A=0.4226$, $\tan B=0.4245$일 때, $A+B$의 크기 ＿＿＿＿＿

(2) $\cos A=0.9272$, $\tan B=0.3640$일 때, $A-B$의 크기 ＿＿＿＿＿

쌍둥이 기출문제

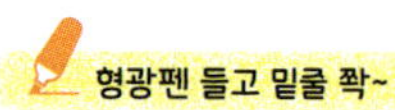

1 오른쪽 그림과 같이 반지름의 길이가 1인 사분원에서 다음 삼각비의 값과 길이가 같은 선분을 구하시오.

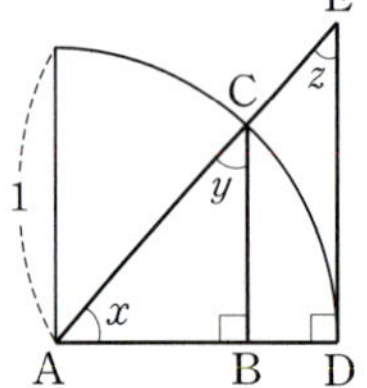

(1) $\sin y$

(2) $\cos z$

(3) $\tan x$

2 오른쪽 그림은 반지름의 길이가 1인 사분원을 좌표평면 위에 나타낸 것이다. 다음 중 옳은 것은?

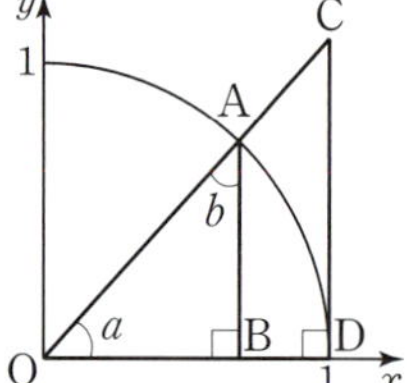

① $\sin a = \dfrac{1}{\overline{\text{OB}}}$

② $\cos a = \overline{\text{OD}}$

③ $\tan a = \overline{\text{AB}}$

④ $\cos b = \overline{\text{AB}}$

⑤ $\tan b = \overline{\text{CD}}$

3 오른쪽 그림과 같이 반지름의 길이가 1인 사분원을 좌표평면 위에 나타낼 때, 다음 중 옳은 것은?

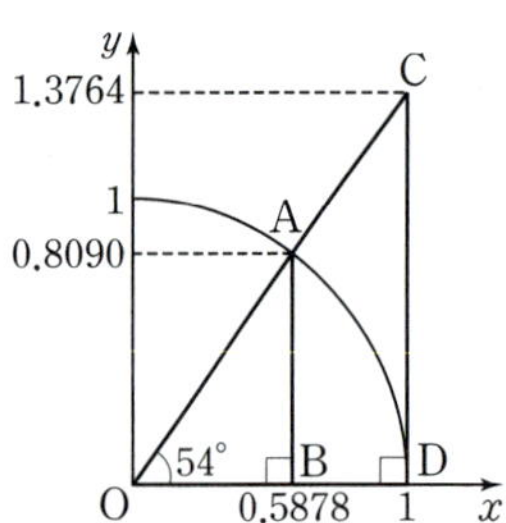

① $\sin 54° = 0.5878$

② $\cos 54° = 1.3764$

③ $\tan 54° = 0.8090$

④ $\sin 36° = 0.5878$

⑤ $\cos 36° = 1.3764$

4 오른쪽 그림과 같이 반지름의 길이가 1인 사분원을 좌표평면 위에 나타낼 때, $\tan 48° - \sin 42°$의 값은?

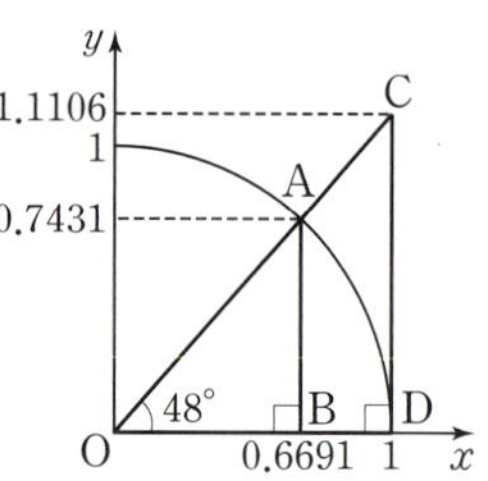

① 0.0740

② 0.2569

③ 0.3309

④ 0.3675

⑤ 0.4415

5 다음 중 그 값이 나머지 넷과 다른 하나는?

① $\cos 30° \div \sin 60°$

② $\sin 30° + \cos 60°$

③ $\sin 90° \times \cos 0°$

④ $\cos 90° \times \sin 0°$

⑤ $\tan 45° \times \sin 90°$

6 $(\cos 0° + \tan 60°)\left(\sin 90° - \dfrac{1}{\tan 30°}\right)$을 계산하면?

① -3

② -2

③ -1

④ 1

⑤ 2

쌍둥이 04

7 다음 중 보기의 삼각비의 값을 작은 것부터 차례로 나열한 것은?

| 보기 |

ㄱ. $\cos 45°$　　　ㄴ. $\sin 30°$

ㄷ. $\tan 0°$　　　ㄹ. $\sin 90°$

① ㄱ—ㄴ—ㄷ—ㄹ　　② ㄱ—ㄹ—ㄴ—ㄷ

③ ㄷ—ㄱ—ㄴ—ㄹ　　④ ㄷ—ㄴ—ㄱ—ㄹ

⑤ ㄹ—ㄴ—ㄷ—ㄱ

8 다음 중 삼각비의 값이 가장 큰 것은?

① $\sin 60°$　　② $\sin 0°$　　③ $\tan 45°$

④ $\cos 90°$　　⑤ $\cos 60°$

쌍둥이 05

9 다음 삼각비의 표를 이용하여 $\sin 33° + \cos 35° - \tan 32°$의 값을 구하면?

각도	사인($\sin$)	코사인($\cos$)	탄젠트($\tan$)
32°	0.5299	0.8480	0.6249
33°	0.5446	0.8387	0.6494
34°	0.5592	0.8290	0.6745
35°	0.5736	0.8192	0.7002

① 0.6636　　② 0.6893　　③ 0.7144

④ 0.7389　　⑤ 0.7874

10 다음 삼각비의 표에 대한 설명으로 옳지 않은 것은?

각도	사인($\sin$)	코사인($\cos$)	탄젠트($\tan$)
10°	0.1736	0.9848	0.1763
11°	0.1908	0.9816	0.1944
12°	0.2079	0.9781	0.2126
13°	0.2250	0.9744	0.2309

① $\cos 12°$의 값은 0.9781이다.

② $\sin 10° + \tan 11°$의 값은 0.3680이다.

③ $\cos 13° - \sin 12°$의 값은 0.7531이다.

④ $\sin x = 0.2250$이면 $x = 13°$이다.

⑤ $\tan y = 0.1763$이면 $y = 10°$이다.

쌍둥이 06

11 오른쪽 그림의 직각삼각형 ABC에서 다음 삼각비의 표를 이용하여 $x + y$의 값을 구하시오.

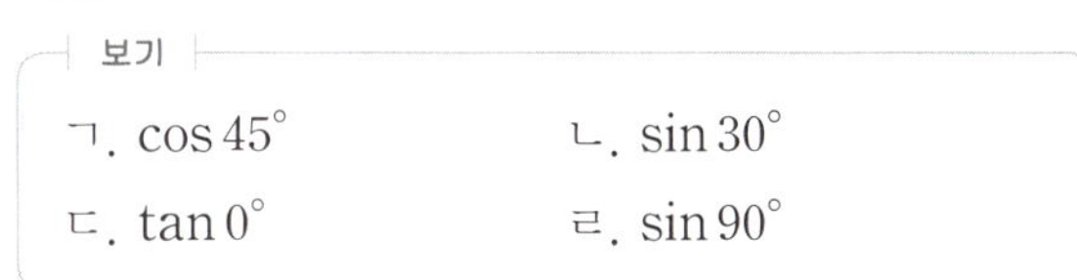

각도	사인($\sin$)	코사인($\cos$)	탄젠트($\tan$)
26°	0.4384	0.8988	0.4877
27°	0.4540	0.8910	0.5095
28°	0.4695	0.8829	0.5317

12 다음 그림의 직각삼각형 ABC에서 **11**번의 삼각비의 표를 이용하여 x의 값을 구하시오.

(1) 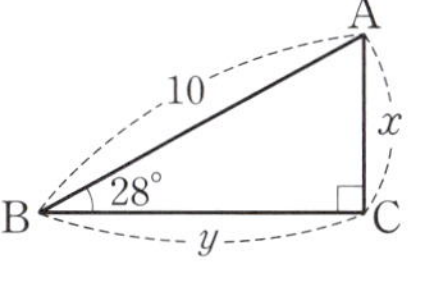

(2) 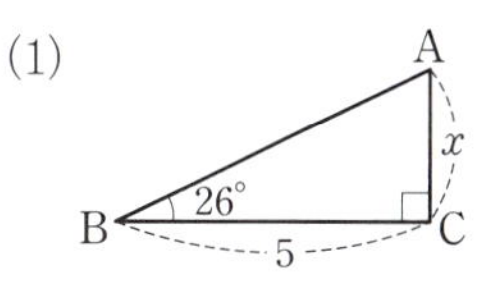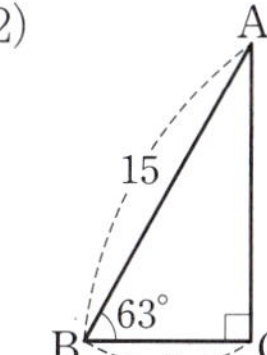

단원 마무리

1 오른쪽 그림의 직각삼각형 ABC에 대하여 다음 중 옳은 것은?

① $\sin A = \dfrac{8}{17}$ ② $\cos A = \dfrac{15}{17}$ ③ $\cos C = \dfrac{8}{17}$

④ $\sin C = \dfrac{15}{17}$ ⑤ $\tan C = \dfrac{8}{15}$

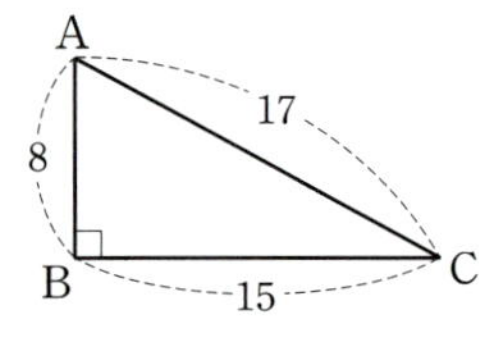

● 삼각비의 값

2 오른쪽 그림의 직각삼각형 ABC에서 $\cos B$의 값을 구하시오.

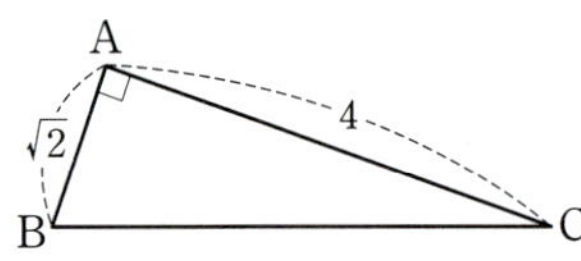

● 삼각비의 값

3 오른쪽 그림의 직각삼각형 ABC에서 $\overline{BC}=12$, $\tan A = \dfrac{3}{2}$일 때, $\overline{AC}$의 길이를 구하시오.

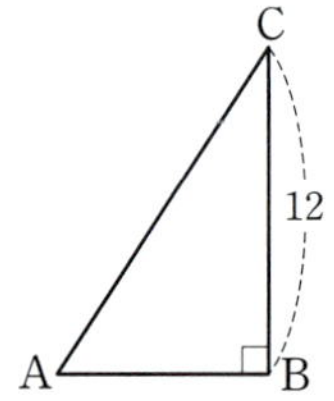

● 삼각비를 이용하여 변의 길이 구하기

4 $\cos A = \dfrac{5}{7}$일 때, $\sin A \times \tan A$의 값은? (단, $0° < A < 90°$)

① $\dfrac{2\sqrt{6}}{35}$ ② $\dfrac{4\sqrt{6}}{35}$ ③ $\dfrac{24}{35}$

④ $\dfrac{2\sqrt{6}}{7}$ ⑤ $\dfrac{35}{24}$

● 한 삼각비의 값이 주어질 때, 다른 삼각비의 값 구하기

5 오른쪽 그림의 직각삼각형 ABC에서 $\overline{BC} \perp \overline{DE}$일 때, $\cos x \times \cos y$의 값을 구하시오.

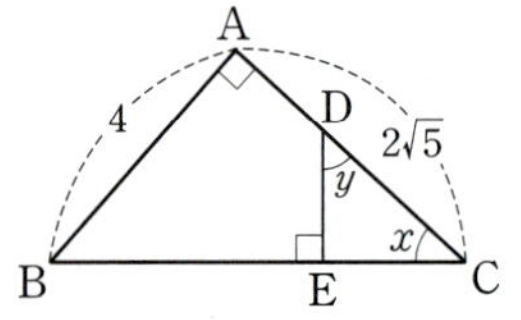

● 직각삼각형의 닮음을 이용하여 삼각비의 값 구하기

풀이 과정

답

6 오른쪽 그림의 □ABCD에서 ∠B＝∠D＝90°, ∠ACD＝30°, ∠BAC＝45°이고 $\overline{CD}=6\sqrt{3}$일 때, $\overline{BC}$의 길이를 구하시오.

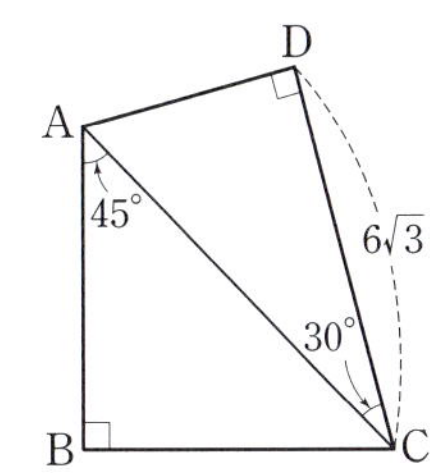

30°, 45°, 60°의 삼각비를 이용하여 변의 길이 구하기

7 오른쪽 그림과 같이 반지름의 길이가 1인 사분원에서 다음 선분의 길이를 a의 삼각비를 이용하여 나타내시오.

(1) $\overline{OB}$

(2) $\overline{AB}$

(3) $\overline{CD}$

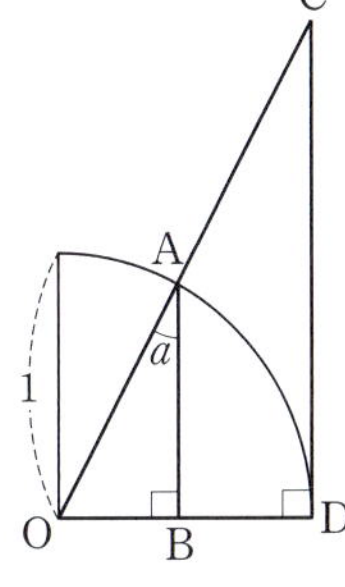

사분원에서 예각에 대한 삼각비의 값

8 다음 중 옳지 <u>않은</u> 것을 모두 고르면? (정답 2개)

① $\tan 60°=2\sin 60°$

② $\tan 45°-\sin 0°\times\cos 90°=0$

③ $\tan 0°+\sin 90°=1$

④ $\cos 45°\div\sin 45°=\dfrac{\sqrt{2}}{2}$

⑤ $\tan 30°=\dfrac{1}{\tan 60°}$

0°, 30°, 45°, 60°, 90°의 삼각비의 값

9 오른쪽 그림의 직각삼각형 ABC에서 다음 삼각비의 표를 이용하여 $x+y$의 값을 구하시오.

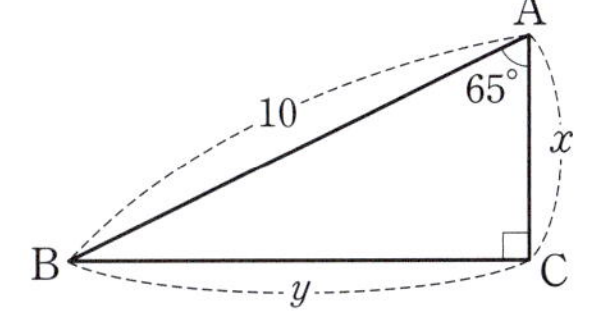

각도	사인(sin)	코사인(cos)	탄젠트(tan)
24°	0.4067	0.9135	0.4452
25°	0.4226	0.9063	0.4663
26°	0.4384	0.8988	0.4877

삼각비의 표를 이용하여 변의 길이 구하기

2 삼각비의 활용

2. 삼각비의 활용

1 길이 구하기

<table><tr><td>**유형 1**</td><td>**직각삼각형의 변의 길이**</td><td>**개념편 24쪽**</td></tr></table>

$\angle B = 90°$인 직각삼각형 ABC에서

(1) $\sin A = \dfrac{a}{b}$ ➡ $a = b\sin A$, $b = \dfrac{a}{\sin A}$

(2) $\cos A = \dfrac{c}{b}$ ➡ $c = b\cos A$, $b = \dfrac{c}{\cos A}$

(3) $\tan A = \dfrac{a}{c}$ ➡ $a = c\tan A$, $c = \dfrac{a}{\tan A}$

직각삼각형에서 한 예각의 크기와 한 변의 길이를 알면 삼각비를 이용하여 나머지 두 변의 길이를 구할 수 있다.

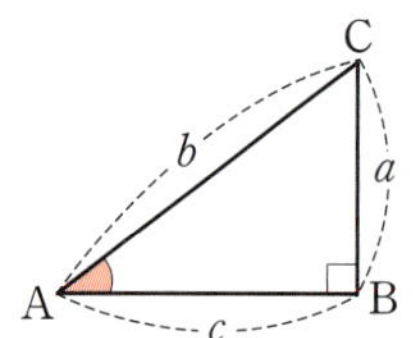

[1~2] 선분의 길이를 주어진 예각에 대한 삼각비를 이용하여 나타내어 봐.

1 다음 그림의 직각삼각형 ABC에서 x, y의 값을 각각 $\angle B$의 삼각비를 이용하여 나타내시오.

(1) 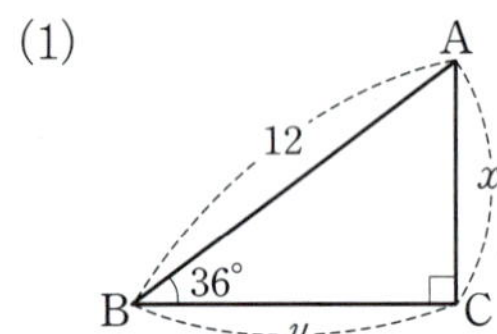

$x = \boxed{}\sin 36°$, $y = \underline{}$

(2) 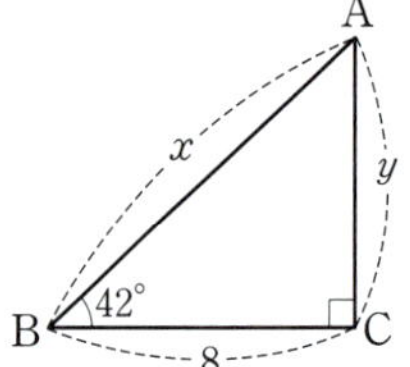

$x = \underline{}$, $y = \underline{}$

(3) 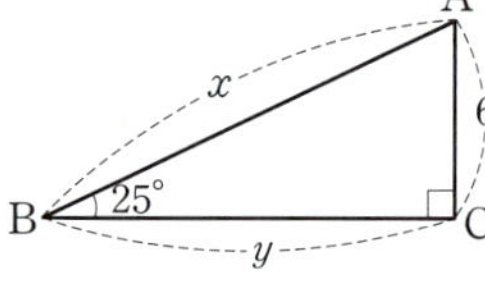

$x = \underline{}$, $y = \underline{}$

2 다음 그림의 직각삼각형 ABC에서 x, y의 값을 각각 반올림하여 소수점 아래 첫째 자리까지 구하시오.

(1) 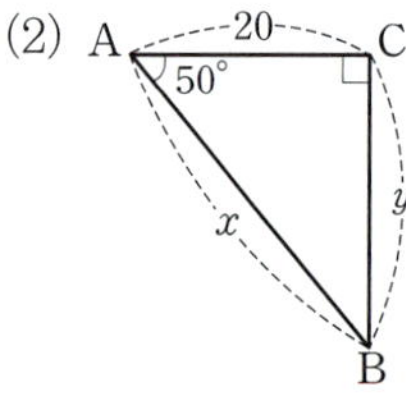

(단, $\sin 40° = 0.6428$, $\cos 40° = 0.7660$)

$\underline{}$

(2)

(단, $\cos 50° = 0.6428$, $\tan 50° = 1.1918$)

$\underline{}$

3 다음은 오른쪽 그림과 같은 탑의 높이 $\overline{AC}$를 구하는 과정이다. $\overline{BC} = 5\,m$, $\angle B = 67°$일 때, $\boxed{}$ 안에 알맞은 것을 쓰시오. (단, $\tan 67° = 2.36$으로 계산한다.)

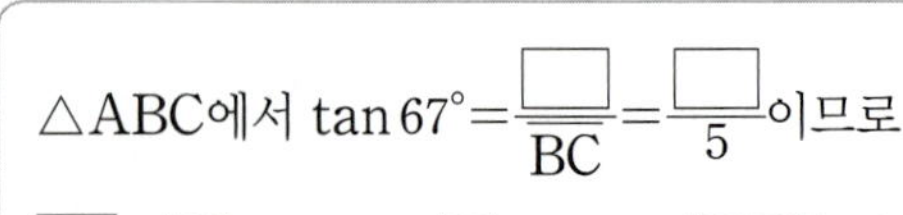

$\triangle ABC$에서 $\tan 67° = \dfrac{\boxed{}}{\overline{BC}} = \dfrac{\boxed{}}{5}$이므로

$\overline{AC} = \boxed{}\tan 67° = \boxed{} \times 2.36 = \boxed{}$ (m)

유형 2 일반 삼각형의 변의 길이

❶ 수선을 그어 구하는 변을 빗변으로 하는 직각삼각형을 만든다.
❷ 삼각비 또는 피타고라스 정리를 이용하여 변의 길이를 구한다.

(1) 두 변의 길이와 그 끼인각의 크기를 알 때

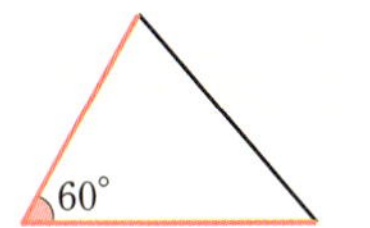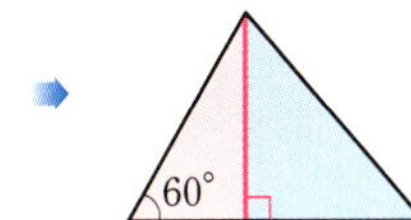

(2) 한 변의 길이와 그 양 끝 각의 크기를 알 때

1 다음은 오른쪽 그림의 △ABC에서 $\overline{AC}$의 길이를 구하는 과정이다. ☐ 안에 알맞은 수를 쓰시오.

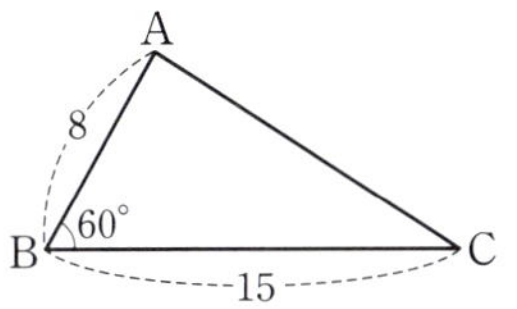

❶ 수선 긋기
　점 A에서 $\overline{BC}$에 내린 수선의 발을 H라고 하자.
❷ $\overline{AH}$, $\overline{BH}$의 길이 구하기
　△ABH에서
　$\overline{AH} = 8\sin\boxed{}^\circ = \boxed{}$
　$\overline{BH} = 8\cos\boxed{}^\circ = \boxed{}$

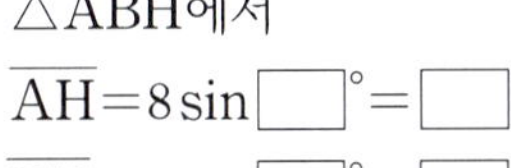

❸ $\overline{AC}$의 길이 구하기
　$\overline{CH} = \overline{BC} - \overline{BH} = \boxed{}$
　이므로 △AHC에서
　$\overline{AC} = \sqrt{\boxed{}^2 + (4\sqrt{3})^2}$
　　$= \boxed{}$

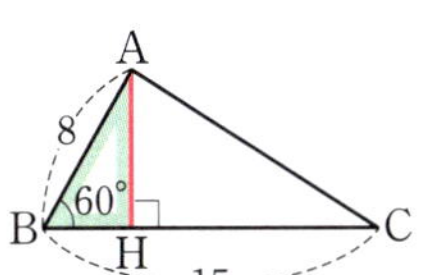

3 다음은 오른쪽 그림의 △ABC에서 $\overline{AC}$의 길이를 구하는 과정이다. ☐ 안에 알맞은 수를 쓰시오.

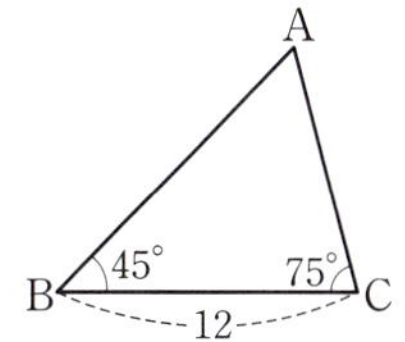

❶ 수선 긋기
　점 C에서 $\overline{AB}$에 내린 수선의 발을 H라고 하자.
❷ $\overline{CH}$의 길이 구하기
　△BCH에서
　$\overline{CH} = 12\sin\boxed{}^\circ = \boxed{}$

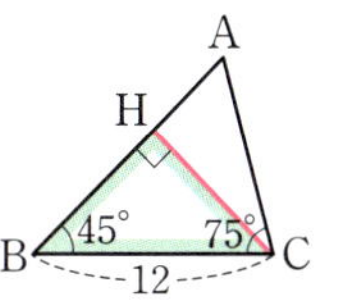

❸ $\overline{AC}$의 길이 구하기
　$\angle A = \boxed{}^\circ$이므로
　△AHC에서
　$\overline{AC} = \dfrac{\overline{CH}}{\sin\boxed{}^\circ} = \boxed{}$

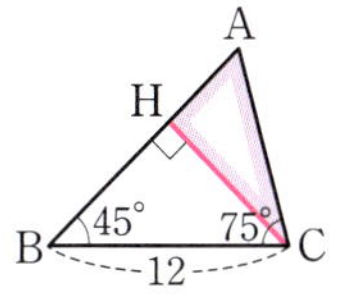

2 다음 그림의 △ABC에서 x의 값을 구하시오.

(1)

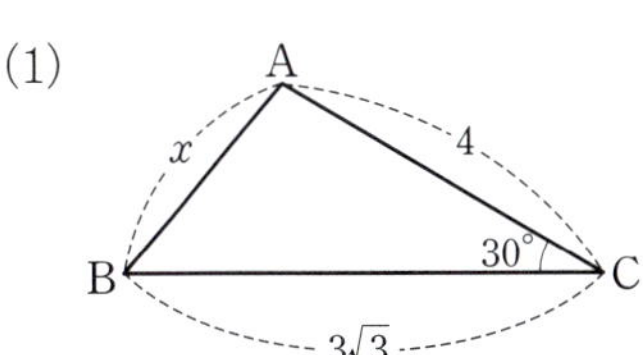

____

(2)

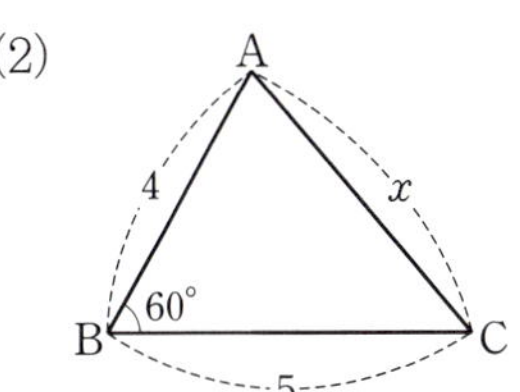

____

4 다음 그림의 △ABC에서 x의 값을 구하시오.

(1)

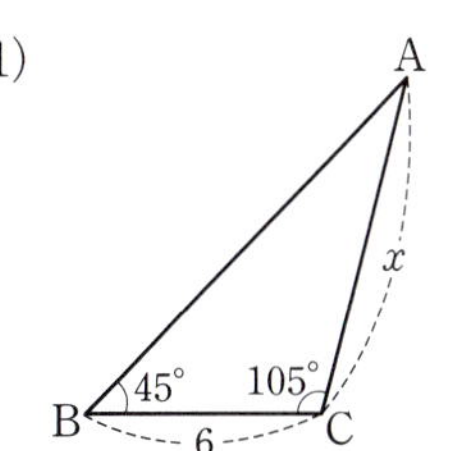

____

(2)

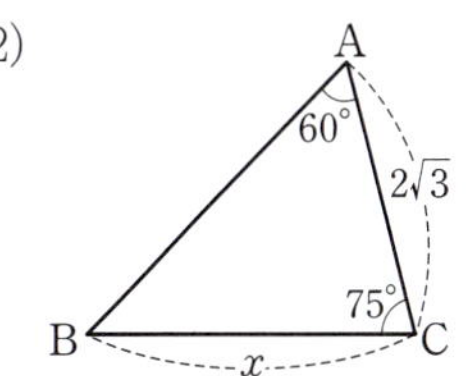

____

유형 **3** 삼각형의 높이

삼각형에서 한 변의 길이와 그 양 끝 각의 크기를 알면 높이를 구할 수 있다.

(1) 밑변의 양 끝 각이 모두 예각인 경우

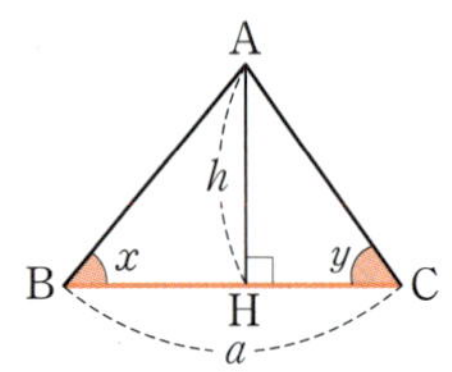

❶ $\overline{BH} = \dfrac{h}{\tan x}$

❷ $\overline{CH} = \dfrac{h}{\tan y}$

❸ $\overline{BC} = \overline{BH} + \overline{CH}$ 이므로

$$a = \dfrac{h}{\tan x} + \dfrac{h}{\tan y}$$

$$\therefore h = \dfrac{a \tan x \tan y}{\tan x + \tan y}$$

(2) 밑변의 양 끝 각 중 한 각이 둔각인 경우

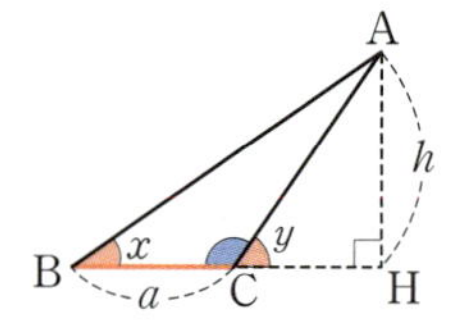

❶ $\overline{BH} = \dfrac{h}{\tan x}$

❷ $\overline{CH} = \dfrac{h}{\tan y}$

❸ $\overline{BC} = \overline{BH} - \overline{CH}$ 이므로

$$a = \dfrac{h}{\tan x} - \dfrac{h}{\tan y}$$

$$\therefore h = \dfrac{a \tan x \tan y}{\tan y - \tan x}$$

---

1 다음은 오른쪽 그림의 △ABC에서 높이 h를 구하는 과정이다. ☐ 안에 알맞은 수를 쓰시오.

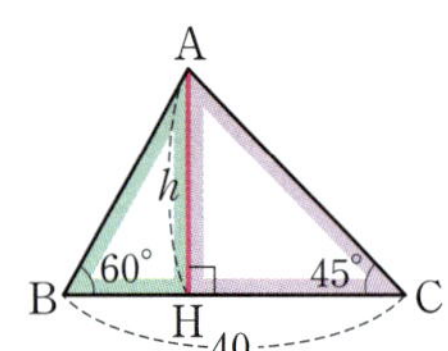

❶ $\overline{BH}$의 길이 구하기

△ABH에서 $\overline{BH} = \dfrac{h}{\tan \boxed{}^\circ} = \boxed{} h$

❷ $\overline{CH}$의 길이 구하기

△AHC에서 $\overline{CH} = \dfrac{h}{\tan \boxed{}^\circ} = h$

❸ 높이 h 구하기

$\overline{BC} = \overline{BH} + \overline{CH}$ 이므로

$40 = \boxed{} h \qquad \therefore h = \boxed{}$

3 다음은 오른쪽 그림의 △ABC에서 높이 h를 구하는 과정이다. ☐ 안에 알맞은 수를 쓰시오.

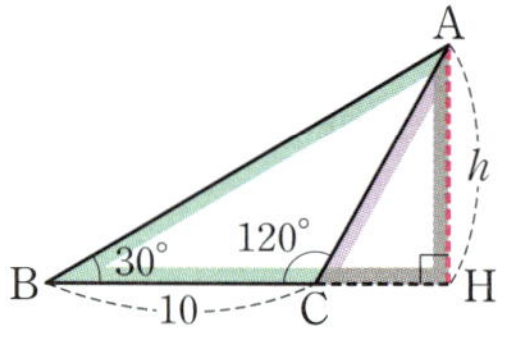

❶ $\overline{BH}$의 길이 구하기

△ABH에서 $\overline{BH} = \dfrac{h}{\tan \boxed{}^\circ} = \boxed{} h$

❷ $\overline{CH}$의 길이 구하기

△ACH에서 $\overline{CH} = \dfrac{h}{\tan \boxed{}^\circ} = \boxed{} h$

❸ 높이 h 구하기

$\overline{BC} = \overline{BH} - \overline{CH}$ 이므로

$10 = \boxed{} h \qquad \therefore h = \boxed{}$

---

2 다음 그림의 △ABC에서 높이 h를 구하시오.

(1)

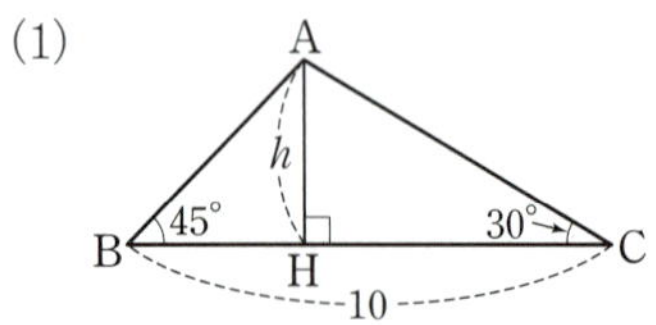

____

(2)

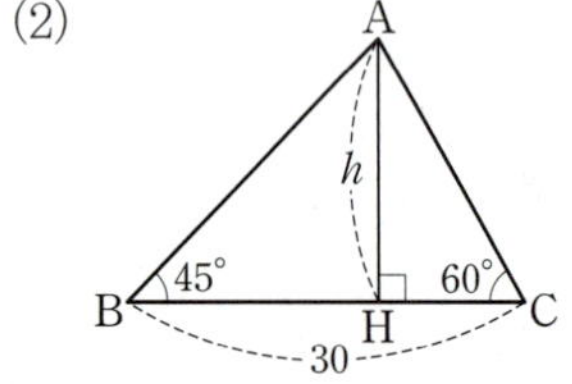

____

4 다음 그림의 △ABC에서 높이 h를 구하시오.

(1)

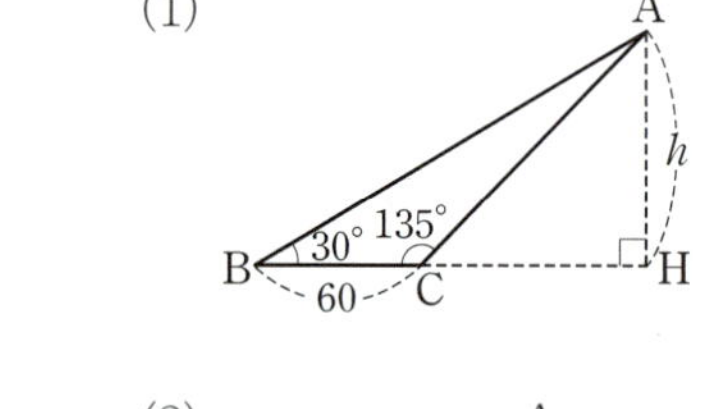

____

(2)

____

쌍둥이 기출문제

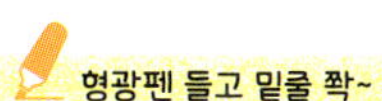

• 정답과 해설 15쪽

쌍둥이 01

1 오른쪽 그림의 직각삼각형 ABC에 대하여 다음 중 옳은 것은?

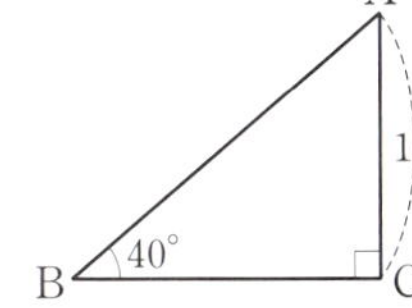

① $\overline{AB} = \dfrac{16}{\sin 40°}$

② $\overline{AB} = \dfrac{16}{\cos 40°}$

③ $\overline{AB} = \dfrac{16}{\sin 50°}$

④ $\overline{BC} = 16 \tan 40°$

⑤ $\overline{BC} = \dfrac{16}{\sin 50°}$

2 다음 그림과 같이 수평면에 대하여 15°만큼 기울어진 비탈길이 있다. A 지점에서 이 비탈길을 따라 20 m를 걸어서 C 지점까지 갔을 때, 수평면으로부터의 높이 $\overline{BC}$를 삼각비를 이용하여 나타내면?

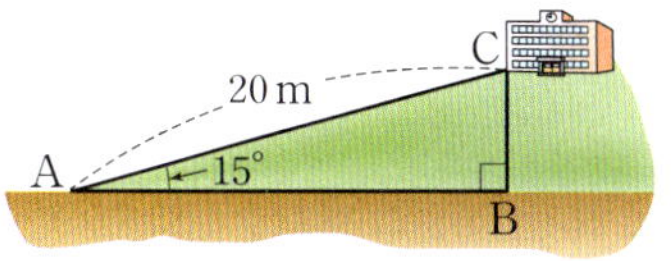

① $\dfrac{\sin 15°}{20}$ m

② $20 \sin 15°$ m

③ $\dfrac{\cos 15°}{20}$ m

④ $20 \cos 15°$ m

⑤ $\dfrac{20}{\tan 15°}$ m

쌍둥이 02

3 오른쪽 그림과 같이 지수가 연을 올려본각의 크기가 28°이고 지수의 눈에서 연까지의 거리는 8 m이었다. 지수의 눈높이가 1.5 m일 때, 지면으로부터 연의 높이 $\overline{AD}$를 구하시오.

(단, $\sin 28° = 0.47$로 계산한다.)

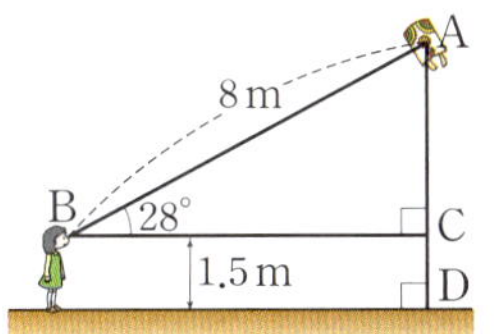

4 오른쪽 그림과 같이 나무로부터 10 m 떨어진 A 지점에서 준서가 나무의 꼭대기 B 지점을 올려본각의 크기가 20°이었다. 준서의 눈높이가 1.6 m일 때, 이 나무의 높이를 구하시오.

(단, $\tan 20° = 0.36$으로 계산한다.)

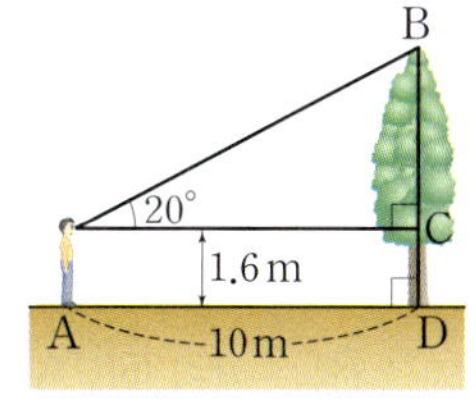

쌍둥이 03

5 오른쪽 그림의 △ABC에서 $\overline{AB}$의 길이를 구하시오.

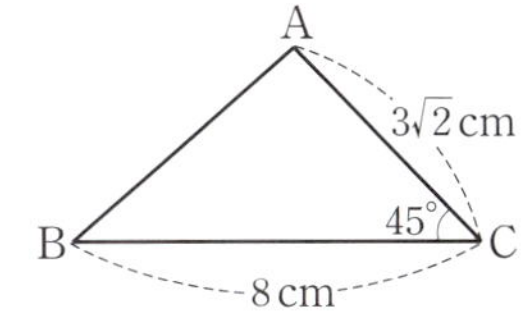

6 연못의 가장자리의 두 지점 A, C 사이의 거리를 구하기 위해 연못의 바깥쪽 지점 B에서 필요한 부분을 측량하였더니 오른쪽 그림과 같았다. 이때 두 지점 A, C 사이의 거리를 구하시오.

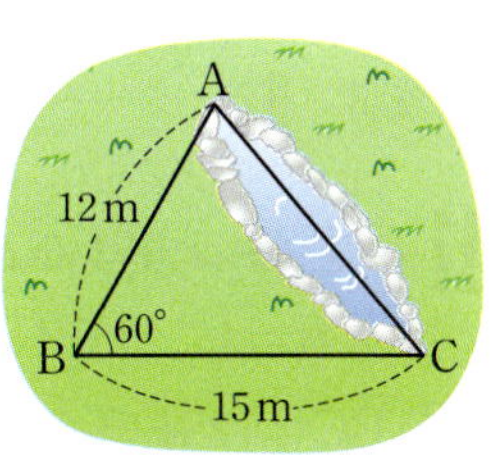

쌍둥이 기출문제

7 오른쪽 그림의 △ABC에서 ∠B=105°, ∠C=30°이고 $\overline{BC}=6$일 때, AB의 길이는?

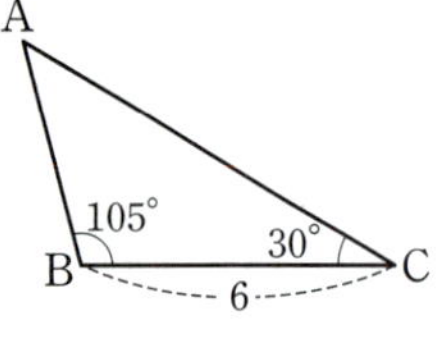

① $2\sqrt{2}$ ② 3 ③ $2\sqrt{3}$
④ 4 ⑤ $3\sqrt{2}$

8 오른쪽 그림과 같이 120 m 떨어진 해안가의 두 지점 A, B에서 C 지점에 있는 배를 바라본 각의 크기가 각각 75°, 45°일 때, 두 지점 A, C 사이의 거리를 구하시오.

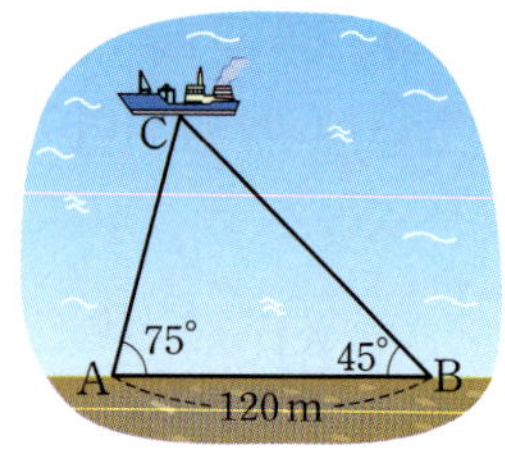

풀이 과정

답

9 오른쪽 그림의 △ABC에서 $\overline{AH}\perp\overline{BC}$이고 ∠B=30°, ∠C=45°, $\overline{BC}=6$일 때, AH의 길이를 구하시오.

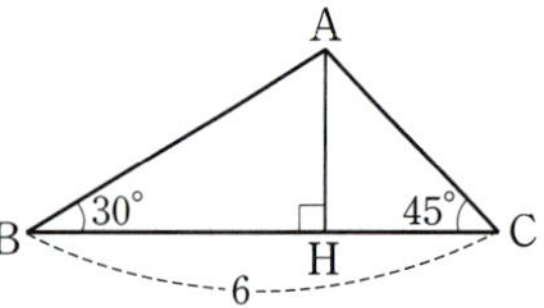

10 오른쪽 그림과 같이 20 m 떨어진 두 지점 A, B에서 하늘에 떠 있는 열기구의 C 지점을 올려본각의 크기가 각각 45°, 60°일 때, 지면에서 열기구의 C 지점까지의 높이는?

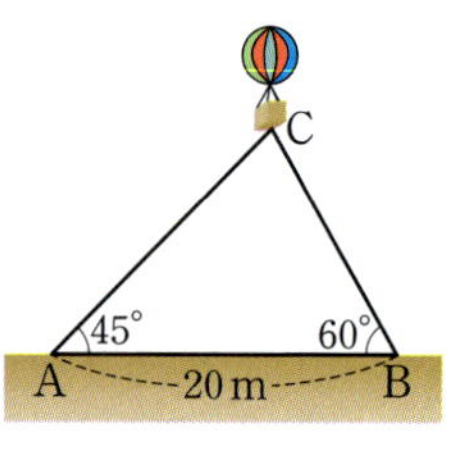

① $5(3-\sqrt{3})$ m ② $10(3-\sqrt{3})$ m
③ $20(3-\sqrt{3})$ m ④ $5(3+\sqrt{3})$ m
⑤ $10(3+\sqrt{3})$ m

11 오른쪽 그림의 △ABC에서 ∠B=45°, ∠BCA=120°, $\overline{BC}=12$일 때, AH의 길이를 구하시오.

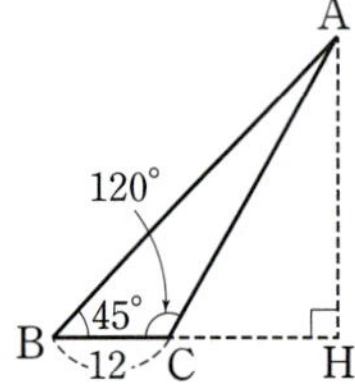

12 오른쪽 그림과 같이 4 m 떨어진 두 지점 A, B에서 가로등의 꼭대기 C 지점을 올려본각의 크기가 각각 30°, 45°일 때, 이 가로등의 높이 $\overline{CH}$를 구하시오.

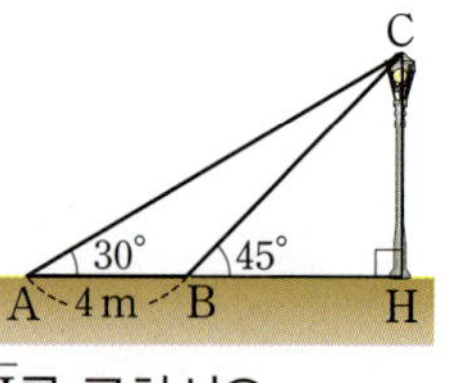

2

2. 삼각비의 활용

넓이 구하기

삼각형에서 두 변의 길이와 그 끼인각의 크기를 알면 그 넓이를 구할 수 있다.

(1) 끼인각이 예각인 경우

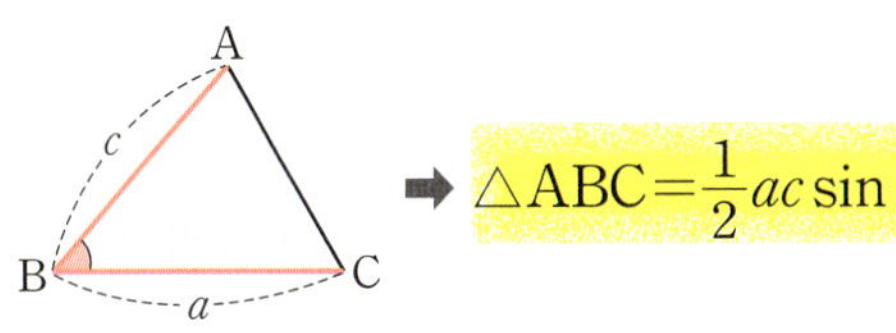

$\Rightarrow \triangle ABC = \dfrac{1}{2}ac\sin B$

(2) 끼인각이 둔각인 경우

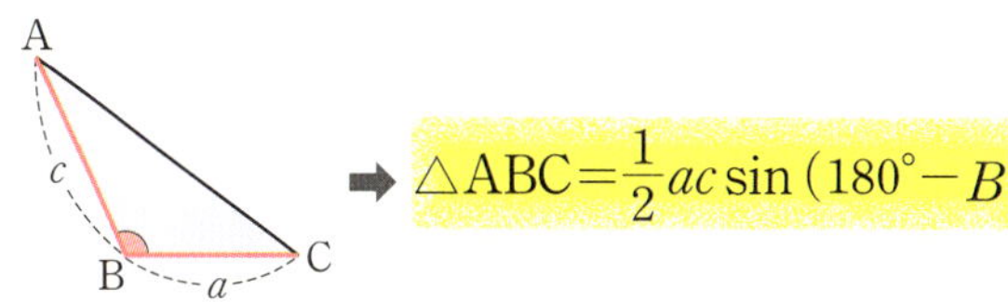

$\Rightarrow \triangle ABC = \dfrac{1}{2}ac\sin(180° - B)$

1 다음 그림과 같은 △ABC의 넓이를 구하시오.

(1)

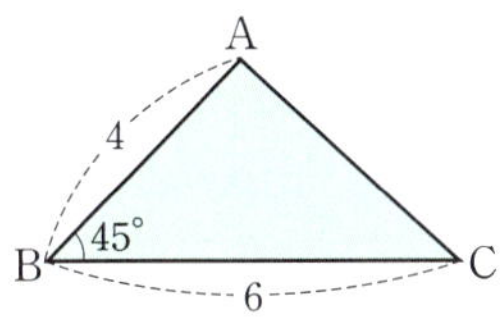

(2)

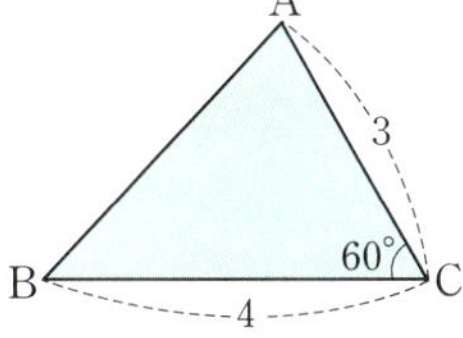

(3)

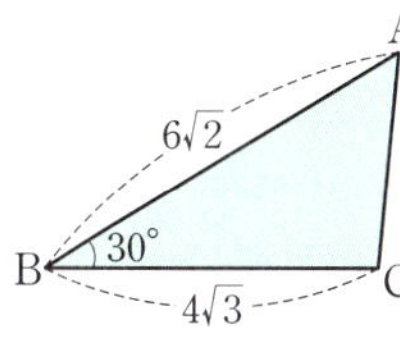

(4)

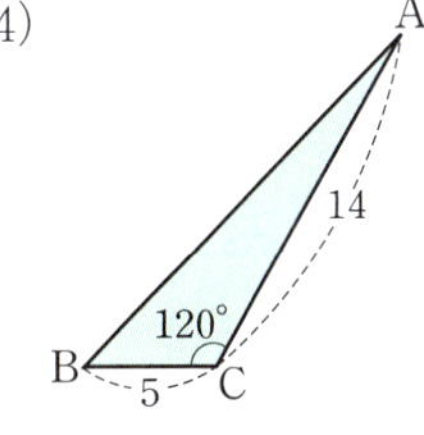

(5)

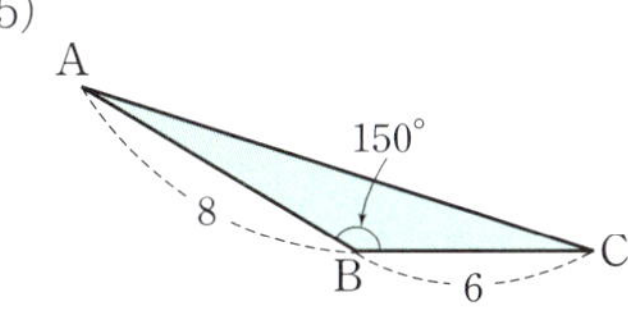

(6)

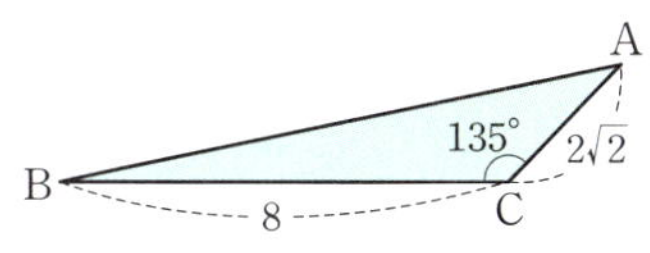

2 아래 그림의 △ABC에 대하여 다음을 구하시오.

(1) △ABC의 넓이가 $21\sqrt{2}$일 때, $\overline{BC}$의 길이

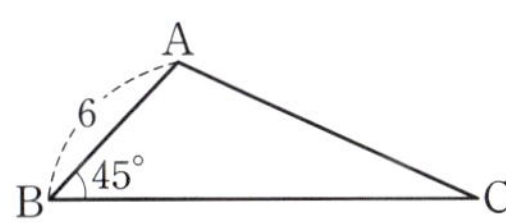

(2) △ABC의 넓이가 20일 때, 둔각인 ∠B의 크기

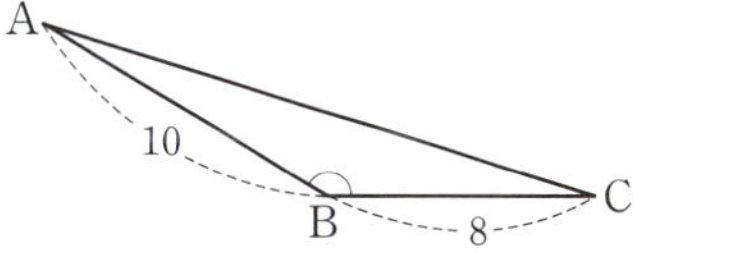

3 다음 그림과 같은 □ABCD의 넓이를 구하시오.

(1)

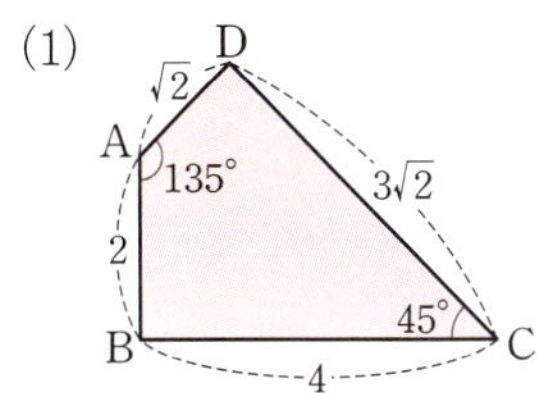

(2)

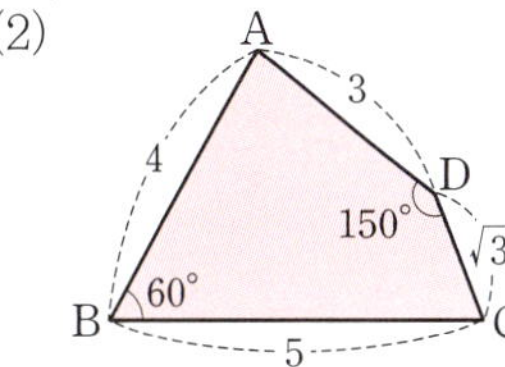

유형 5 평행사변형의 넓이 / 사각형의 넓이

(1) 평행사변형의 넓이 (단, x는 예각)

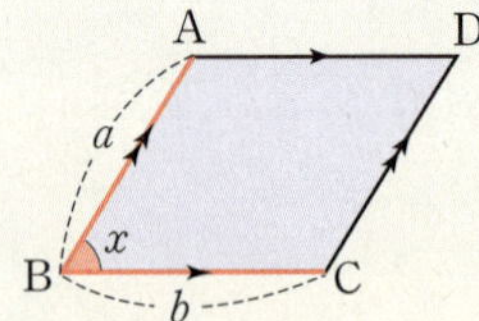

➡ $\square ABCD = ab \sin x$

참고 x가 둔각일 때

➡ $\square ABCD = ab \sin (180° - x)$

(2) 사각형의 넓이 (단, x는 예각)

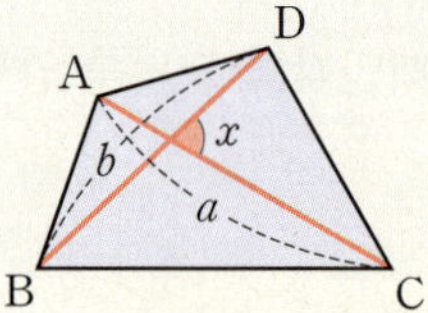

➡ $\square ABCD = \dfrac{1}{2} ab \sin x$

참고 x가 둔각일 때

➡ $\square ABCD = \dfrac{1}{2} ab \sin (180° - x)$

평행사변형의 넓이는 이웃하는 두 변의 길이와 그 끼인각의 크기를 이용하면 돼.

1 다음 그림과 같은 평행사변형 ABCD의 넓이를 구하시오.

(1) 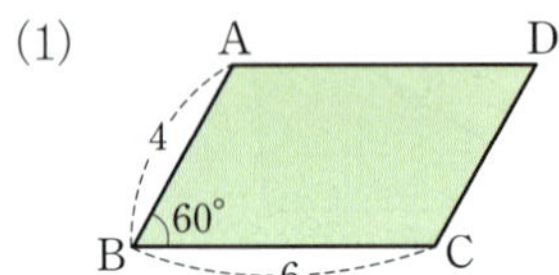

(2) 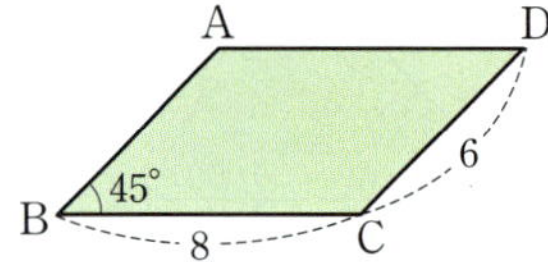

(3) 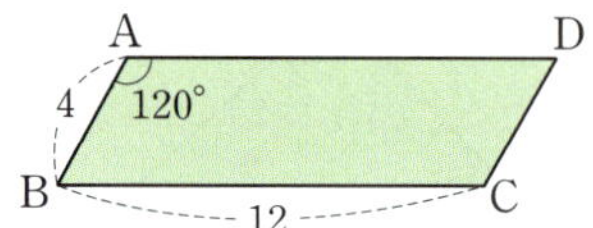

사각형의 넓이는 두 대각선의 길이와 두 대각선이 이루는 각의 크기를 이용하면 돼.

2 다음 그림과 같은 $\square$ABCD의 넓이를 구하시오.

(1) 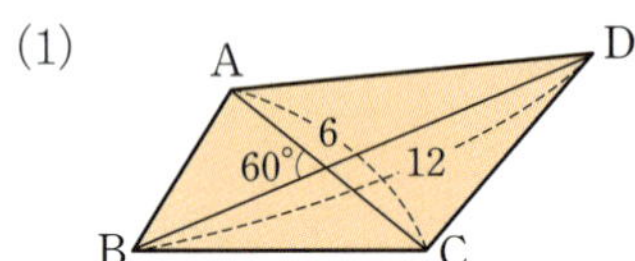

(2) 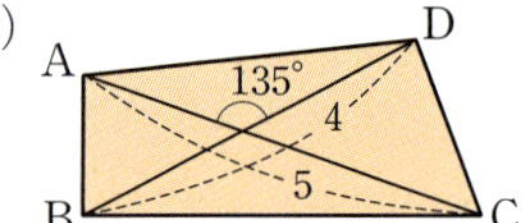

(3) 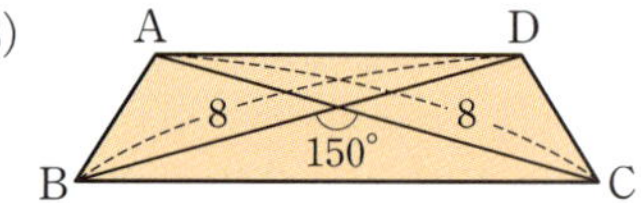

---

3 아래 그림의 $\square$ABCD에 대하여 다음을 구하시오.

(1) $\square$ABCD의 넓이가 $30\sqrt{2}$일 때, x의 크기 (단, $0° < x < 90°$)

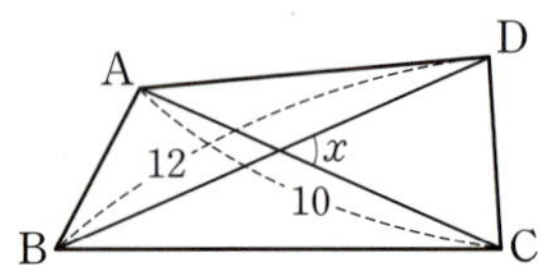

(2) 등변사다리꼴 ABCD의 넓이가 $8\sqrt{3}$일 때, $\overline{AC}$의 길이

기출문제

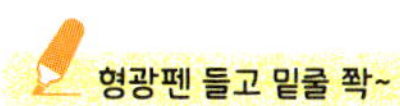

쌍둥이 01

1 오른쪽 그림과 같이 $\overline{AB}=5$, $\overline{AC}=8$이고 $\angle A=60°$인 △ABC의 넓이를 구하시오.

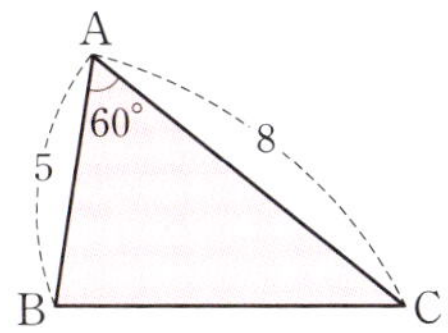

2 오른쪽 그림과 같이 $\overline{AC}=12\,cm$, $\overline{BC}=8\,cm$이고 $\angle C=135°$인 △ABC의 넓이를 구하시오.

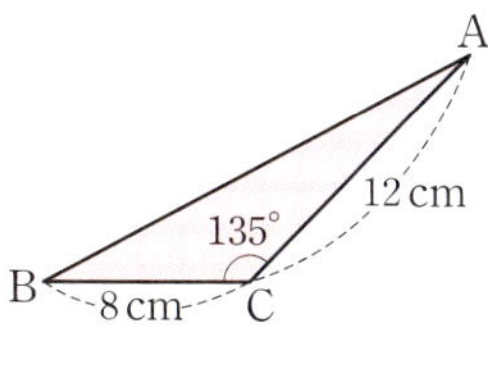

쌍둥이 02

3  오른쪽 그림과 같은 □ABCD의 넓이를 구하시오.

풀이 과정

답

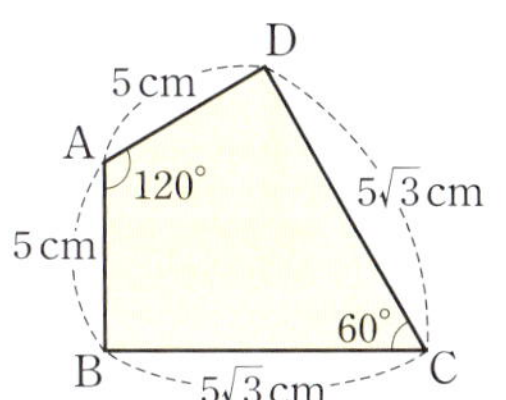

4 오른쪽 그림에서 $\angle A=60°$, $\angle ABD=90°$, $\angle CBD=30°$, $\overline{AB}=4\,cm$, $\overline{BC}=6\,cm$일 때, 다음 물음에 답하시오.

(1) $\overline{BD}$의 길이를 구하시오.

(2) □ABCD의 넓이를 구하시오.

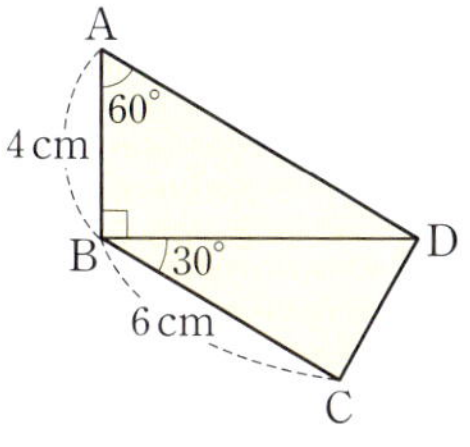

쌍둥이 03

5 다음 그림과 같은 평행사변형 ABCD의 넓이를 구하시오.

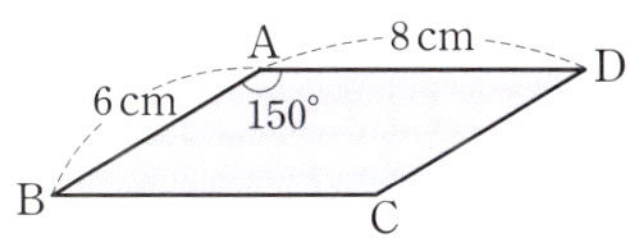

6 오른쪽 그림과 같은 평행사변형 ABCD의 넓이가 42일 때, $\overline{BC}$의 길이를 구하시오.

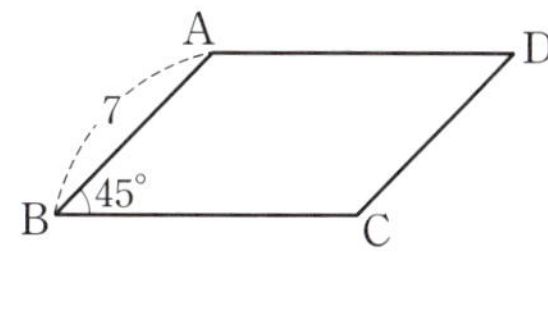

쌍둥이 04

7 오른쪽 그림의 □ABCD에서 두 대각선이 이루는 각의 크기가 135°이고 $\overline{AC}=13$, $\overline{BD}=16$일 때, □ABCD의 넓이를 구하시오.

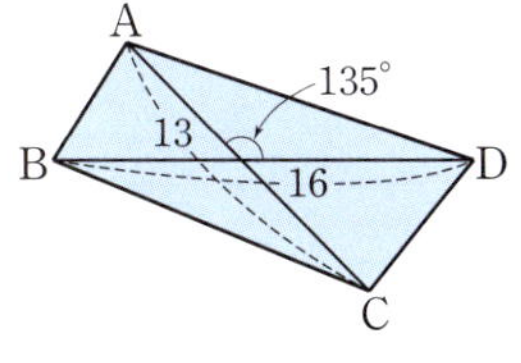

8 오른쪽 그림의 □ABCD에서 $\overline{AC}=6\,cm$, $\overline{BD}=8\,cm$이고 넓이가 $12\sqrt{3}\,cm^2$일 때, x의 크기를 구하시오.

(단, $0°<x<90°$)

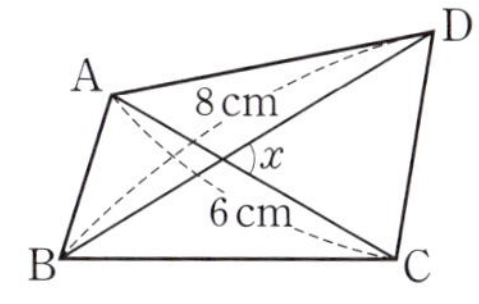

단원 마무리

1 오른쪽 그림의 직각삼각형 ABC에서 다음 중 $\overline{\rm AC}$의 길이를 나타내는 것을 모두 고르면? (정답 2개)

① $5\sin 37°$　　② $\dfrac{5}{\sin 37°}$　　③ $\dfrac{5}{\cos 37°}$

④ $5\cos 53°$　　⑤ $5\tan 53°$

▶ 직각삼각형의 변의 길이 구하기

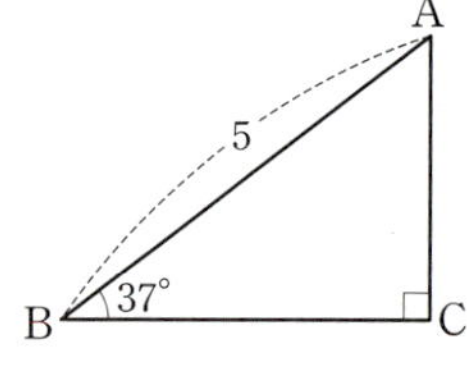

2 오른쪽 그림과 같이 지면에 수직으로 서 있던 나무가 부러졌다. 부러진 나무와 지면이 이루는 각의 크기가 $26°$일 때, 부러지기 전의 나무의 높이를 구하시오.

(단, $\cos 26°=0.9$, $\tan 26°=0.49$로 계산한다.)

▶ 실생활에서 삼각비의 활용

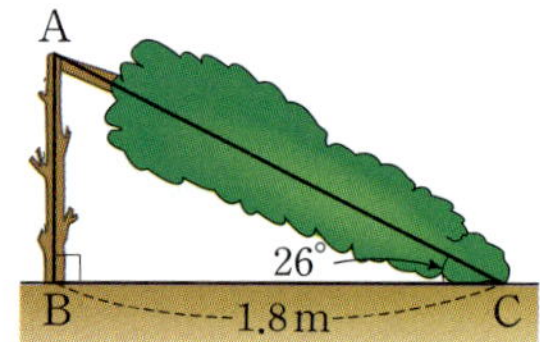

서술형

3 오른쪽 그림과 같이 $\overline{\rm AB}=4\sqrt{3}$, $\overline{\rm BC}=10$, $\angle{\rm B}=30°$인 △ABC에서 $\overline{\rm AC}$의 길이를 구하시오.

풀이 과정

답

▶ 일반 삼각형의 변의 길이 구하기 (1)

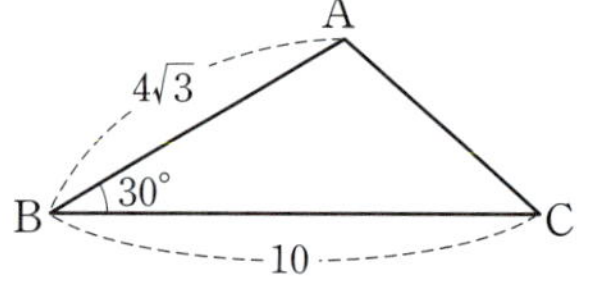

4 오른쪽 그림의 △ABC에서 $\angle{\rm B}=45°$, $\angle{\rm C}=75°$이고 $\overline{\rm BC}=18$일 때, $\overline{\rm AC}$의 길이는?

① 12　　② $9\sqrt{2}$　　③ $8\sqrt{3}$

④ $10\sqrt{2}$　　⑤ $6\sqrt{6}$

▶ 일반 삼각형의 변의 길이 구하기 (2)

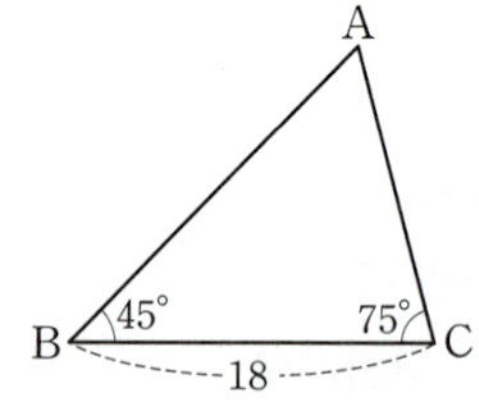

5 오른쪽 그림과 같이 $100\,\mathrm{m}$ 떨어진 두 지점 A, B에서 하늘에 떠 있는 드론을 올려본각의 크기가 각각 $30°$, $60°$일 때, 지면으로부터 드론의 높이 $\overline{\mathrm{CH}}$를 구하시오.

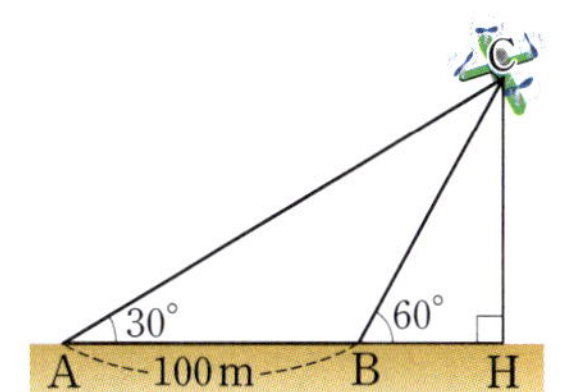

▶ 삼각형의 높이 구하기

6 오른쪽 그림과 같이 $\overline{\mathrm{AB}}=\overline{\mathrm{AC}}=4\sqrt{3}\,\mathrm{cm}$인 이등변삼각형 ABC에서 $\angle\mathrm{B}=75°$일 때, $\triangle\mathrm{ABC}$의 넓이는?

① $6\,\mathrm{cm}^2$ ② $8\,\mathrm{cm}^2$ ③ $10\,\mathrm{cm}^2$
④ $12\,\mathrm{cm}^2$ ⑤ $14\,\mathrm{cm}^2$

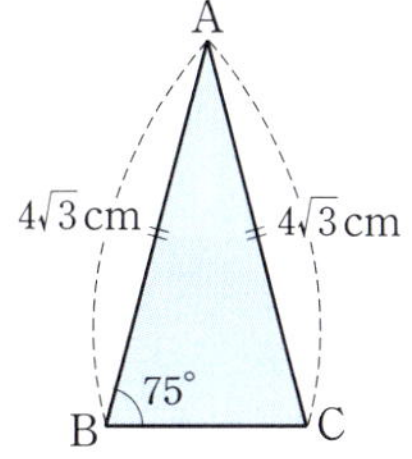

▶ 삼각형의 넓이 구하기

서술형

7 오른쪽 그림에서 $\angle\mathrm{ABC}=60°$, $\angle\mathrm{ACD}=45°$, $\angle\mathrm{BAC}=90°$이고 $\overline{\mathrm{BC}}=8$, $\overline{\mathrm{CD}}=6$일 때, $\square\mathrm{ABCD}$의 넓이를 구하시오.

풀이 과정

답

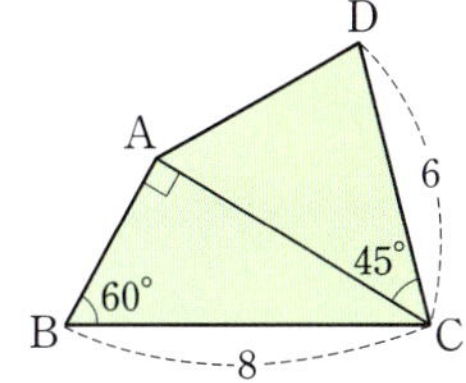

▶ 다각형의 넓이 구하기

8 오른쪽 그림과 같은 마름모 ABCD의 넓이를 구하시오.

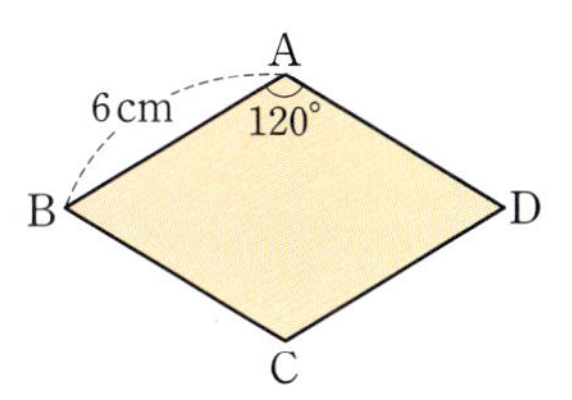

▶ 평행사변형의 넓이 구하기

3 원과 직선

3. 원과 직선

원의 현

| 유형 **1** | **현의 수직이등분선** | 개념편 42쪽 |

(1) 원에서 현의 수직이등분선은 그 원의 중심을 지난다.
(2) 원의 중심에서 현에 내린 수선은 그 현을 수직이등분한다.
➡ $\overline{AB} \perp \overline{OM}$이면 $\overline{AM} = \overline{BM}$

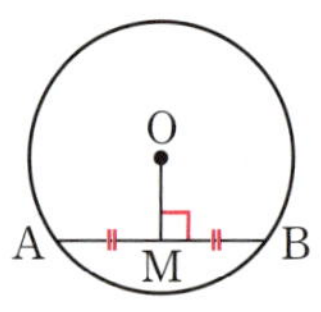

1 다음 그림의 원 O에서 x의 값을 구하시오.

(1) 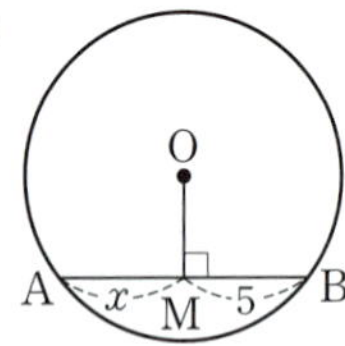

(2) 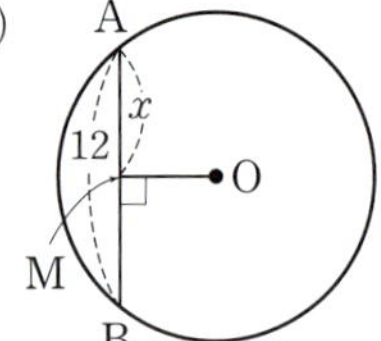

(3) 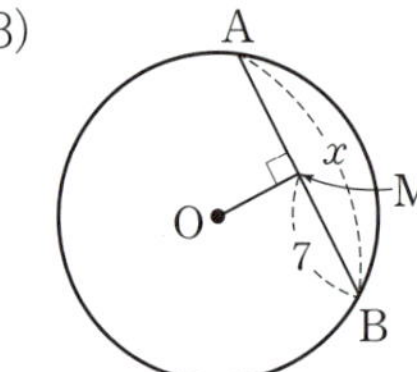

2 다음 그림의 원 O에서 x의 값을 구하시오.

(1) 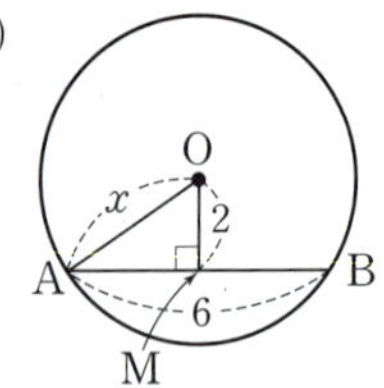

(2) 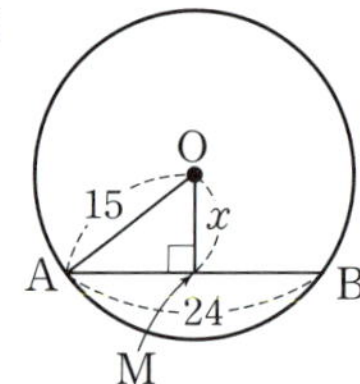

(3) 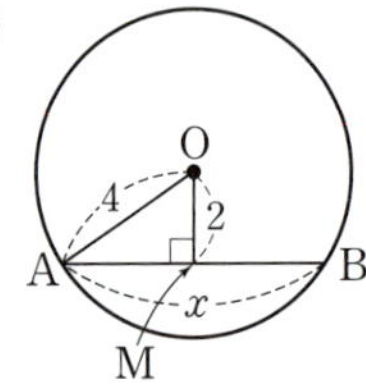

(4) 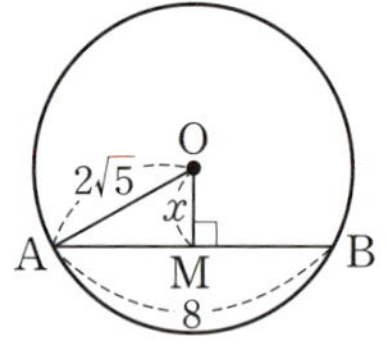

3 다음 그림의 원 O에서 x의 값을 구하시오.

(1) 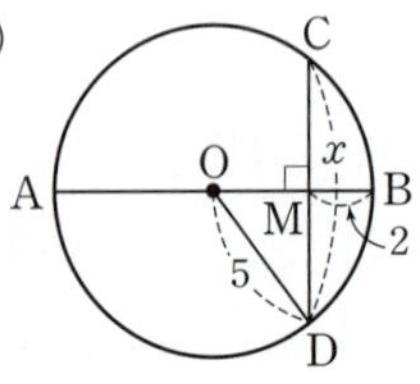

(2) 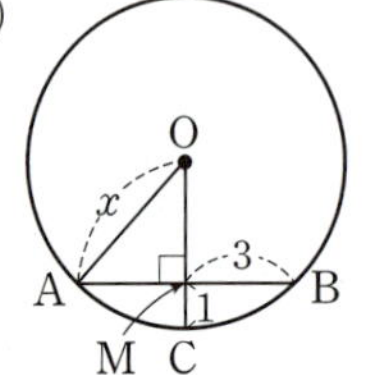

(3) 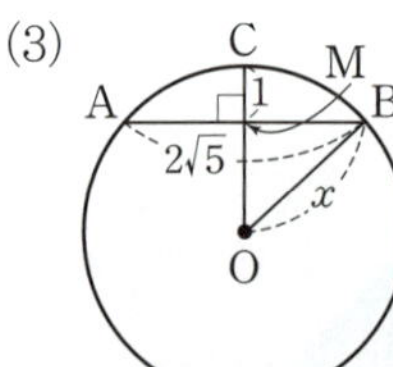

한 걸음 더 연습　유형 1

1 다음 그림의 원 O에서 $\overline{AB}$의 길이를 구하시오.

(1) 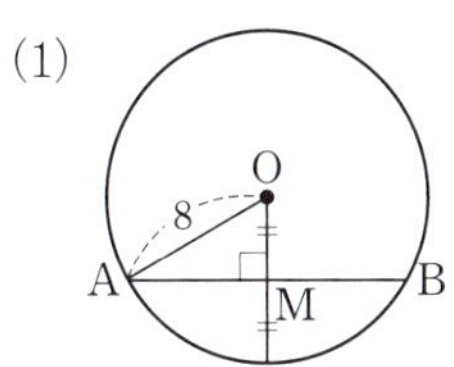

(2) 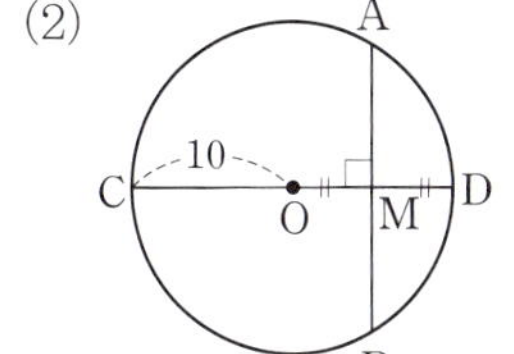

2 오른쪽 그림에서 $\overset{\frown}{AB}$는 원의 일부분이고 $\overline{CM}$은 $\overline{AB}$의 수직이등분선이다. 이 원의 반지름의 길이를 구하려고 할 때, 다음 □ 안에 알맞은 것을 쓰시오.

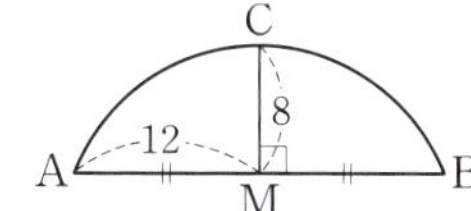

> 원에서 현의 수직이등분선은 그 원의 중심을 지나므로
> 원의 중심을 O라고 하면 □의 연장선은 점 O를 지난다.
> 원 O의 반지름의 길이를 r라고 하면
> △AOM에서 $12^2 + (\boxed{})^2 = r^2$
> $\boxed{}\, r = 208 \qquad \therefore r = \boxed{}$
> 따라서 원의 반지름의 길이는 □이다.

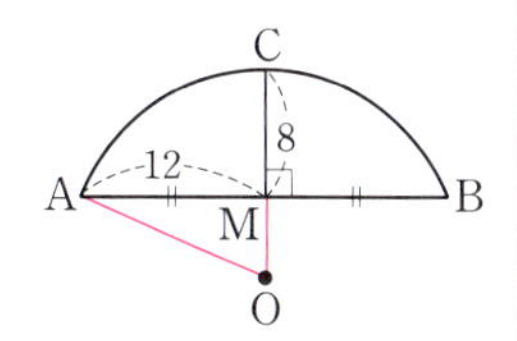

3 다음 그림에서 $\overset{\frown}{AB}$는 원의 일부분이고 $\overline{CM}$은 $\overline{AB}$의 수직이등분선이다. 이 원의 반지름의 길이를 구하시오.

(1) 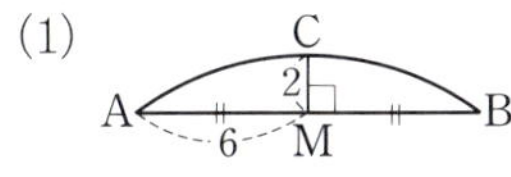

(2) 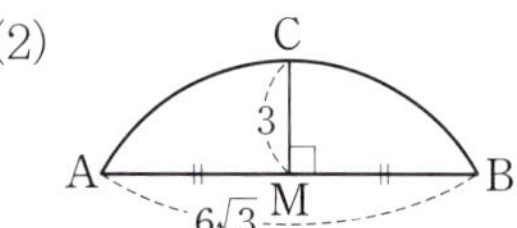

원의 접선은 그 접점을 지나는 반지름에 수직이야.

4 다음 그림과 같이 점 O를 중심으로 하는 두 원이 있다. 큰 원의 현 AB는 작은 원의 접선이고 점 H는 그 접점일 때, x의 값을 구하시오.

(1) 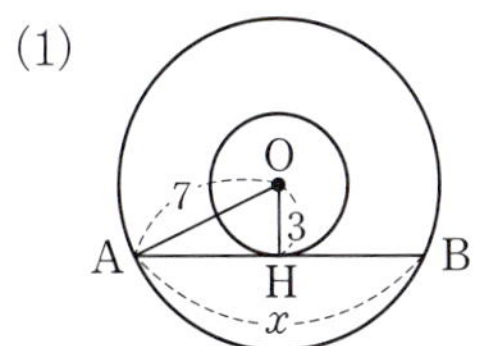

(2) 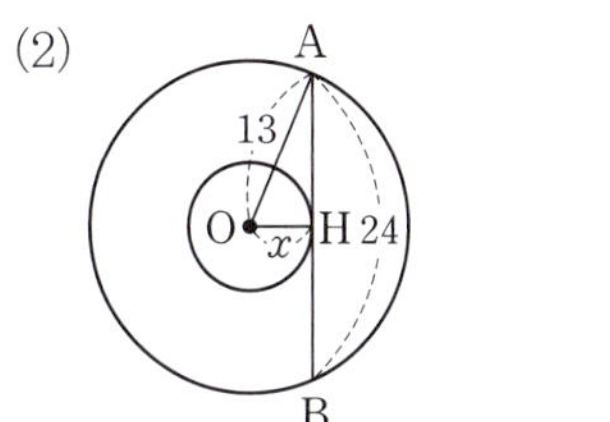

유형 2 현의 길이

한 원에서

(1) 중심으로부터 같은 거리에 있는 두 현의 길이는 같다.

➡ $\overline{OM}=\overline{ON}$이면 $\overline{AB}=\overline{CD}$

(2) 길이가 같은 두 현은 원의 중심으로부터 같은 거리에 있다.

➡ $\overline{AB}=\overline{CD}$이면 $\overline{OM}=\overline{ON}$

참고 △ABC의 외접원 O에서 $\overline{OM}=\overline{ON}$이면 $\overline{AB}=\overline{AC}$이므로
△ABC는 이등변삼각형이다.

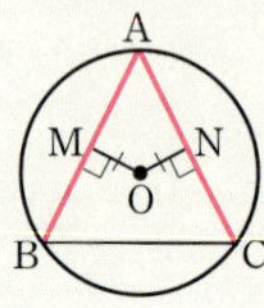
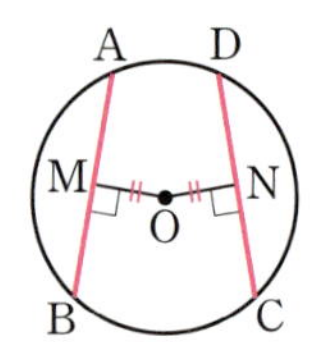

1 다음 그림의 원 O에서 x의 값을 구하시오.

(1) 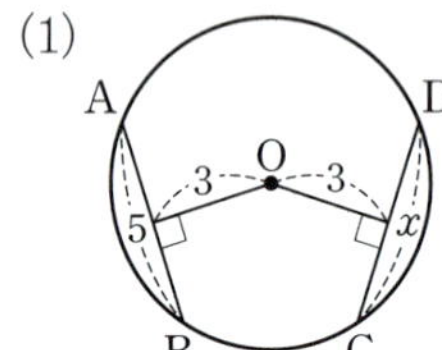

(2) 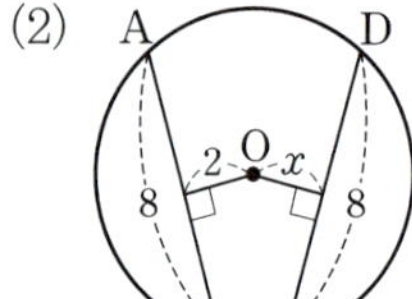

(3) 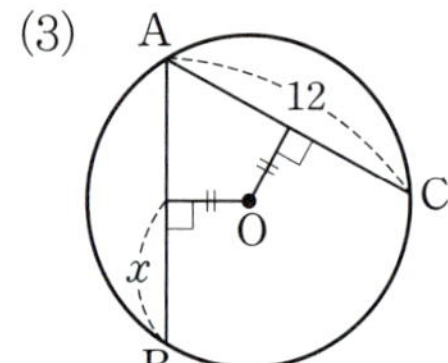

(4) 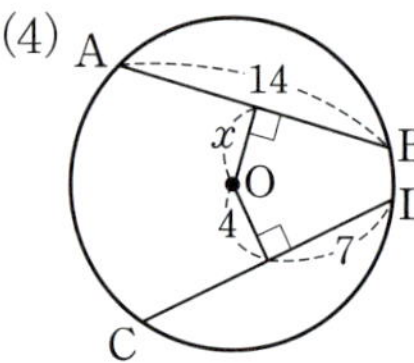

2 다음 그림의 원 O에서 x의 값을 구하시오.

(1) 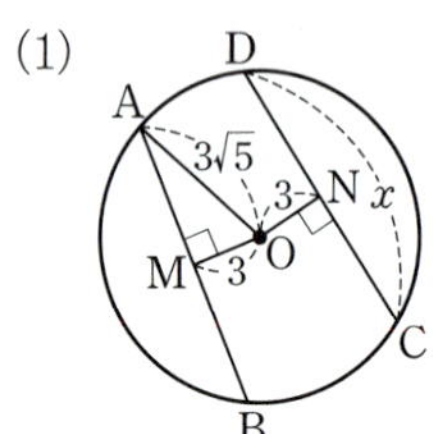

(2) 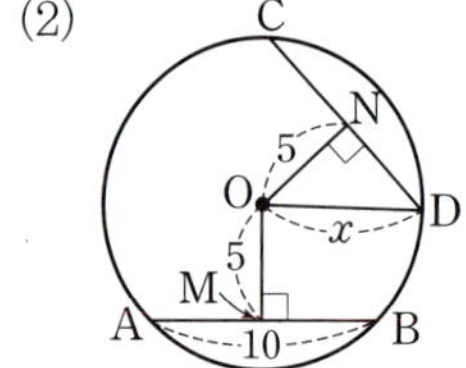

(3) 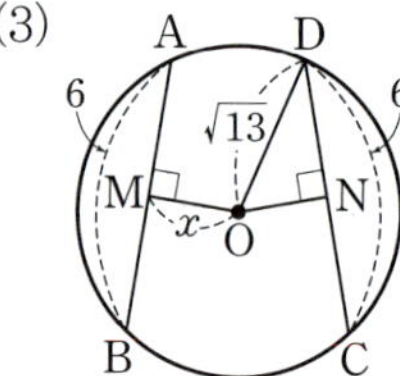

3 다음 그림의 원 O에서 $\angle x$의 크기를 구하시오.

(1) 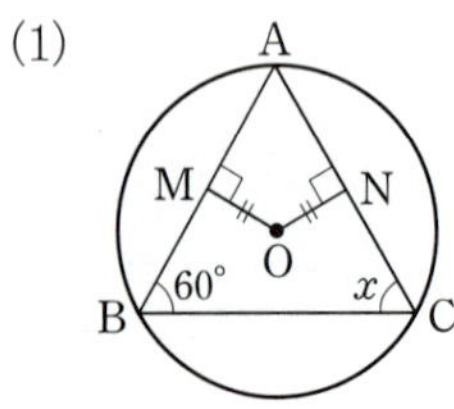

(2) 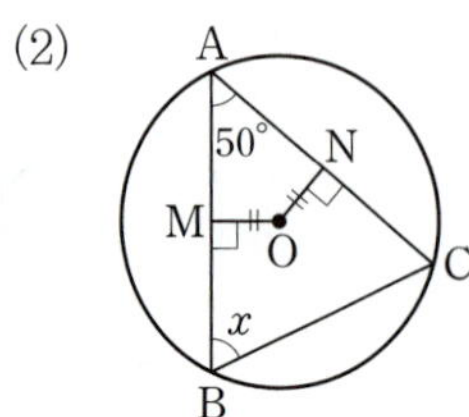

(3) 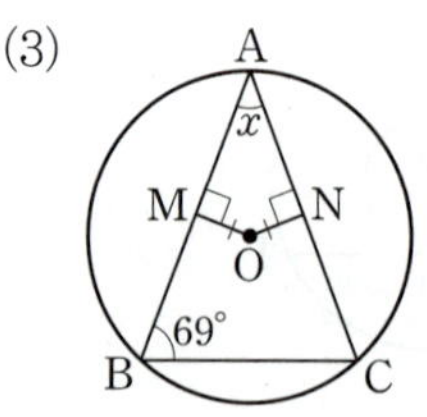

쌍둥이 기출문제

● 정답과 해설 21쪽

형광펜 들고 밑줄 쫙~

쌍둥이 01

1 오른쪽 그림의 원 O에서 $\overline{AB}\perp\overline{OM}$이고 $\overline{OA}=8$, $\overline{OM}=6$일 때, x의 값은?

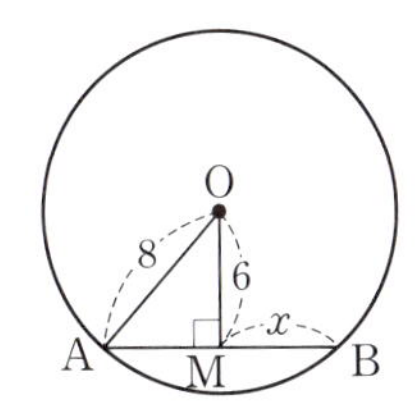

① $2\sqrt{5}$ ② $2\sqrt{6}$
③ $2\sqrt{7}$ ④ $4\sqrt{2}$
⑤ 6

2 오른쪽 그림의 원 O에서 $\overline{AB}\perp\overline{OC}$이고 $\overline{AB}=6\sqrt{3}$, $\overline{OB}=6$일 때, $\overline{OC}$의 길이는?

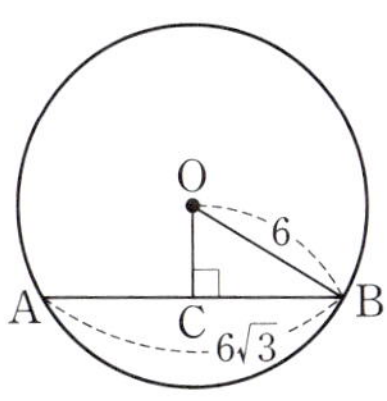

① $\sqrt{3}$ ② $\sqrt{6}$
③ 3 ④ $2\sqrt{3}$
⑤ $3\sqrt{3}$

쌍둥이 02

3 오른쪽 그림의 원 O에서 $\overline{AB}\perp\overline{OP}$이고 $\overline{AB}=8$, $\overline{MP}=2$일 때, $\overline{OA}$의 길이를 구하시오.

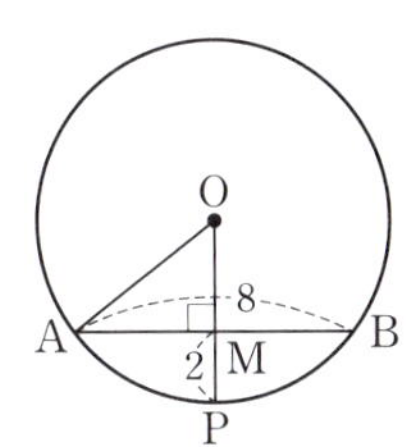

4 오른쪽 그림의 원 O에서 $\overline{AB}\perp\overline{OC}$이고 $\overline{AB}=10$, $\overline{CM}=3$일 때, x의 값을 구하시오.

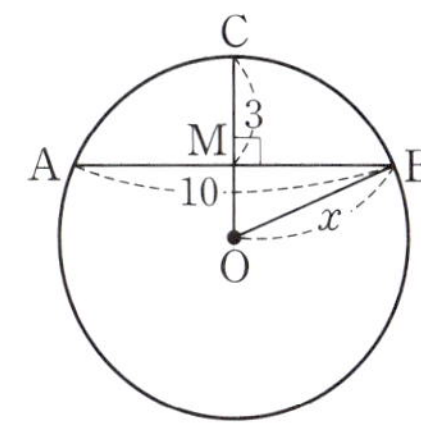

쌍둥이 03

5 서술형 오른쪽 그림에서 $\overparen{AB}$는 원의 일부분이다. $\overline{AB}\perp\overline{CM}$이고 $\overline{AM}=\overline{BM}=6$, $\overline{CM}=4$일 때, 이 원의 반지름의 길이를 구하시오.

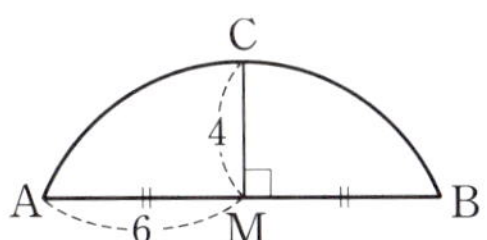

[풀이 과정]

[답]

6 오른쪽 그림은 원 모양의 토기의 파편이다. $\overline{AB}\perp\overline{CM}$이고 $\overline{AM}=\overline{BM}=3\,cm$, $\overline{CM}=1\,cm$일 때, 원래 이 토기의 지름의 길이는?

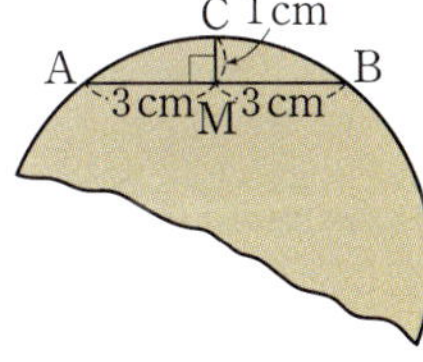

① $6\,cm$ ② $7\,cm$ ③ $8\,cm$
④ $9\,cm$ ⑤ $10\,cm$

7 오른쪽 그림과 같이 반지름의 길이가 4 cm인 원 모양의 종이를 원 위의 한 점이 원의 중심 O에 오도록 접었을 때, $\overline{AB}$의 길이는?

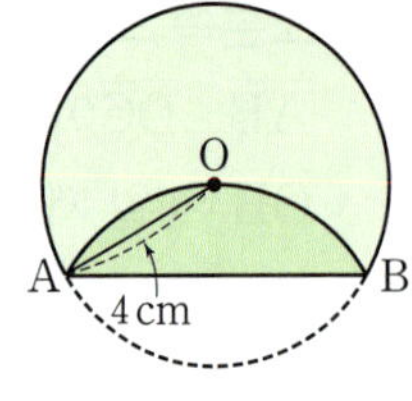

① 6 cm　　② $4\sqrt{3}$ cm　　③ 7 cm

④ 8 cm　　⑤ $5\sqrt{3}$ cm

8 오른쪽 그림과 같이 반지름의 길이가 6인 원 모양의 종이를 $\overset{\frown}{AB}$가 원의 중심 O를 지나도록 $\overline{AB}$를 접는 선으로 하여 접었을 때, $\overline{AB}$의 길이를 구하시오.

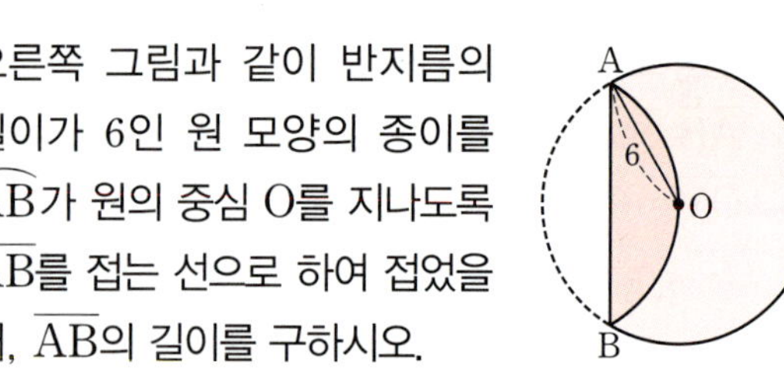

9 오른쪽 그림과 같이 중심이 같고 반지름의 길이가 각각 1, 3인 두 원에서 작은 원에 접하는 직선과 큰 원이 만나는 두 점을 각각 A, B라고 할 때, $\overline{AB}$의 길이를 구하시오.

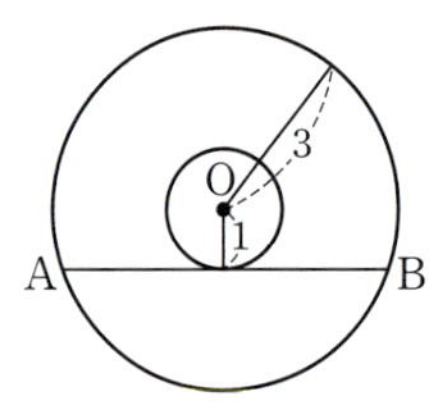

10 오른쪽 그림과 같이 점 O를 중심으로 하는 두 원의 반지름의 길이는 각각 3 cm, 4 cm이다. 큰 원의 현 AB가 작은 원의 접선일 때, $\overline{AB}$의 길이는?

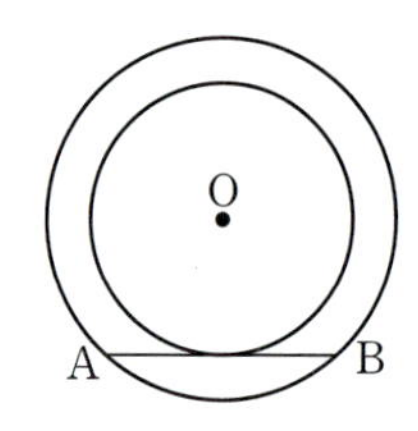

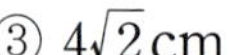

① 5 cm　　② $2\sqrt{7}$ cm　　③ $4\sqrt{2}$ cm

④ 6 cm　　⑤ 7 cm

11 오른쪽 그림과 같이 두 현 AB와 CD가 원 O의 중심으로부터 같은 거리에 있다. $\overline{BM}=5$일 때, $\overline{CD}$의 길이는?

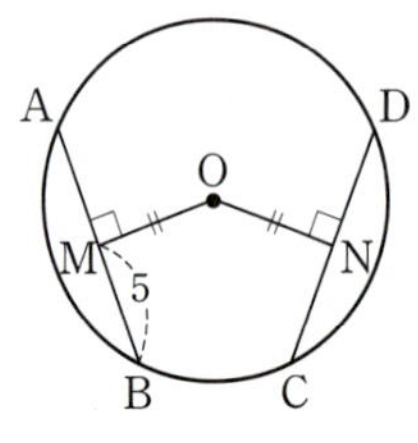

① 7　　② 8

③ 9　　④ 10

⑤ 11

12 오른쪽 그림의 원 O에서 $\overline{AB}\perp\overline{OM}$, $\overline{CD}\perp\overline{ON}$이고 $\overline{OM}=\overline{ON}=2$, $\overline{AB}=4$일 때, x의 값을 구하시오.

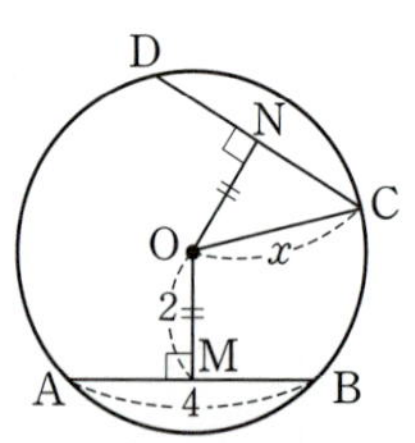

13 오른쪽 그림의 원 O에서 $\overline{AB}\perp\overline{OM}$, $\overline{CD}\perp\overline{ON}$이고 $\overline{AB}=16\,cm$, $\overline{ON}=7\,cm$, $\overline{DN}=8\,cm$일 때, $\overline{OM}$의 길이를 구하시오.

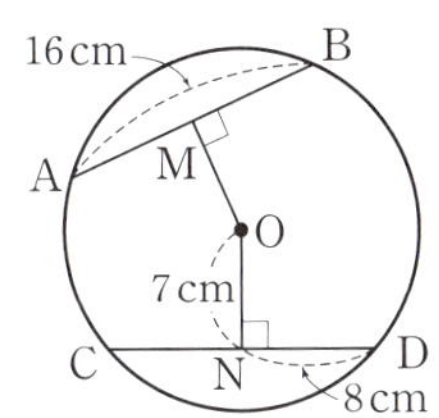

14 오른쪽 그림의 원 O에서 $\overline{AB}\perp\overline{OM}$, $\overline{CD}\perp\overline{ON}$이고 $\overline{BM}=4$, $\overline{CD}=8$, $\overline{OA}=5$일 때, x의 값은?

① $\sqrt{2}$ ② $\sqrt{3}$

③ 2 ④ 3

⑤ 4

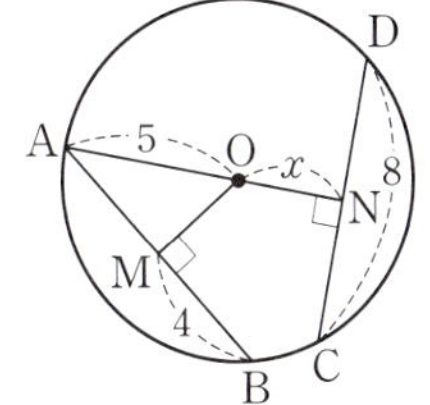

15 오른쪽 그림의 원 O에서 $\overline{AB}\perp\overline{OM}$, $\overline{AC}\perp\overline{ON}$이고 $\overline{OM}=\overline{ON}$이다. $\angle BAC=70°$일 때, $\angle x$의 크기는?

① $47°$ ② $50°$

③ $53°$ ④ $55°$

⑤ $57°$

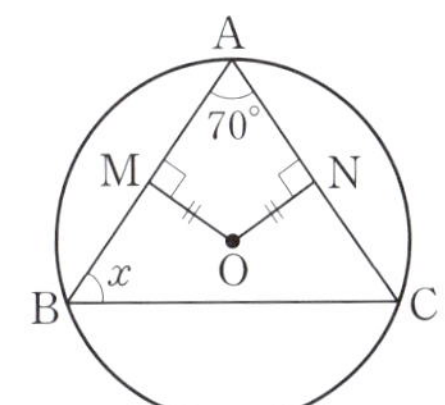

16 오른쪽 그림의 원 O에서 $\overline{AB}\perp\overline{OM}$, $\overline{AC}\perp\overline{ON}$이고 $\overline{OM}=\overline{ON}$이다. $\angle ACB=68°$일 때, $\angle x$의 크기를 구하시오.

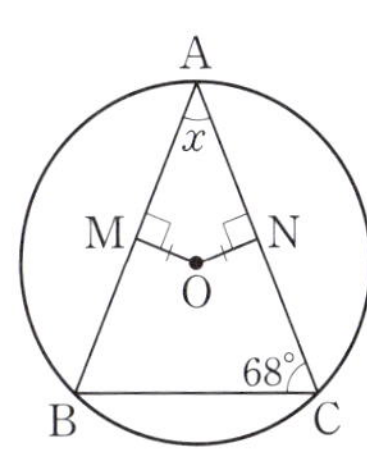

17 오른쪽 그림의 원 O에서 $\overline{AB}\perp\overline{OM}$, $\overline{AC}\perp\overline{ON}$이고 $\overline{OM}=\overline{ON}$이다. $\overline{AM}=4$, $\angle BAC=60°$일 때, $\overline{BC}$의 길이를 구하시오.

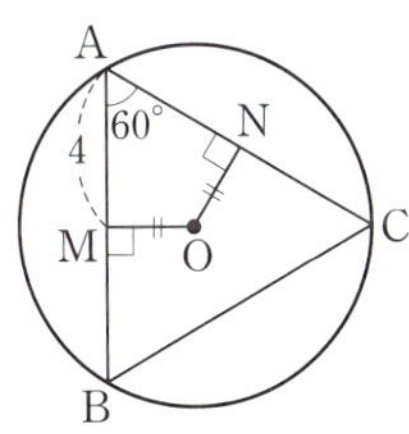

풀이 과정

답

18 오른쪽 그림의 원 O에서 $\overline{AB}\perp\overline{OM}$, $\overline{AC}\perp\overline{ON}$이고 $\overline{OM}=\overline{ON}$이다. $\overline{AC}=6$, $\angle MON=120°$일 때, $\triangle ABC$의 둘레의 길이를 구하시오.

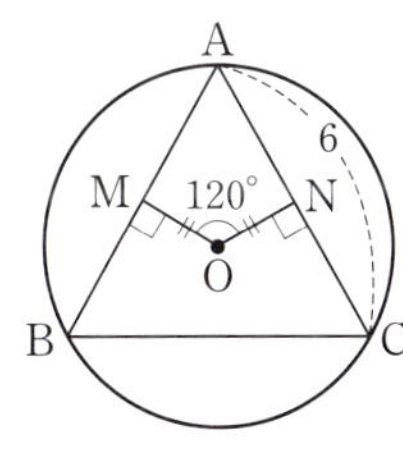

3. 원과 직선

원의 접선

원 O 밖의 한 점 P에서 원 O에 그은 두 접선의 접점을 각각 A, B라고 하면
(1) $\angle PAO = \angle PBO = 90°$ ← 원의 접선은 그 접점을 지나는 반지름에 수직이다.
(2) $\overline{PA} = \overline{PB}$ ← 원 밖의 한 점에서 그 원에 그은 두 접선의 길이는 같다.

참고　△PAO와 △PBO에서
　　　$\angle PAO = \angle PBO = 90°$, $\overline{OP}$는 공통, $\overline{OA} = \overline{OB}$이므로
　　　△PAO≡△PBO(RHS 합동)
　　　∴ $\overline{PA} = \overline{PB}$

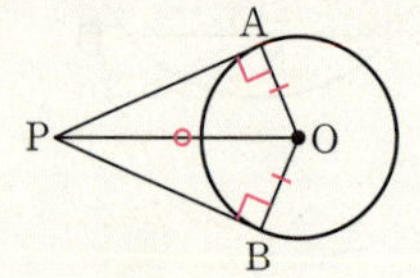
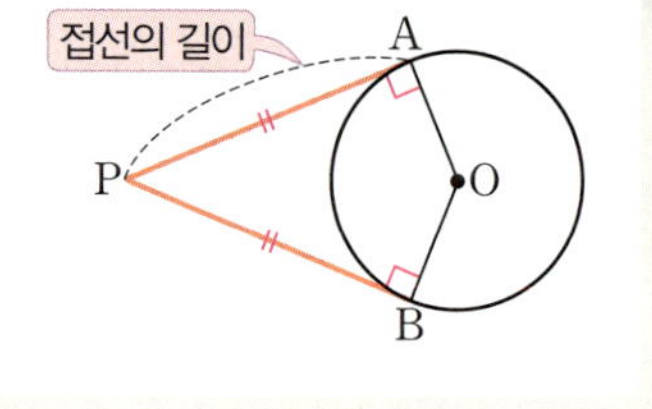

사각형의 내각의 크기의 합이 360°임을 이용해 봐.

1 다음 그림에서 두 점 A, B는 점 P에서 원 O에 그은 두 접선의 접점일 때, $\angle x$의 크기를 구하시오.

(1)
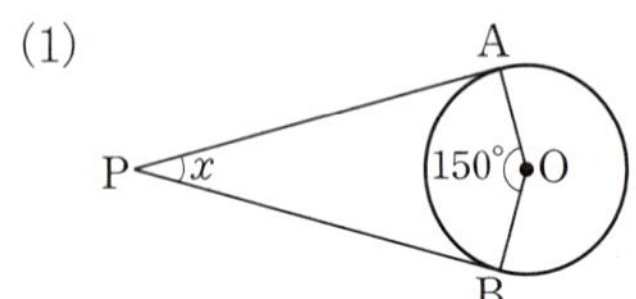

____

(2)
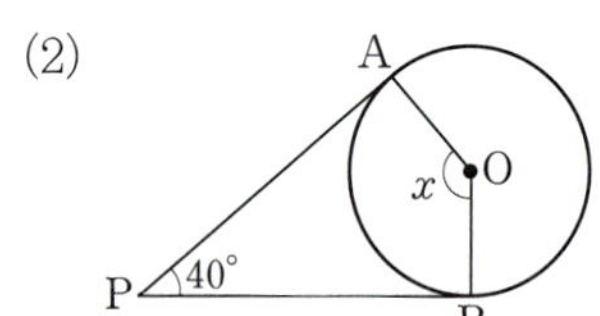

____

직각삼각형에서 피타고라스 정리를 이용해 봐.

2 다음 그림에서 $\overline{PT}$는 원 O의 접선이고 점 T는 그 접점일 때, x의 값을 구하시오.

(1)
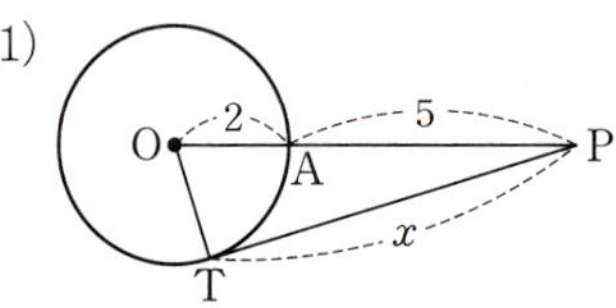

____

(2)
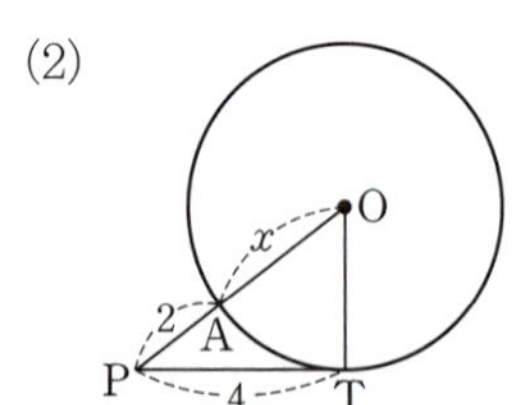

____

(3)
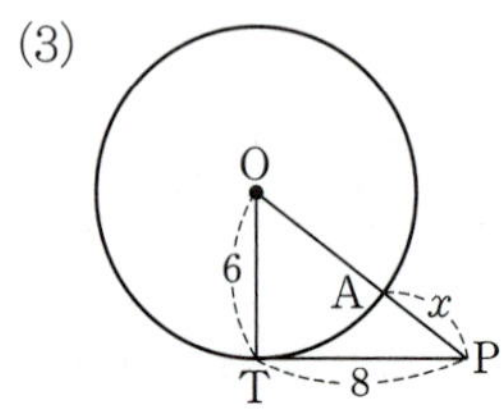

____

3 다음 그림에서 두 점 A, B는 점 P에서 원 O에 그은 두 접선의 접점일 때, x의 값을 구하시오.

(1)
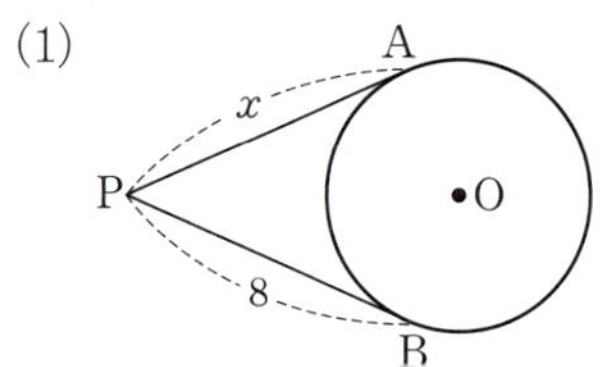

____

(2)
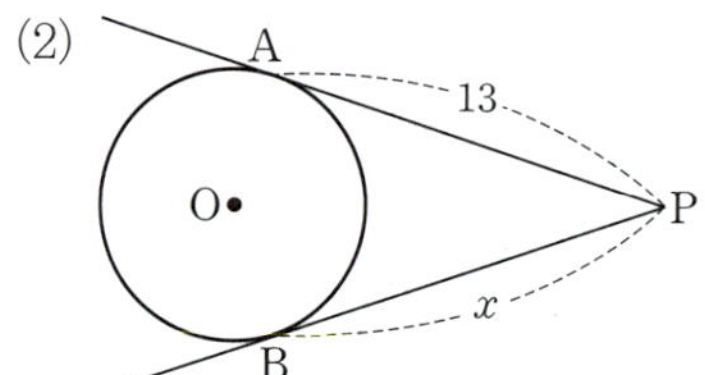

____

4 다음 그림에서 두 점 A, B는 점 P에서 원 O에 그은 두 접선의 접점일 때, x, y의 값을 각각 구하시오.

(1)
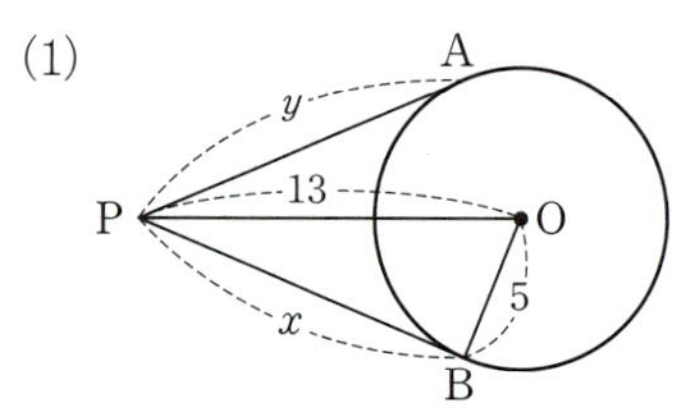

____

(2)
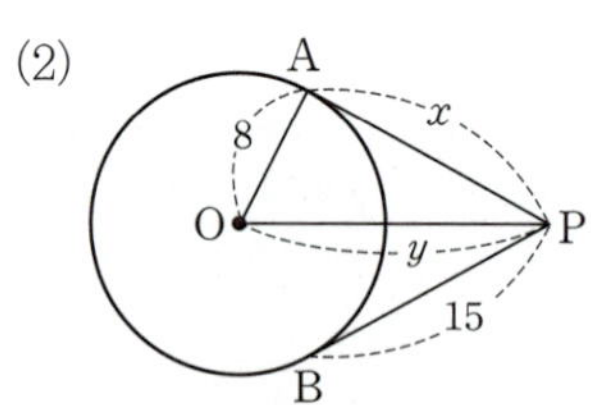

____

5 다음 그림에서 두 점 A, B는 점 P에서 원 O에 그은 두 접선의 접점일 때, x의 값을 구하시오.

(1) 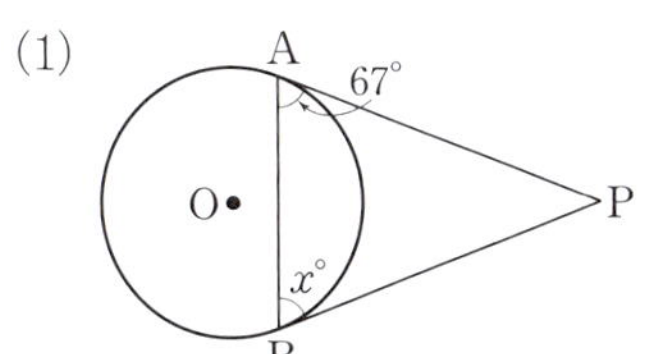

(2) 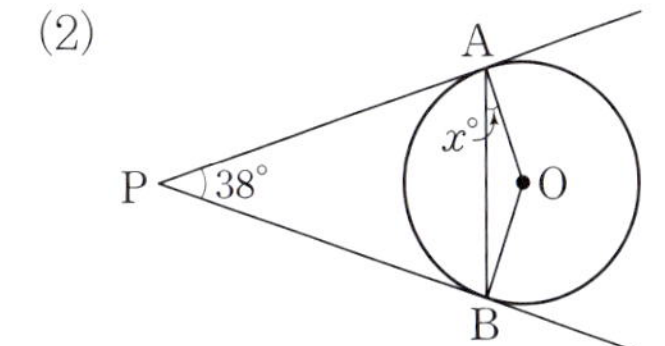

(3) 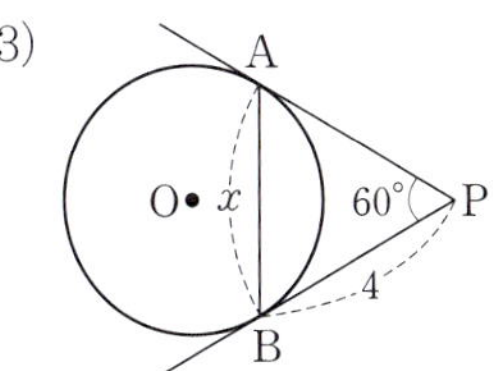

$(\triangle \text{PAB의 둘레의 길이})=\overline{PT}+\overline{PT'}=2\overline{PT}$

6 다음 그림에서 $\overrightarrow{PT}$, $\overrightarrow{PT'}$, $\overline{AB}$는 원 O의 접선이고 세 점 T, T', C는 그 접점일 때, x의 값을 구하시오.

(1) 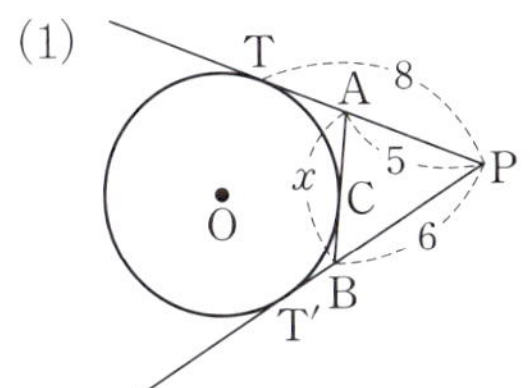

(2) 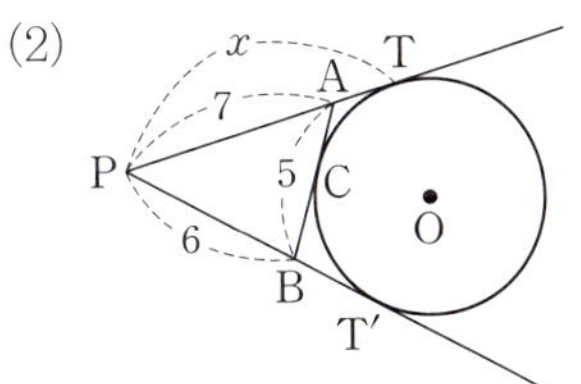

(3) 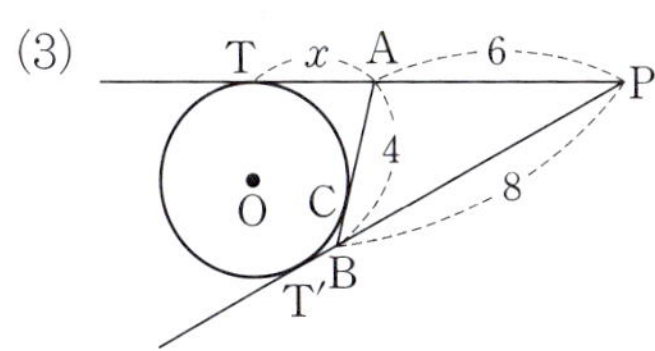

7 오른쪽 그림에서 $\overline{AC}$, $\overline{BD}$, $\overline{CD}$는 $\overline{AB}$를 지름으로 하는 반원 O의 접선이고 세 점 A, B, E는 그 접점일 때, 다음 ☐ 안에 알맞은 수를 쓰시오.

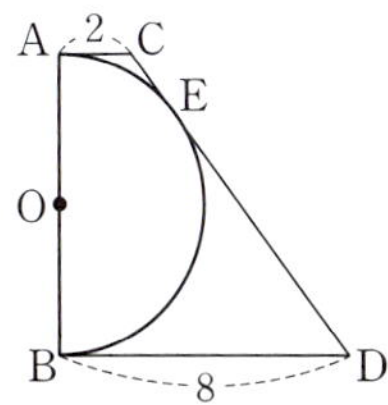

점 C에서 $\overline{BD}$에 내린 수선의 발을 H라고 하면
$\overline{BH}=\overline{AC}=$ ☐ 이므로 $\overline{DH}=\overline{BD}-\overline{BH}=$ ☐
$\overline{CE}=\overline{CA}=$ ☐, $\overline{DE}=\overline{DB}=$ ☐ 이므로 $\overline{CD}=\overline{CE}+\overline{DE}=$ ☐
$\triangle\text{CHD}$에서 $\overline{CH}=\sqrt{☐^2-☐^2}=$ ☐   ∴ $\overline{AB}=\overline{CH}=$ ☐

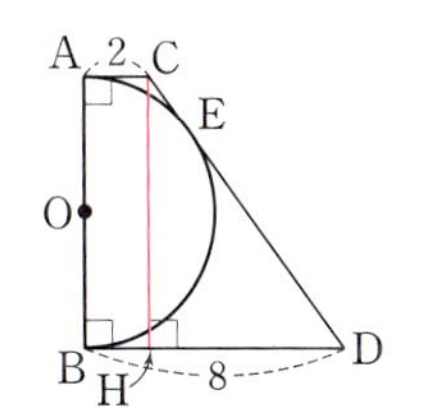

8 오른쪽 그림에서 $\overline{AC}$, $\overline{BD}$, $\overline{CD}$는 $\overline{AB}$를 지름으로 하는 반원 O의 접선이고 세 점 A, B, E는 그 접점일 때, $\overline{AB}$의 길이를 구하시오.

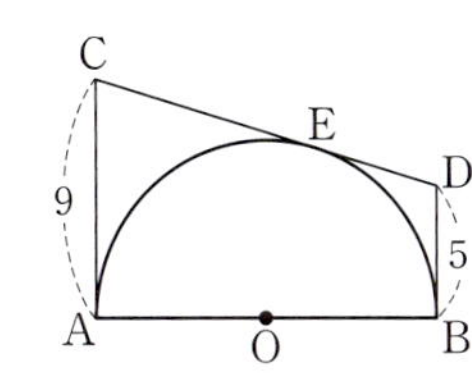

쌍둥이 기출문제

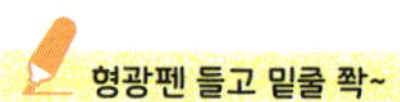

쌍둥이 01

1 오른쪽 그림에서 두 점 A, B는 점 P에서 원 O에 그은 두 접선의 접점이다. $\angle P=45°$, $\overline{OA}=8\,cm$일 때, 색칠한 부분의 넓이를 구하시오.

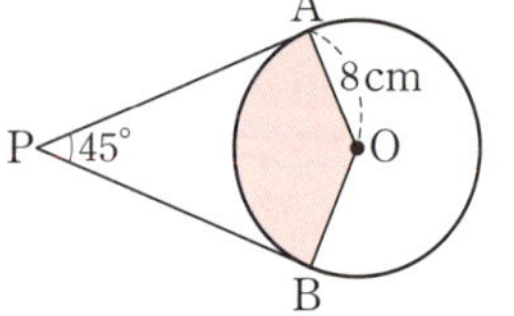

2 오른쪽 그림에서 $\overrightarrow{PT}$, $\overrightarrow{PT'}$은 반지름의 길이가 $3\,cm$인 원 O의 접선이고 두 점 T, T'은 그 접점이다. $\angle P=100°$일 때, 색칠한 부분의 넓이는?

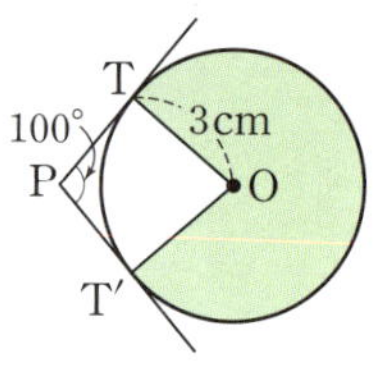

① $6\pi\,cm^2$ ② $7\pi\,cm^2$ ③ $8\pi\,cm^2$
④ $9\pi\,cm^2$ ⑤ $10\pi\,cm^2$

쌍둥이 02

3 오른쪽 그림에서 두 점 A, B는 점 P에서 원 O에 그은 두 접선의 접점이다. $\angle AOB=120°$이고 $\overline{OB}=3\sqrt{3}\,cm$일 때, $\overline{PB}$의 길이를 구하시오.

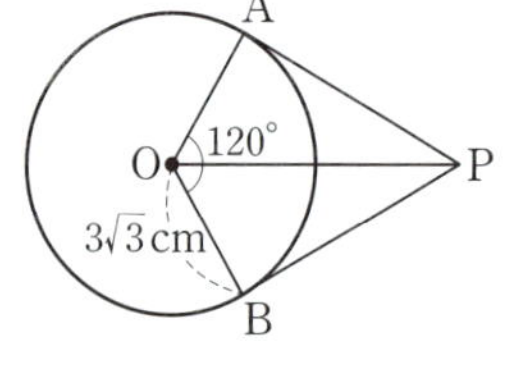

4 오른쪽 그림에서 두 점 A, B는 점 P에서 원 O에 그은 두 접선의 접점이다. $\angle APB=60°$이고 $\overline{PA}=2\sqrt{3}\,cm$일 때, $\square AOBP$의 넓이를 구하시오.

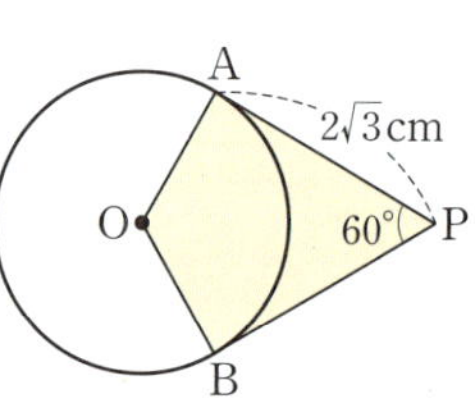

쌍둥이 03

5 오른쪽 그림에서 $\overline{PA}$, $\overline{PQ}$, $\overline{QC}$는 원 O의 접선이고 세 점 A, B, C는 그 접점일 때, x의 값을 구하시오.

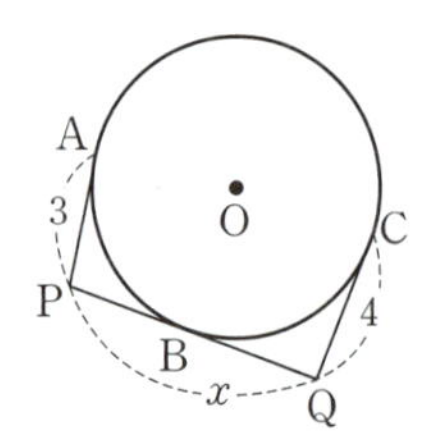

6 오른쪽 그림에서 $\overline{PA}$, $\overline{PQ}$, $\overline{QC}$는 원 O의 접선이고 세 점 A, B, C는 그 접점일 때, x의 값은?

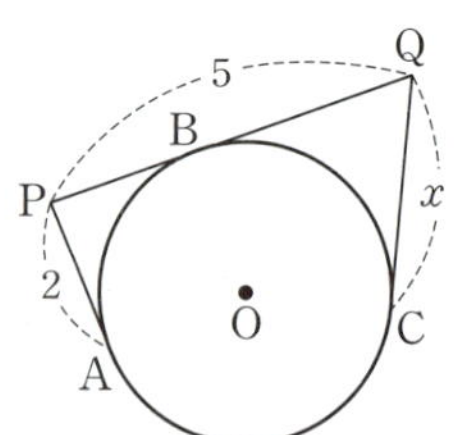

① $\dfrac{5}{2}$ ② 3
③ $\dfrac{7}{2}$ ④ 4
⑤ $\dfrac{9}{2}$

쌍둥이 04

7 오른쪽 그림에서 두 점 A, B는 점 P에서 원 O에 그은 두 접선의 접점이다. $\overline{OB}=7$, $\overline{OP}=25$일 때, $\overline{PA}+\overline{PB}$의 길이를 구하시오.

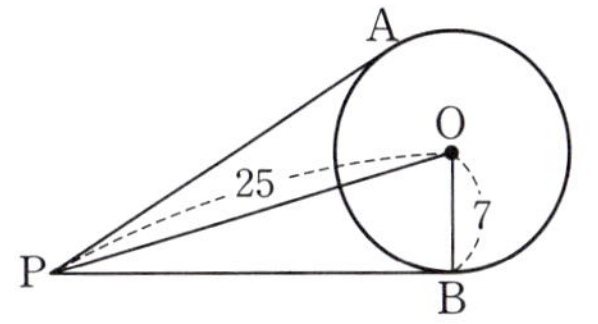

8 오른쪽 그림에서 두 점 T, T′은 점 P에서 원 O에 그은 두 접선의 접점이다. $\overline{OT}=4$, $\overline{PT'}=6$일 때, $\overline{OP}$의 길이를 구하시오.

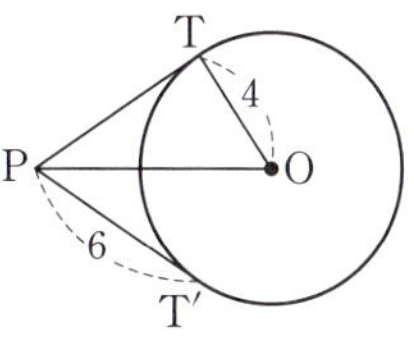

쌍둥이 05

9 오른쪽 그림에서 $\overline{PA}$, $\overline{PB}$, $\overline{CD}$는 원 O의 접선이고 세 점 A, B, E는 그 접점이다. △PDC의 둘레의 길이가 18 cm일 때, $\overline{PA}$의 길이를 구하시오.

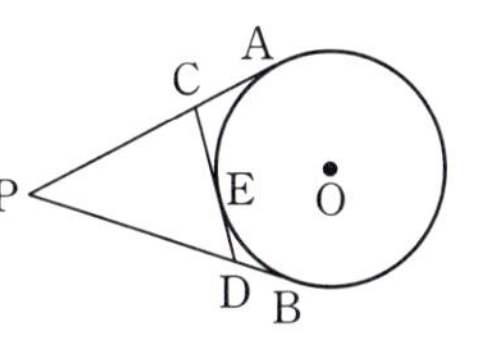

10 오른쪽 그림에서 $\overline{PA}$, $\overline{PB}$, $\overline{CD}$는 원 O의 접선이고 세 점 A, B, E는 그 접점이다. $\overline{PC}=9\,cm$, $\overline{PD}=7\,cm$, $\overline{CD}=6\,cm$일 때, $\overline{BD}$의 길이를 구하시오.

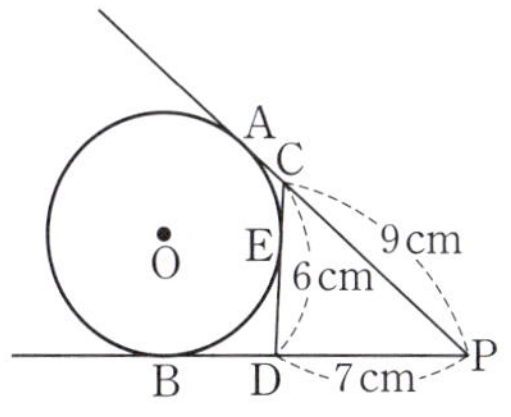

쌍둥이 06

11 오른쪽 그림에서 $\overline{AC}$, $\overline{BD}$, $\overline{CD}$는 $\overline{AB}$를 지름으로 하는 반원 O의 접선이고 세 점 A, B, E는 그 접점이다. $\overline{AC}=7$, $\overline{BD}=3$일 때, $\overline{AB}$의 길이를 구하시오.

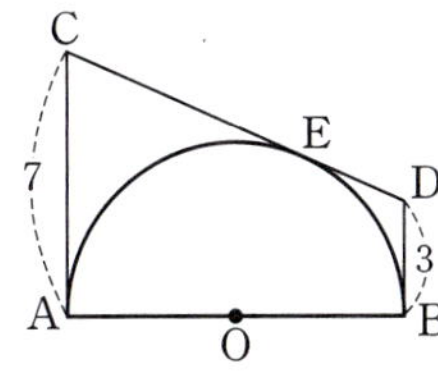

12 오른쪽 그림에서 두 점 C, D는 각각 원 O의 지름 AB의 양 끝 점에서 그은 두 접선과 원 O 위의 한 점 P에서 그은 접선이 만나는 점이다. $\overline{AC}=4\,cm$, $\overline{BD}=8\,cm$일 때, 원 O의 지름의 길이는?

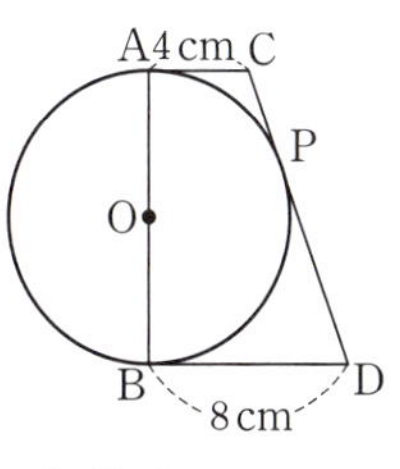

① 9 cm ② $7\sqrt{2}$ cm ③ 10 cm
④ 11 cm ⑤ $8\sqrt{2}$ cm

유형 4 삼각형의 내접원

△ABC의 내접원 O가 세 변 AB, BC, CA와 접하는 점을 각각 D, E, F라고 하면
(1) $\overline{AD}=\overline{AF}$, $\overline{BD}=\overline{BE}$, $\overline{CE}=\overline{CF}$
(2) (△ABC의 둘레의 길이)$=\overline{AB}+\overline{BC}+\overline{CA}$
$\qquad\qquad\qquad\qquad =2(x+y+z)$

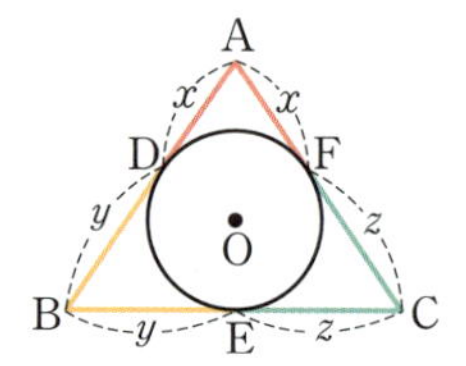

1 다음 그림에서 원 O는 △ABC의 내접원이고 세 점 D, E, F는 그 접점일 때, x의 값을 구하시오.

(1) 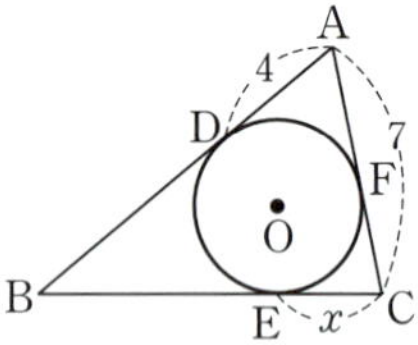

(2) 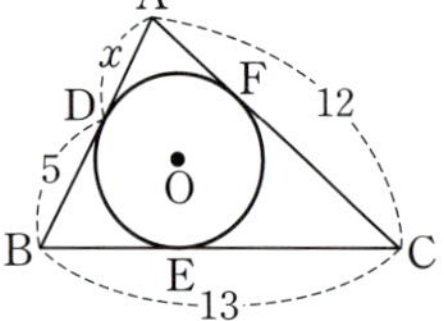

(3) 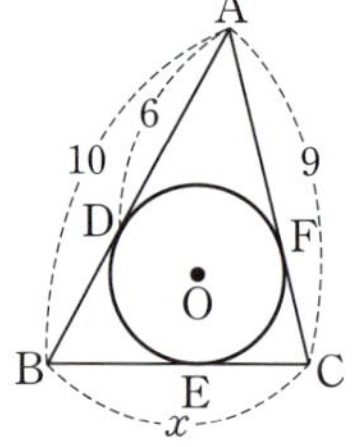

____

2 오른쪽 그림에서 원 O는 △ABC의 내접원이고 세 점 D, E, F는 그 접점일 때, 다음은 x의 값을 구하는 과정이다. ☐ 안에 알맞은 것을 쓰시오.

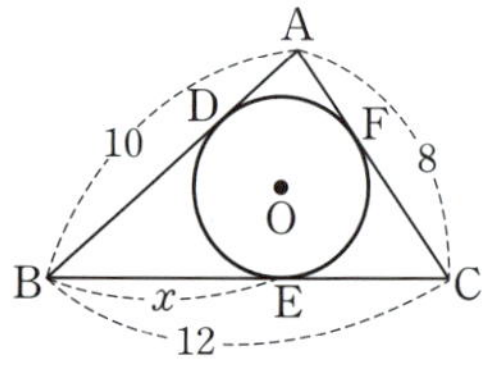

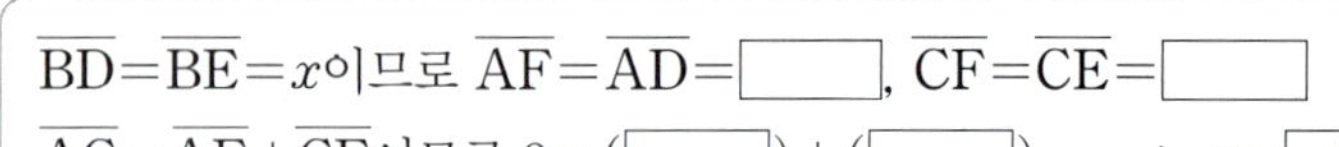

$\overline{BD}=\overline{BE}=x$이므로 $\overline{AF}=\overline{AD}=$☐, $\overline{CF}=\overline{CE}=$☐
$\overline{AC}=\overline{AF}+\overline{CF}$이므로 $8=($☐$)+($☐$)$ ∴ $x=$☐

3 다음 그림에서 원 O는 △ABC의 내접원이고 세 점 D, E, F는 그 접점일 때, x의 값을 구하시오.

(1) 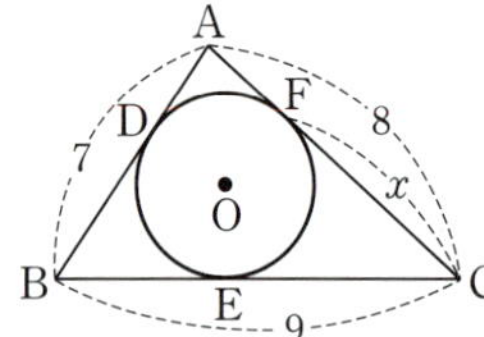

(2) 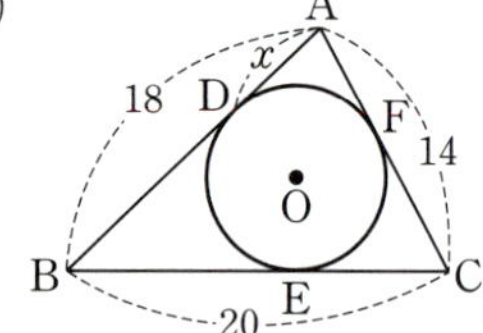

____

4 다음 그림에서 원 O는 직각삼각형 ABC의 내접원이고 세 점 D, E, F는 그 접점일 때, 원 O의 반지름의 길이를 구하시오.

(1) 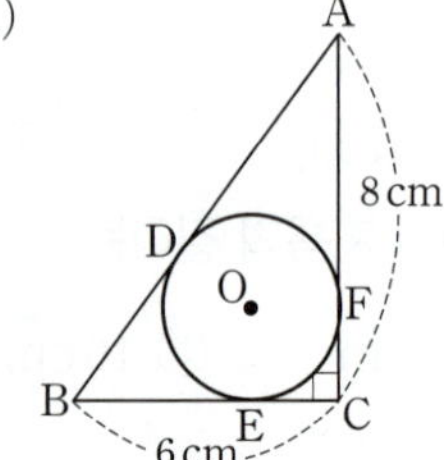

(2) 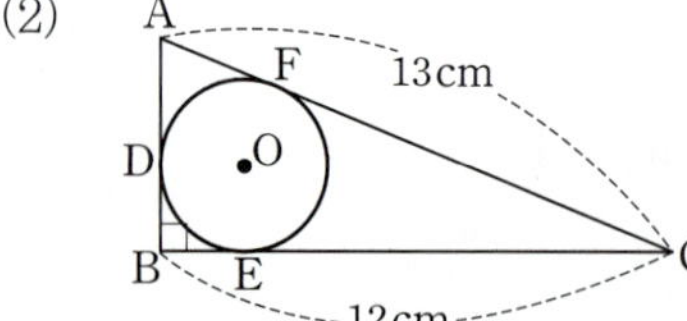

____

유형 5 원에 외접하는 사각형의 성질

(1) 원에 외접하는 사각형에서 두 쌍의 대변의 길이의 합은 같다.

➡ $\overline{AB}+\overline{CD}=\overline{AD}+\overline{BC}$

(2) 두 쌍의 대변의 길이의 합이 같은 사각형은 원에 외접한다.

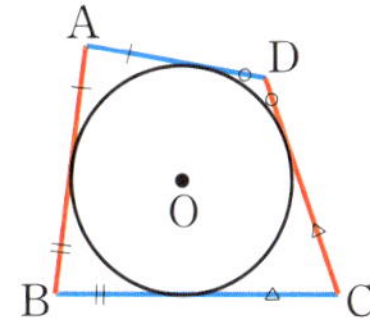

1 오른쪽 그림에서 □ABCD는 원 O에 외접하고 네 점 P, Q, R, S는 그 접점일 때, 다음 중 옳은 것은 ○표, 옳지 <u>않은</u> 것은 ×표를 (   ) 안에 쓰시오.

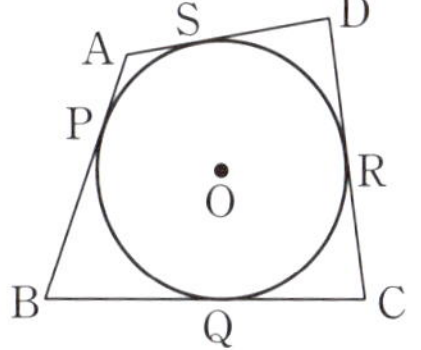

(1) $\overline{DR}=\overline{CR}$ (   )　　　(2) $\overline{AS}=\overline{AP}$ (   )

(3) $\overline{AB}=\overline{CD}$ (   )　　　(4) $\overline{AB}=\overline{AD}$ (   )

(5) $\overline{AB}+\overline{CD}=\overline{AD}+\overline{BC}$ (   )　　　(6) $\overline{AB}+\overline{BC}=\overline{AD}+\overline{CD}$ (   )

2 다음 그림에서 □ABCD는 원 O에 외접하고 네 점 P, Q, R, S는 그 접점일 때, x, y의 값을 각각 구하시오.

(1)
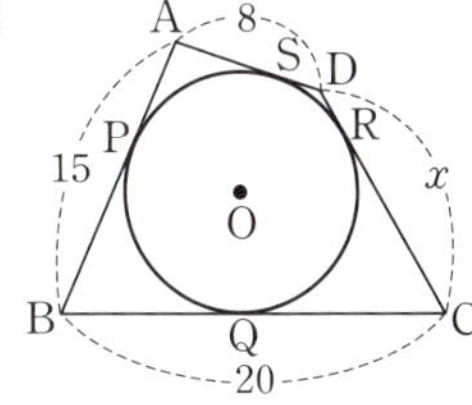
____

(2)
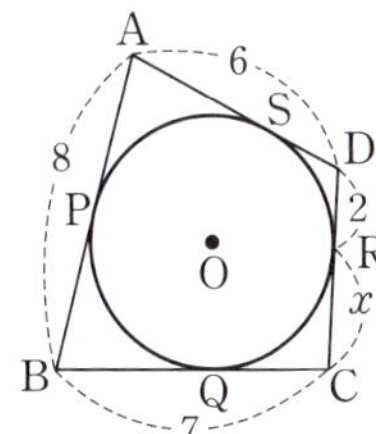
____

(3)
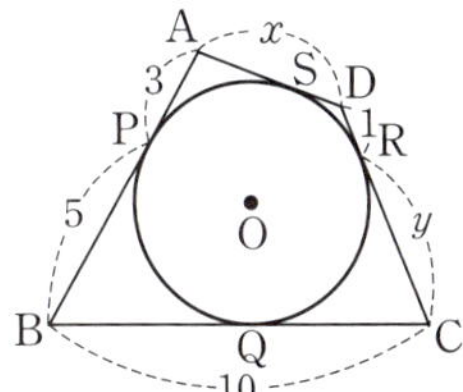
____

(4)
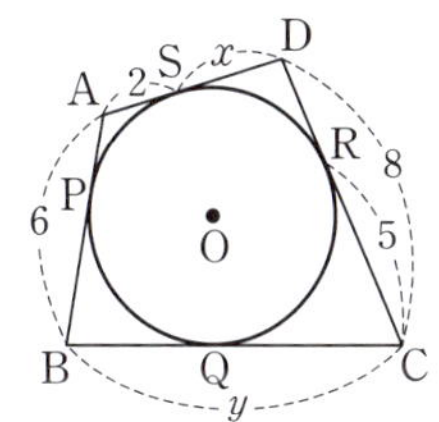
____

3 오른쪽 그림에서 □ABCD는 원 O에 외접하고 $\overline{BC}=13\,\mathrm{cm}$, $\overline{CD}=11\,\mathrm{cm}$일 때, $x-y$의 값을 구하시오.

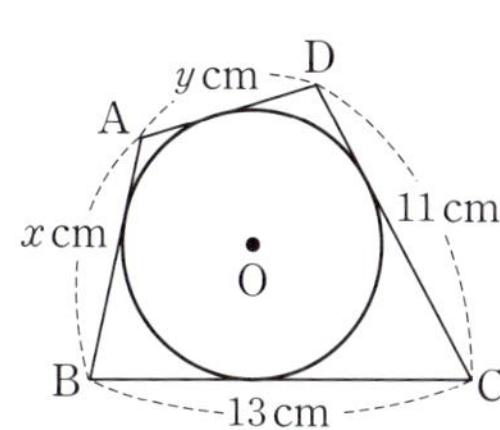

____

4 다음 그림에서 □ABCD는 원 O에 외접하고 네 점 P, Q, R, S는 그 접점일 때, x의 값을 구하시오.

(1)
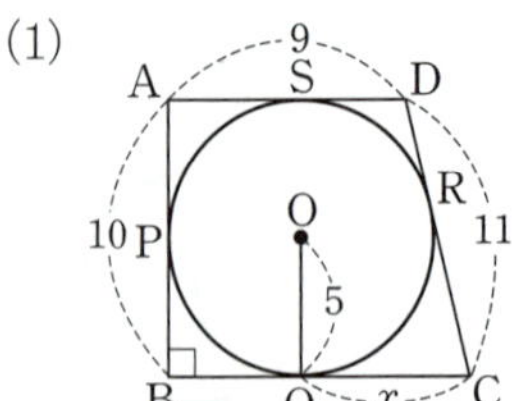

(2)
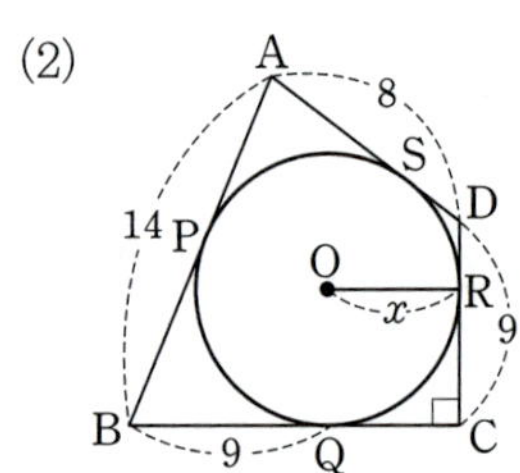

5 다음 그림에서 원 O는 직사각형 ABCD의 세 변과 $\overline{AE}$에 접하고 네 점 P, Q, R, S는 그 접점일 때, x의 값을 구하려고 한다. □ 안에 알맞은 수를 쓰시오.

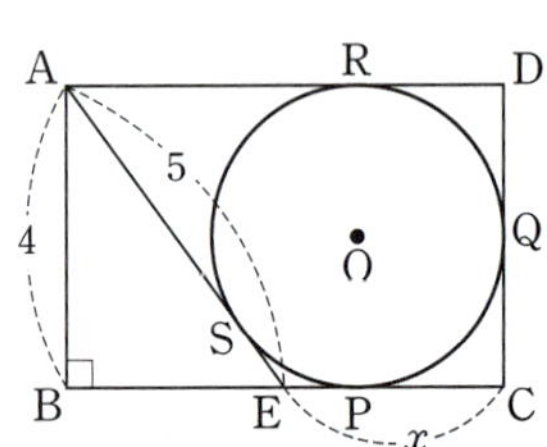

(1)

$\overline{BE} = \square$

(2)
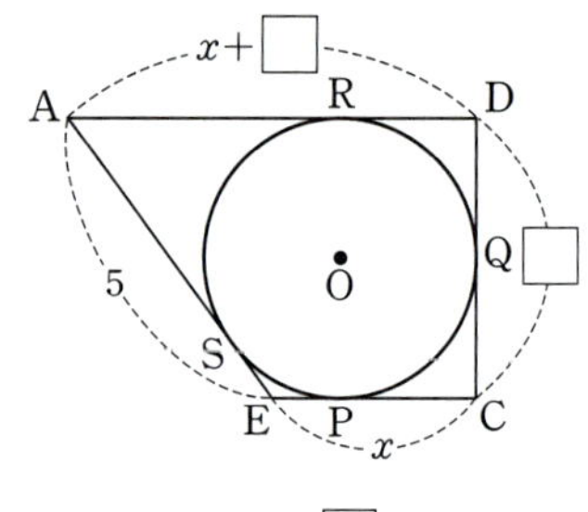

$x = \square$

6 다음 그림에서 원 O는 직사각형 ABCD의 세 변과 $\overline{DE}$에 접하고 네 점 P, Q, R, S는 그 접점일 때, x의 값을 구하시오.

(1)
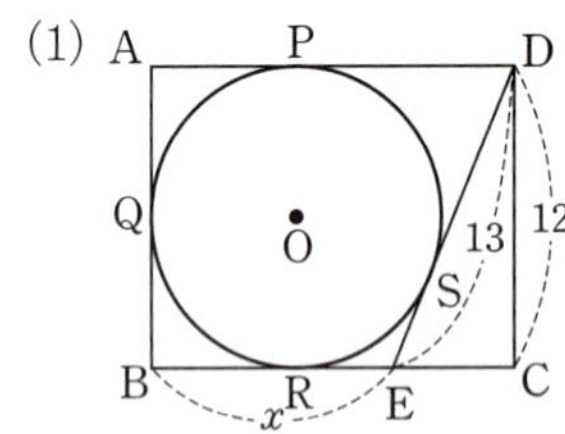

(2)
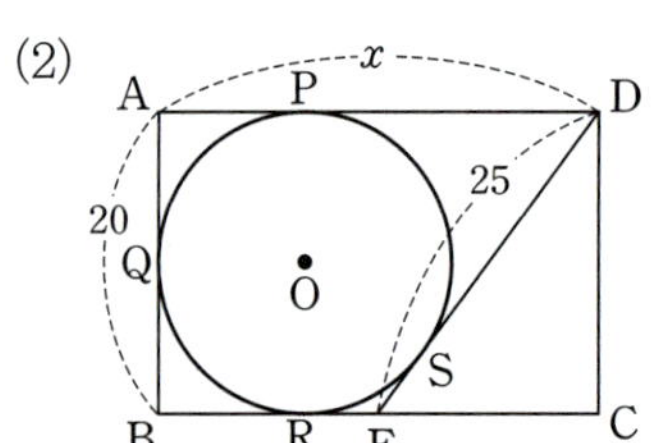

쌍둥이 기출문제

• 정답과 해설 25쪽

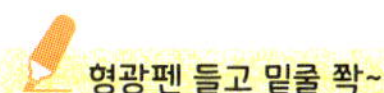

쌍둥이 01

1 오른쪽 그림에서 원 O는 △ABC의 내접원이고 세 점 D, E, F는 그 접점이다. $\overline{AB}=9$, $\overline{AD}=5$, $\overline{AC}=8$일 때, $\overline{BC}$의 길이는?

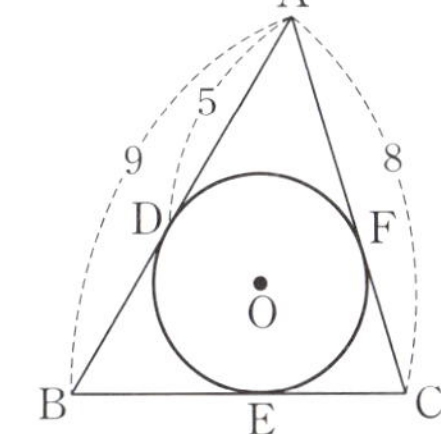

① 4 　　② 5
③ 6 　　④ 7
⑤ 8

2 오른쪽 그림에서 원 O는 △ABC의 내접원이고 세 점 D, E, F는 그 접점이다. $\overline{AD}=4$, $\overline{BD}=5$, $\overline{BC}=7$일 때, $\overline{AC}$의 길이를 구하시오.

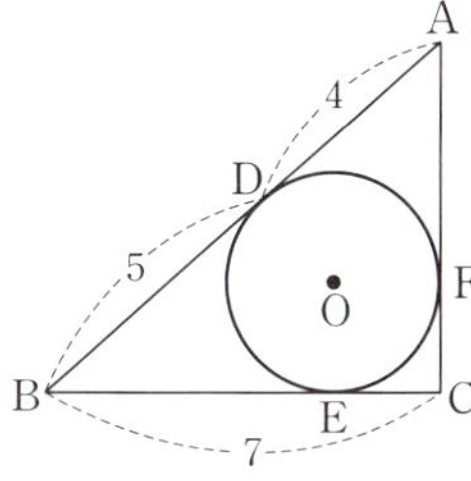

쌍둥이 02

3 (서술형) 오른쪽 그림에서 원 O는 △ABC의 내접원이고 세 점 D, E, F는 그 접점이다. $\overline{AB}=9$, $\overline{BC}=10$, $\overline{CA}=7$일 때, $\overline{BE}$의 길이를 구하시오.

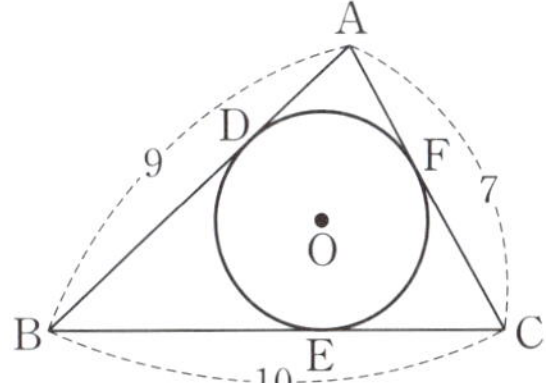

풀이 과정

답

4 오른쪽 그림에서 원 O는 △ABC의 내접원이고 세 점 D, E, F는 그 접점이다. $\overline{AB}=\overline{BC}=7$, $\overline{AC}=4$일 때, $\overline{AD}$의 길이를 구하시오.

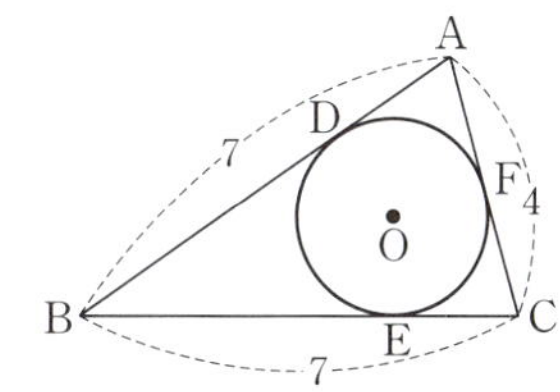

쌍둥이 03

5 오른쪽 그림에서 원 O는 ∠C=90°인 **직각삼각형 ABC의 내접원**이고 세 점 D, E, F는 그 접점이다. $\overline{AB}=5$, $\overline{AC}=3$일 때, **원 O의 반지름의 길이**를 구하시오.

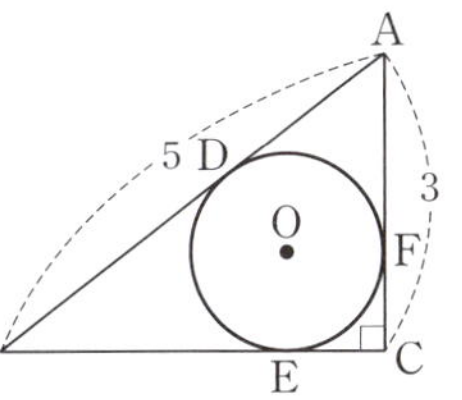

6 오른쪽 그림에서 원 O는 ∠C=90°인 직각삼각형 ABC의 내접원이고 세 점 D, E, F는 그 접점이다. $\overline{AC}=15$, $\overline{BC}=8$일 때, 원 O의 반지름의 길이는?

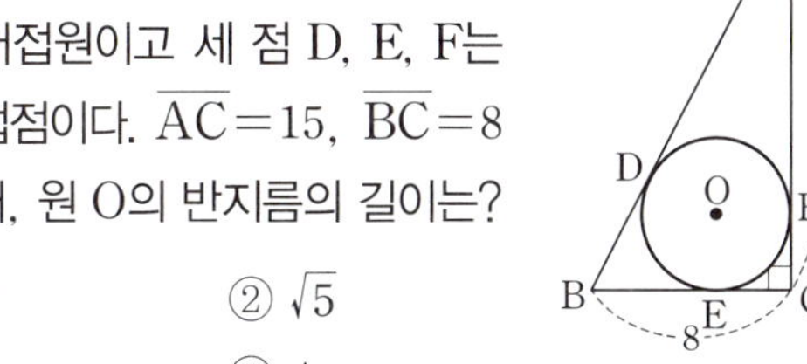

① 2 　　② $\sqrt{5}$
③ 3 　　④ 4
⑤ $2\sqrt{5}$

쌍둥이 04

7 오른쪽 그림과 같이 원 O에 외접하는 □ABCD에서 $\overline{AB}=6$, $\overline{AD}=4$, $\overline{BC}=9$일 때, $\overline{CD}$의 길이는?

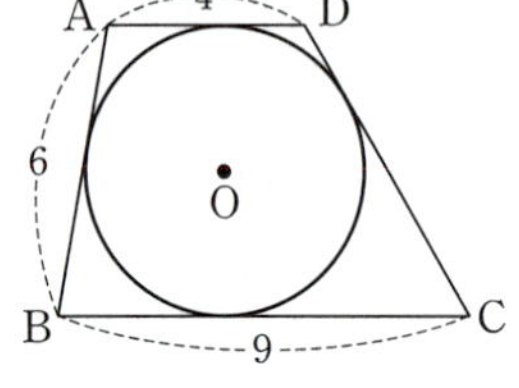

① 6   ② 7   ③ 8
④ 9   ⑤ 10

8 오른쪽 그림에서 □ABCD는 원 O에 외접하고 $\overline{AD}=6$, $\overline{BC}=8$일 때, □ABCD의 둘레의 길이를 구하시오.

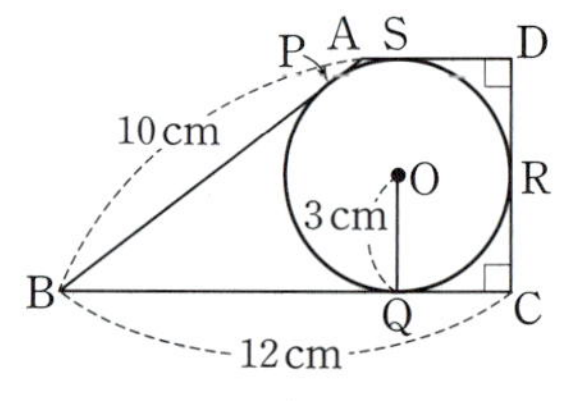

쌍둥이 05

9 오른쪽 그림에서 □ABCD는 반지름의 길이가 6 cm인 원 O에 외접하고 네 점 P, Q, R, S는 그 접점이다. ∠B=90°이고 $\overline{AD}=10$ cm, $\overline{BC}=15$ cm, $\overline{CD}=14$ cm일 때, $\overline{AP}$의 길이를 구하시오.

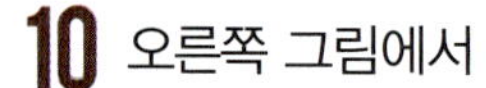

10 오른쪽 그림에서 □ABCD는 반지름의 길이가 3 cm인 원 O에 외접하고 네 점 P, Q, R, S는 그 접점이다. ∠C=∠D=90°이고 $\overline{AB}=10$ cm, $\overline{BC}=12$ cm일 때, $\overline{AD}$의 길이를 구하시오.

쌍둥이 06

11 오른쪽 그림에서 원 O는 직사각형 ABCD의 세 변과 $\overline{DE}$에 접하고 $\overline{CD}=12$ cm, $\overline{DE}=15$ cm일 때, $\overline{AD}$의 길이를 구하시오.

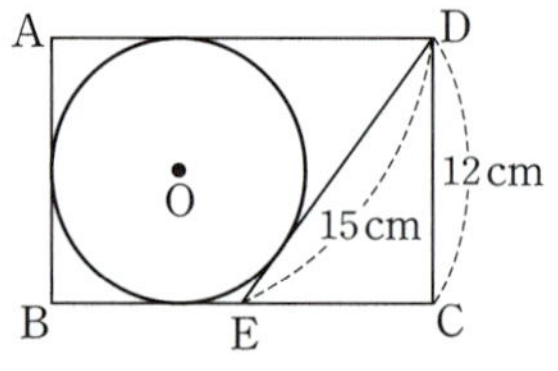

12 오른쪽 그림에서 원 O는 직사각형 ABCD의 세 변과 $\overline{DE}$에 접하고 $\overline{AB}=15$ cm, $\overline{DE}=17$ cm일 때, $\overline{BE}$의 길이를 구하시오.

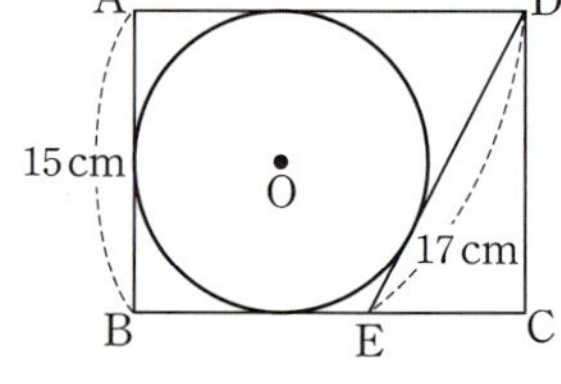

단원 마무리

● 정답과 해설 26쪽

1 오른쪽 그림의 원 O에서 $\overline{AB} \perp \overline{OM}$이고 $\overline{OA}=6\,cm$, $\overline{OM}=2\,cm$일 때, $\overline{AB}$의 길이는?

① $6\sqrt{2}\,cm$ ② $7\sqrt{2}\,cm$ ③ $10\,cm$
④ $11\,cm$ ⑤ $8\sqrt{2}\,cm$

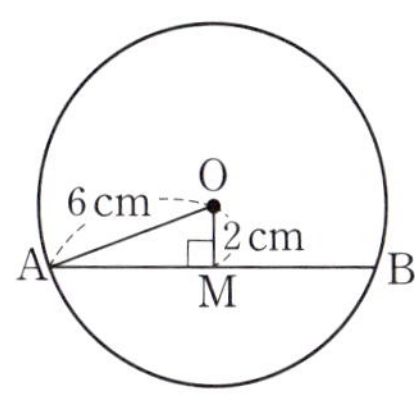

▶ 현의 수직이등분선과 현의 길이

2 오른쪽 그림의 원 O에서 $\overline{AB} \perp \overline{OC}$이고 $\overline{AM}=5\,cm$, $\overline{CM}=2\,cm$일 때, $\overline{OB}$의 길이를 구하시오.

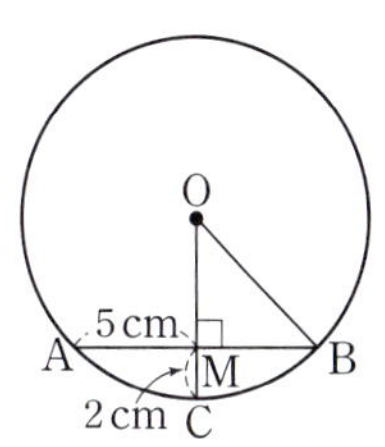

▶ 현의 수직이등분선과 반지름의 길이

3 오른쪽 그림과 같이 어느 연못에서 원의 일부분을 찾았다. $\overline{AB} \perp \overline{CM}$, $\overline{AM}=\overline{BM}$이고 $\overline{AB}=14\,m$, $\overline{CM}=3\,m$일 때, 이 원의 반지름의 길이를 구하시오.

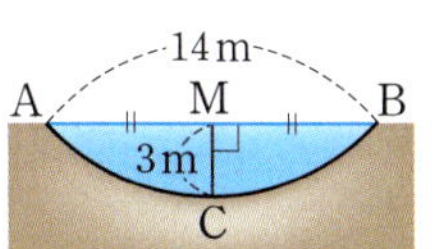

▶ 원의 일부분이 주어질 때, 원의 반지름의 길이 구하기

4 오른쪽 그림과 같이 점 O를 중심으로 하는 두 원의 반지름의 길이는 각각 $5\,cm$, $10\,cm$이다. 큰 원의 현 AB가 작은 원의 접선일 때, $\overline{AB}$의 길이는?

① $10\sqrt{2}\,cm$ ② $15\,cm$ ③ $5\sqrt{10}\,cm$
④ $16\,cm$ ⑤ $10\sqrt{3}\,cm$

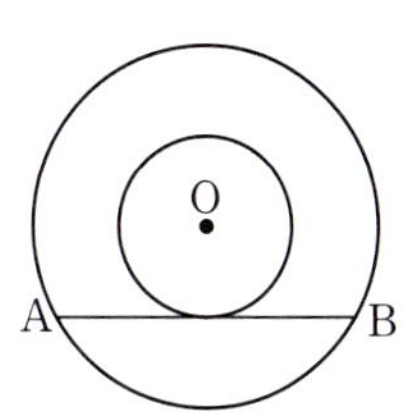

▶ 중심이 같은 두 원에서의 현의 수직이등분선

5 오른쪽 그림의 원 O에서 $\overline{AB}\perp\overline{OM}$, $\overline{CD}\perp\overline{ON}$이고
$\overline{OM}=\overline{ON}=7\,\text{cm}$, $\overline{AB}=14\,\text{cm}$일 때, $\overline{OC}$의 길이를 구하시오.

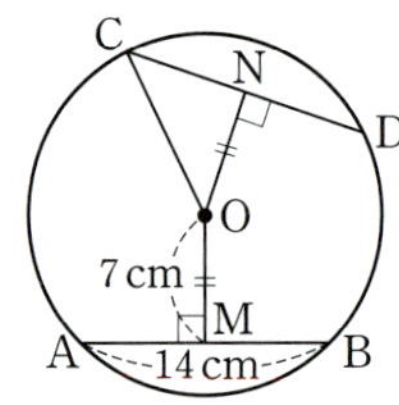

> 현의 길이

[풀이 과정]

[답]

6 오른쪽 그림의 원 O에서 $\overline{AB}\perp\overline{OD}$, $\overline{BC}\perp\overline{OE}$이고 $\overline{OD}=\overline{OE}$이다.
$\overline{AD}=2\,\text{cm}$, $\angle ACB=60°$일 때, $\triangle ABC$의 넓이를 구하시오.

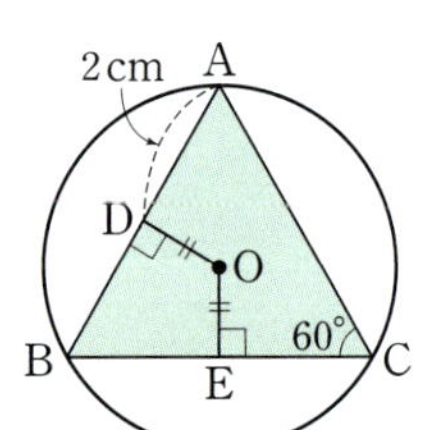

> 길이가 같은 두 현이 만드는 삼각형

7 오른쪽 그림에서 두 점 A, B는 점 P에서 원 O에 그은 두 접선
의 접점이다. $\angle P=60°$이고 $\overline{PA}=3\sqrt{3}\,\text{cm}$일 때, 색칠한 부분의
넓이를 구하려고 한다. 다음을 구하시오.

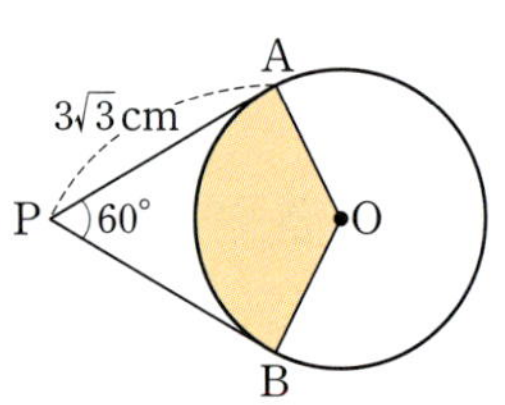

> 접선의 성질

(1) $\angle AOB$의 크기

(2) $\overline{OA}$의 길이

(3) 색칠한 부분의 넓이

8 오른쪽 그림에서 두 점 A, B는 점 P에서 원 O에 그은 두
접선의 접점이고 점 Q는 $\overline{OP}$와 원 O의 교점이다. $\overline{PQ}=7$,
$\overline{OA}=3$일 때, $\overline{PB}$의 길이는?

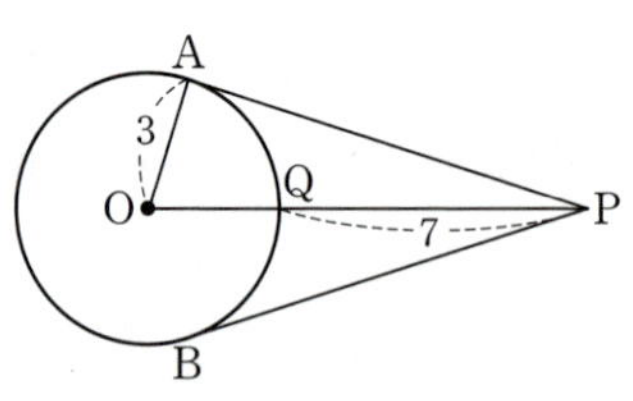

> 접선의 성질

① $\sqrt{91}$ ② $2\sqrt{23}$ ③ $4\sqrt{6}$

④ 10 ⑤ 11

9 오른쪽 그림에서 $\overline{AD}$, $\overline{BC}$, $\overline{CD}$는 $\overline{AB}$를 지름으로 하는 반원 O의 접선이고 세 점 A, B, E는 그 접점이다. $\overline{AD}=9\,cm$, $\overline{BC}=4\,cm$일 때, □ABCD의 둘레의 길이를 구하시오.

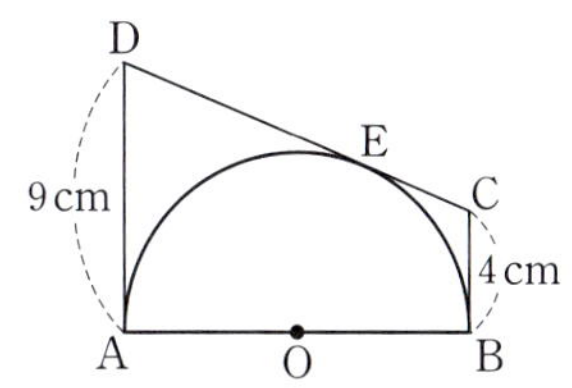

풀이 과정

답

10 오른쪽 그림에서 원 O는 △ABC의 내접원이고 세 점 D, E, F는 그 접점이다. $\overline{AB}=8$, $\overline{BC}=9$, $\overline{CA}=11$일 때, $\overline{AD}$의 길이를 구하시오.

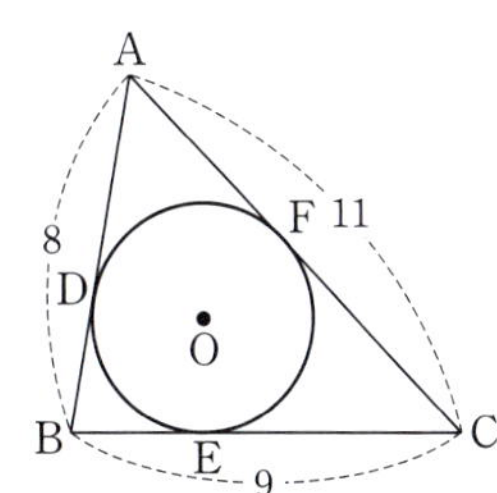

11 오른쪽 그림에서 □ABCD는 원 O에 외접한다. $\overline{AB}=15\,cm$이고 □ABCD의 둘레의 길이가 $52\,cm$일 때, $\overline{CD}$의 길이를 구하시오.

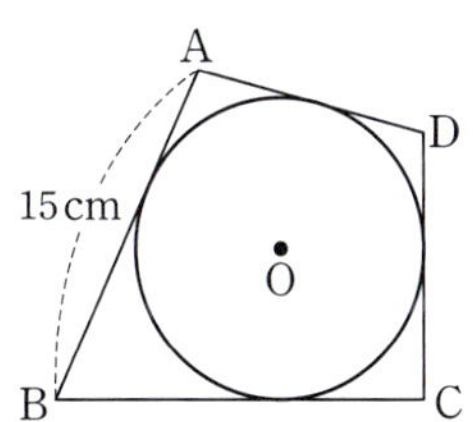

12 오른쪽 그림에서 원 O는 직사각형 ABCD의 세 변과 $\overline{DE}$에 접하고 $\overline{CD}=8\,cm$, $\overline{DE}=10\,cm$일 때, $\overline{AD}$의 길이를 구하시오.

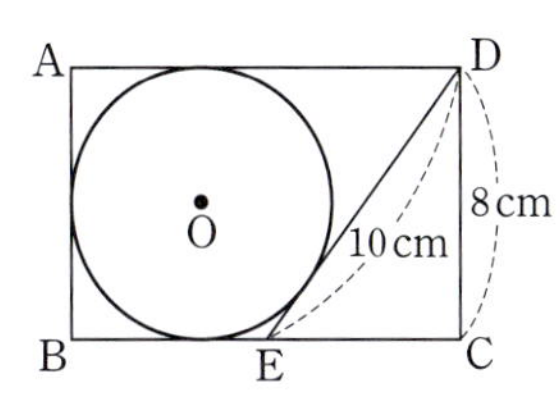

4 원주각

4. 원주각

원주각

(1) **원주각**: 원 O에서 $\overparen{AB}$ 위에 있지 않은 원 위의 한 점 P에 대하여 ∠APB를 $\overparen{AB}$에 대한 원주각이라고 한다.

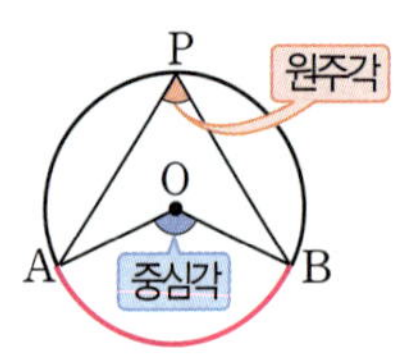

(2) 원주각과 중심각의 크기
원에서 한 호에 대한 원주각의 크기는 그 호에 대한 중심각의 크기의 $\frac{1}{2}$이다.

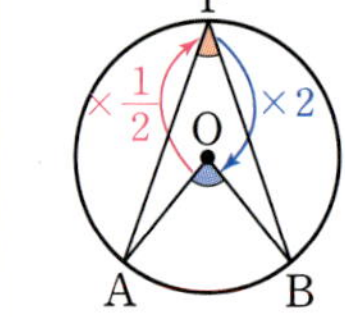

➡ $\angle APB = \frac{1}{2}\angle AOB$

---

1 다음 그림에서 ∠x의 크기를 구하시오.

(1)
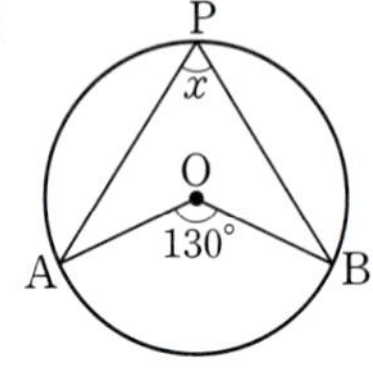

(2)
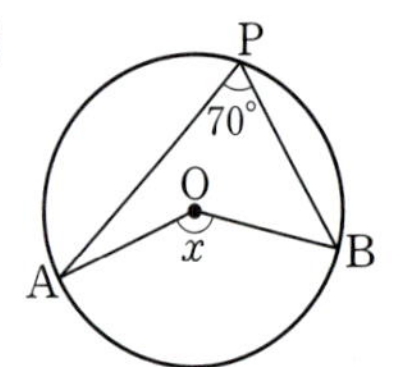

____

(3)
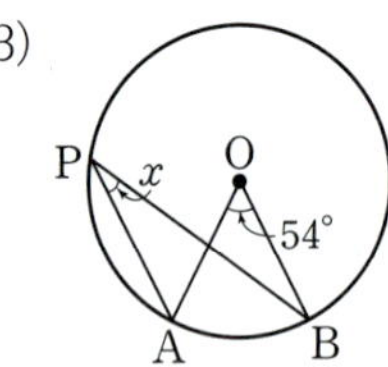

(4)
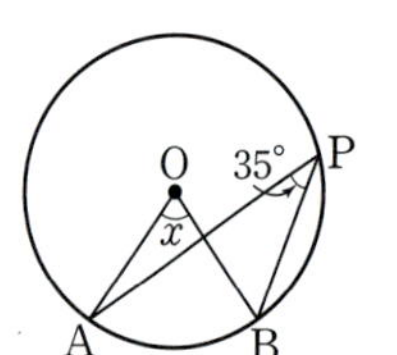

____

2 다음 그림에서 ∠x의 크기를 구하시오.

(1)
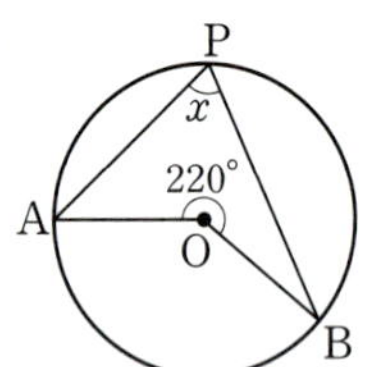

(2)
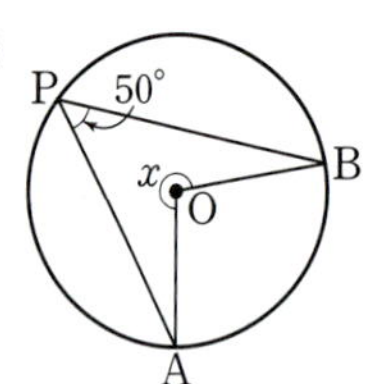

____

(3)
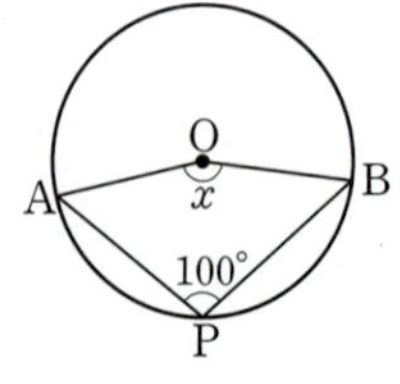

(4)
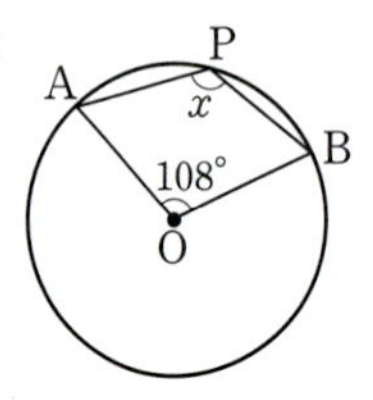

____

3 다음 그림에서 ∠x, ∠y의 크기를 각각 구하시오.

(1)
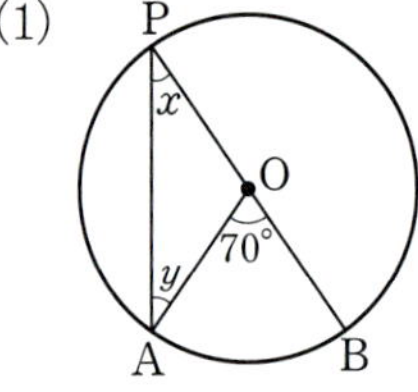

(2)
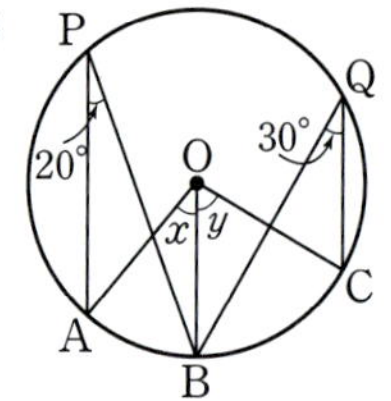

____

4 다음 그림에서 두 점 A, B는 점 P에서 원 O에 그은 두 접선의 접점일 때, ∠x의 크기를 구하시오.

(1)
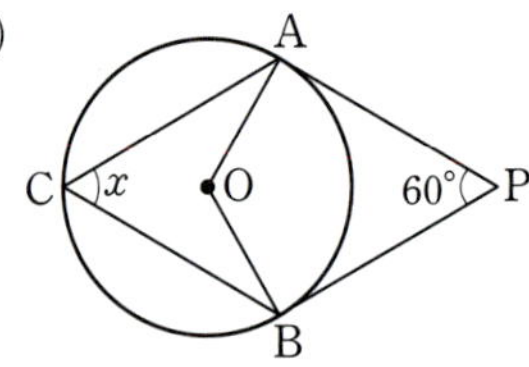

____

(2)
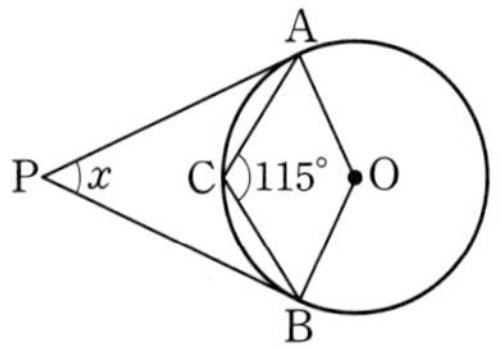

____

(3)
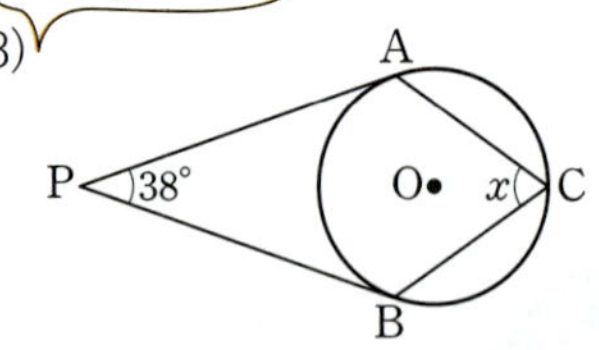

____

유형 2 원주각의 성질

(1) 원에서 한 호에 대한 원주각의 크기는 모두 같다.

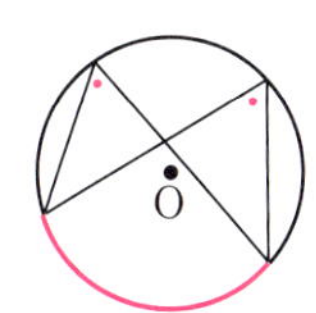

(2) 반원에 대한 원주각의 크기는 90°이다.

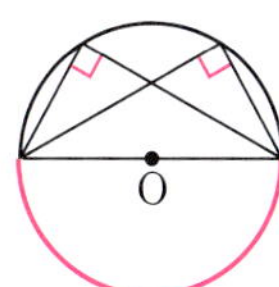

한 호에 대한 원주각을 찾자!

1 다음 그림에서 $\angle x$, $\angle y$의 크기를 각각 구하시오.

(1)
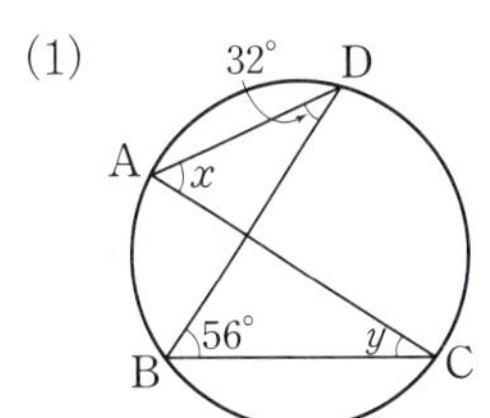

(2)
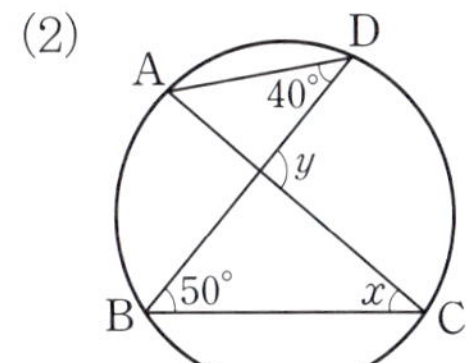

(3)
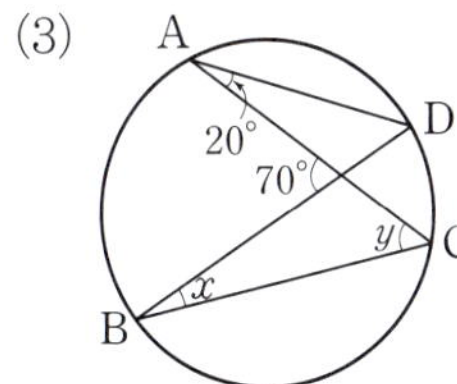

____

____

____

보조선을 그어 봐.

(4)
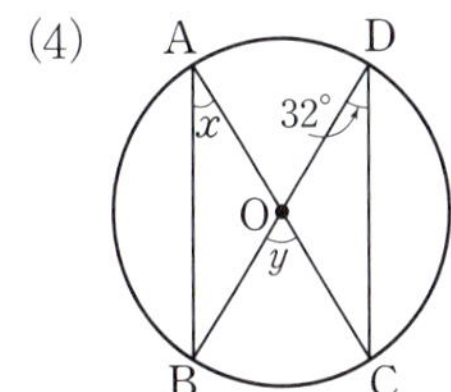

(5)
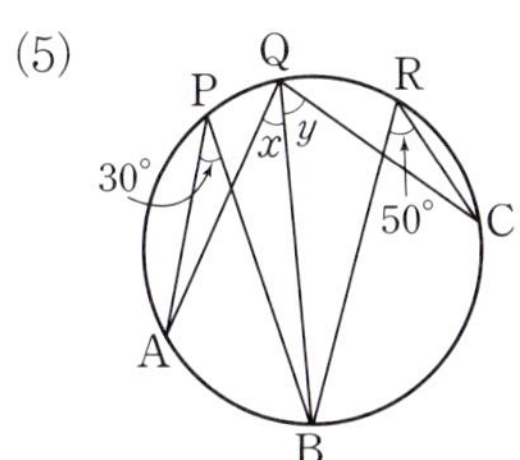

(6)
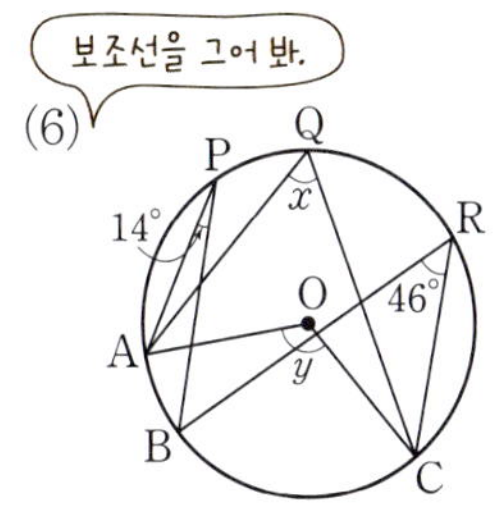

____

____

____

반원에 대한 원주각을 찾자!

2 다음 그림에서 $\overline{AB}$가 원 O의 지름일 때, ☐ 안에 알맞은 수를 쓰고, $\angle x$의 크기를 구하시오.

(1)
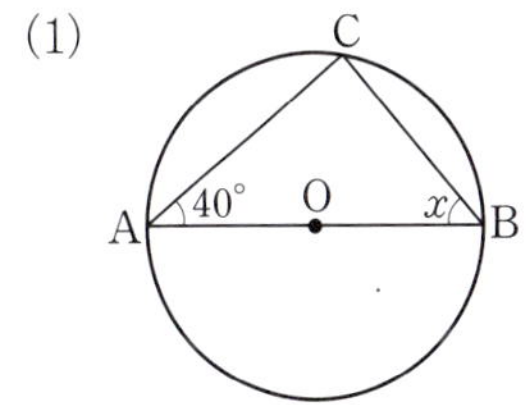

(2)
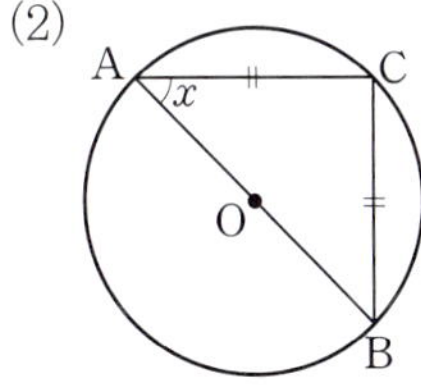

(3)
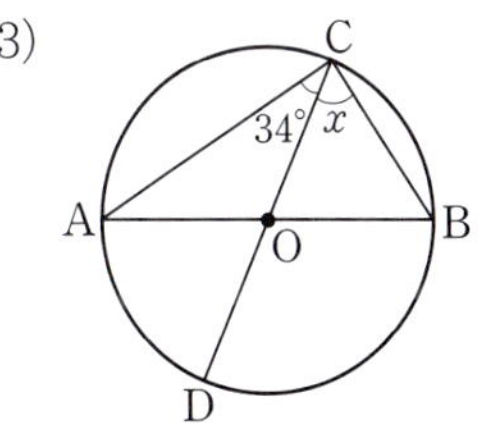

$\angle ACB = \boxed{}°$이므로 $\angle x=$ ___________

(4)
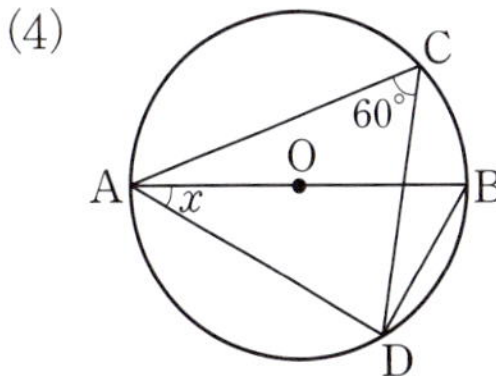

(5)
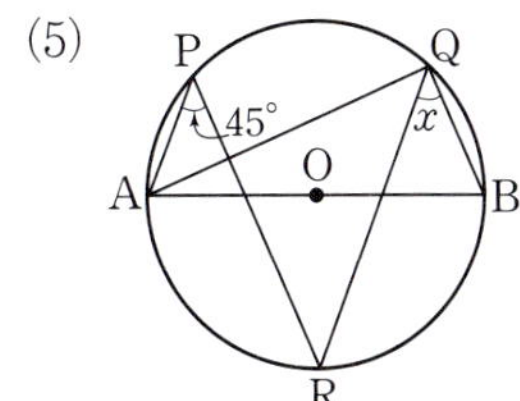

(6)
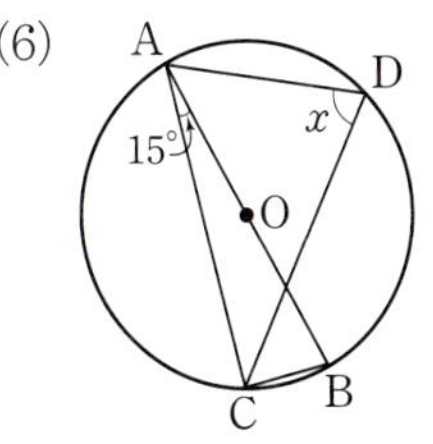

____

____

____

유형 3　원주각의 크기와 호의 길이

개념편 62쪽

한 원 또는 합동인 두 원에서
(1) 길이가 같은 호에 대한 원주각의 크기는 같다.
(2) 크기가 같은 원주각에 대한 호의 길이는 같다.
(3) 호의 길이는 그 호에 대한 원주각의 크기에 정비례한다.

참고 한 원에서 모든 호에 대한 원주각의 크기의 합은 180°이다.

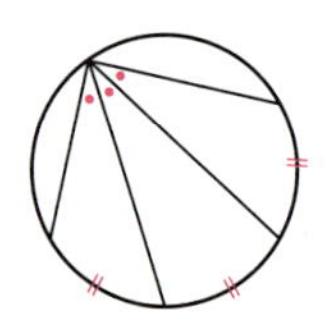

1 다음 그림에서 x의 값을 구하시오.

(1) 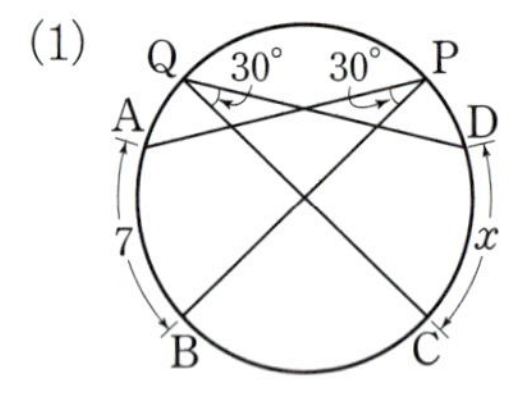

(2) 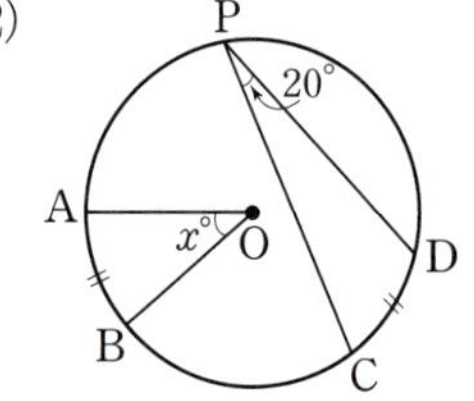

(3) 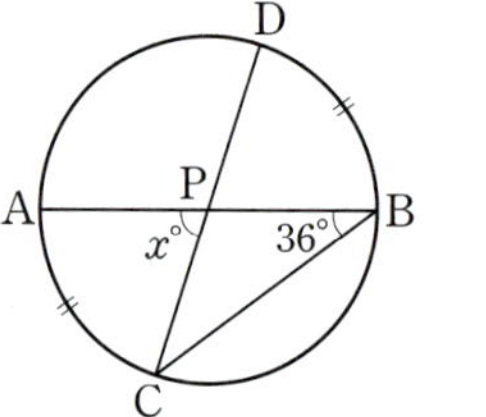

(4) 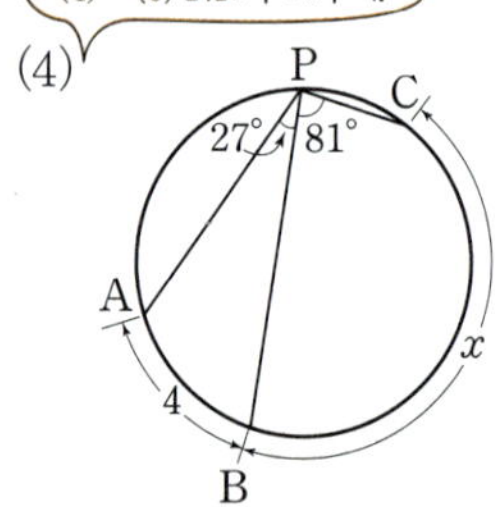

(5) 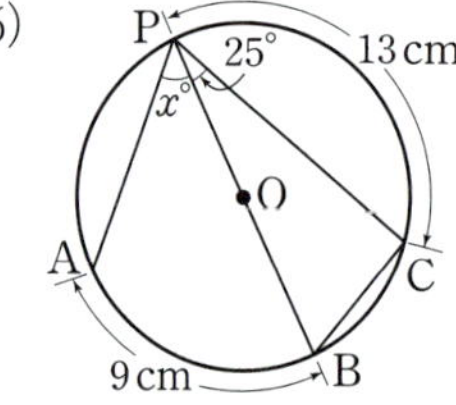

(6) 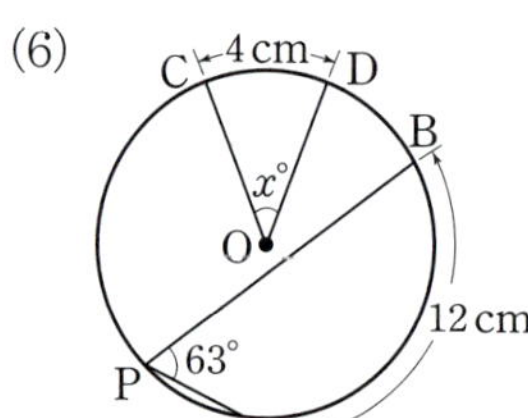

(단, $\overline{PB}$는 원 O의 지름)

2 다음 그림에서 x의 값을 구하시오.

(1) $\widehat{AB}$는 원의 둘레의 길이의 $\dfrac{1}{9}$

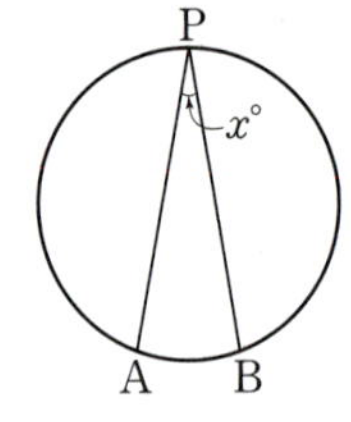

(2) (원의 둘레의 길이)$=6\pi$

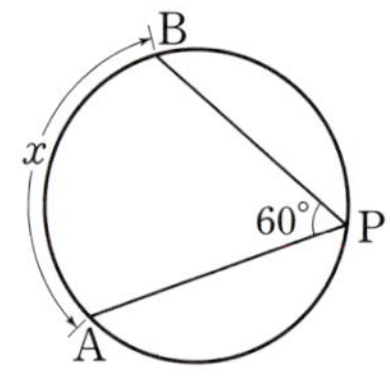

3 다음 □ 안에 알맞은 수를 쓰고, $\angle x$, $\angle y$, $\angle z$의 크기를 각각 구하시오.

(1) $\widehat{AB} : \widehat{BC} : \widehat{CA} = 1 : 2 : 2$

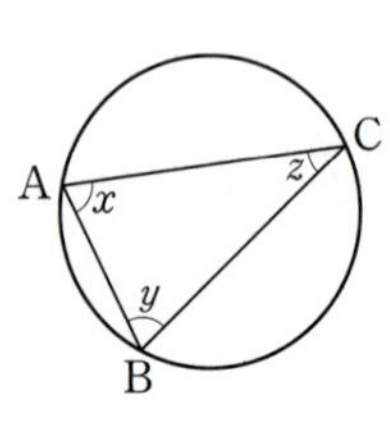

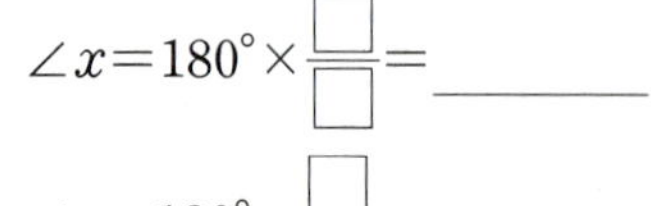

$\angle x = 180° \times \dfrac{\square}{\square} = $ ______

$\angle y = 180° \times \dfrac{\square}{\square} = $ ______

$\angle z = 180° \times \dfrac{\square}{\square} = $ ______

(2) $\widehat{AB} : \widehat{BC} : \widehat{CA} = 1 : 3 : 2$

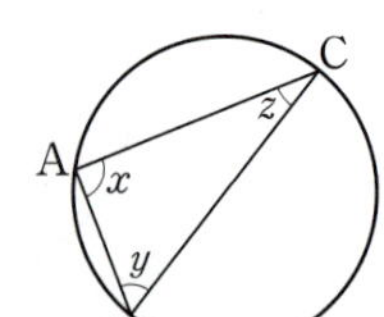

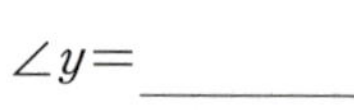

$\angle x = $ ______

$\angle y = $ ______

$\angle z = $ ______

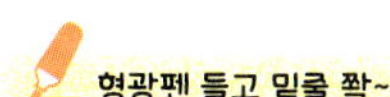

쌍둥이 01

1 오른쪽 그림의 원 O에서 ∠AOB=100°일 때, ∠x의 크기를 구하시오.

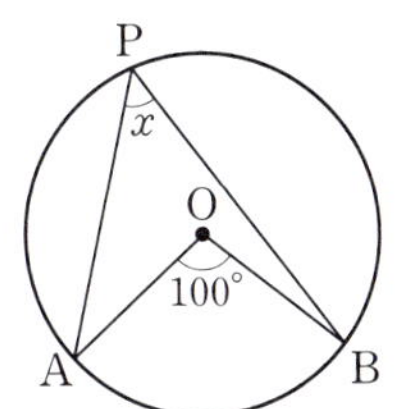

2 오른쪽 그림의 원 O에서 ∠AOB=130°일 때, ∠x의 크기는?

① 115° ② 120°
③ 125° ④ 130°
⑤ 135°

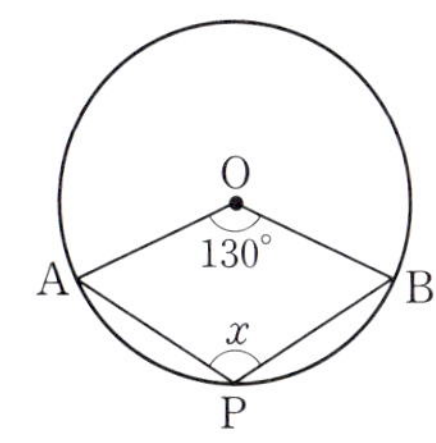

쌍둥이 02

3 오른쪽 그림에서 두 점 A, B는 점 P에서 원 O에 그은 두 접선의 접점이다. ∠P=44°일 때, ∠x의 크기는?

① 56° ② 62° ③ 68°
④ 72° ⑤ 88°

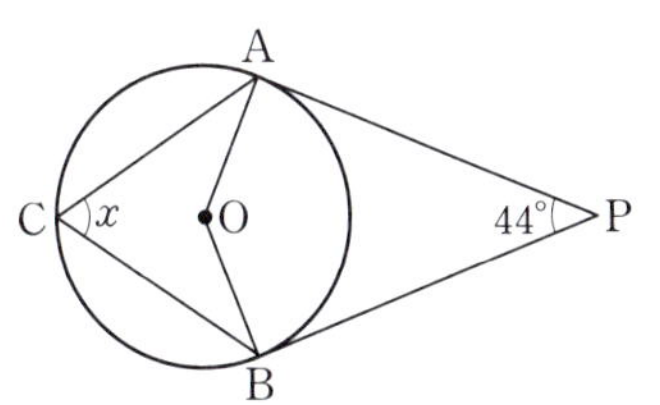

4 오른쪽 그림에서 두 점 A, B는 점 P에서 원 O에 그은 두 접선의 접점이다. ∠ACB=120°일 때, ∠x의 크기를 구하시오.

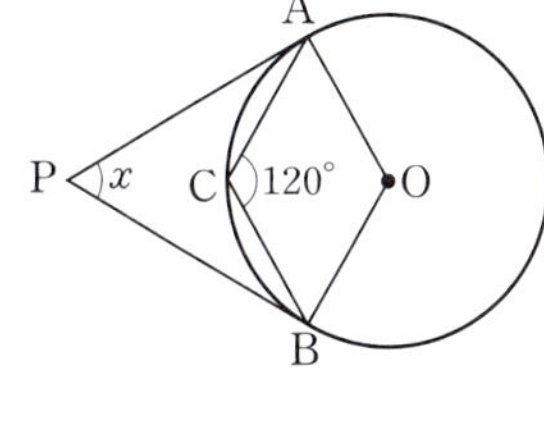

쌍둥이 03

5 오른쪽 그림에서 점 P는 두 현 AC, BD의 교점이다. ∠ADB=40°, ∠CBD=30°일 때, ∠APB의 크기는?

① 70° ② 72°
③ 75° ④ 78°
⑤ 80°

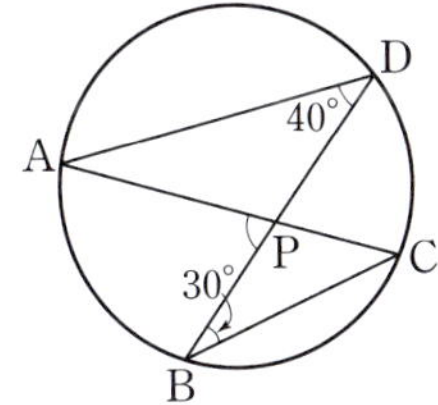

6 오른쪽 그림에서 점 P는 두 현 AC, BD의 교점일 때, ∠x+∠y-∠z의 크기는?

① 90° ② 100°
③ 110° ④ 120°
⑤ 130°

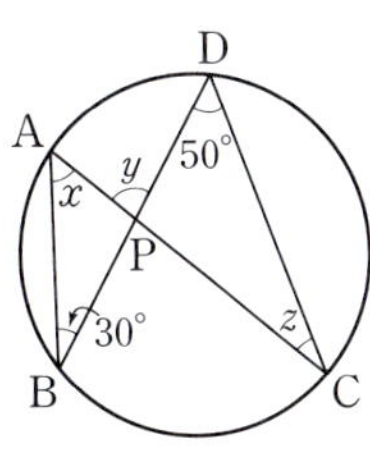

쌍둥이 **04**

7 오른쪽 그림의 원 O에서
$\angle BED=65°$, $\angle COD=80°$
일 때, $\angle x$의 크기는?

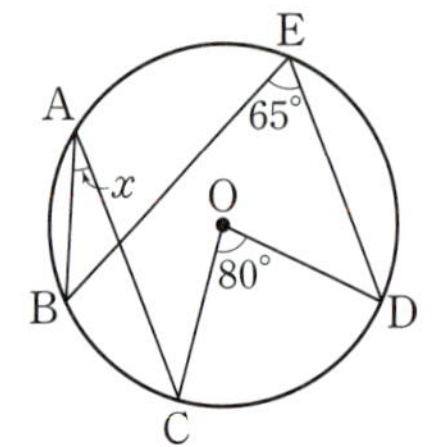

① 20°   ② 25°

③ 30°   ④ 35°

⑤ 40°

8 오른쪽 그림의 원 O에서
$\angle BAD=58°$, $\angle CED=36°$
일 때, $\angle x$의 크기를 구하시오.

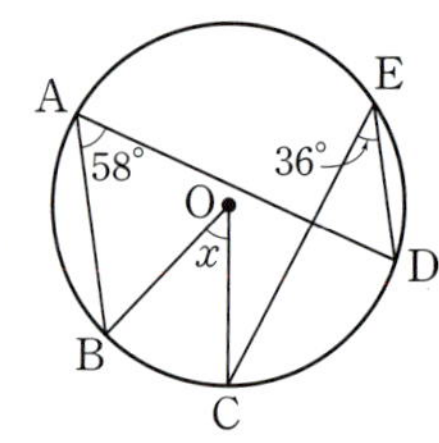

쌍둥이 **05**

9 오른쪽 그림에서 $\overline{CD}$는 원 O
의 지름이고 $\angle ADC=25°$일
때, $\angle ABD$의 크기는?

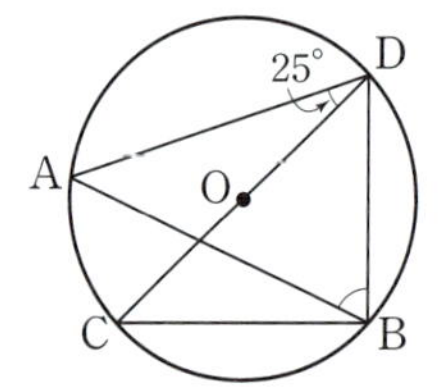

① 65°   ② 70°

③ 75°   ④ 80°

⑤ 85°

10 오른쪽 그림에서 $\overline{AB}$는 원 O
의 지름이고 $\angle DCB=32°$,
$\angle CDB=38°$일 때, $\angle BPC$
의 크기를 구하시오.

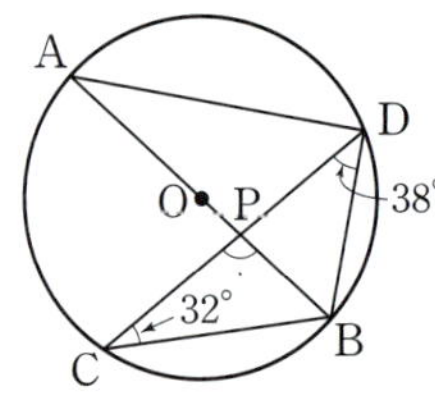

쌍둥이 **06**

11 오른쪽 그림과 같이 $\overline{AB}$를
지름으로 하는 반원 O에서
$\overline{AC}$, $\overline{BD}$의 연장선의 교점을
P라고 하자. $\angle P=63°$일 때,
다음 각의 크기를 구하시오.

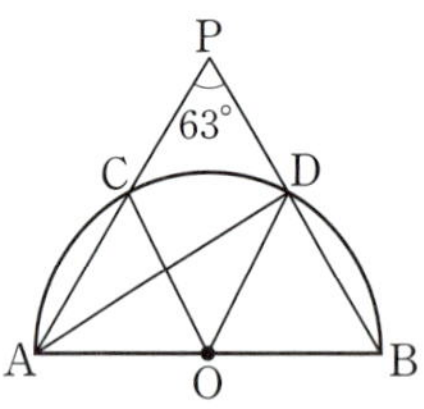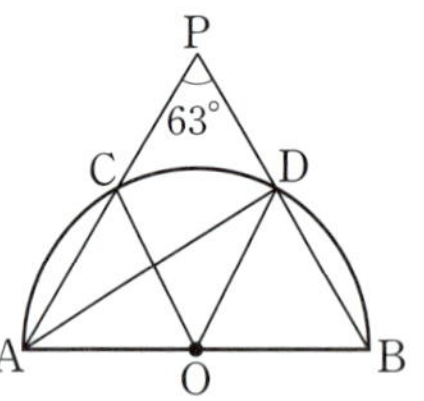

(1) $\angle ADB$

(2) $\angle PAD$

(3) $\angle COD$

12 오른쪽 그림과 같이 $\overline{AB}$를
지름으로 하는 반원 O에서
$\overline{AC}$, $\overline{BD}$의 연장선의 교점을
P라고 하자. $\angle COD=38°$
때, $\angle x$의 크기를 구하시오.

서술형

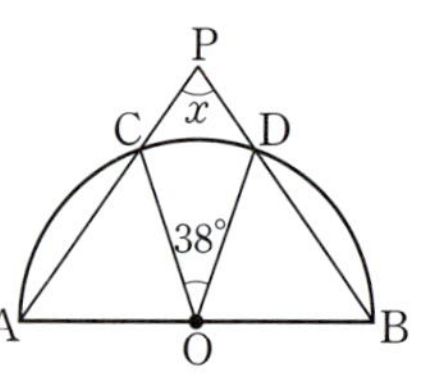

> 풀이 과정

> 답

13 오른쪽 그림에서 점 P는 두 현 AB, CD의 교점이다. $\overparen{BC}=12\pi\,cm$, $\angle ACD=21°$, $\angle BPC=57°$일 때, 다음을 구하시오.

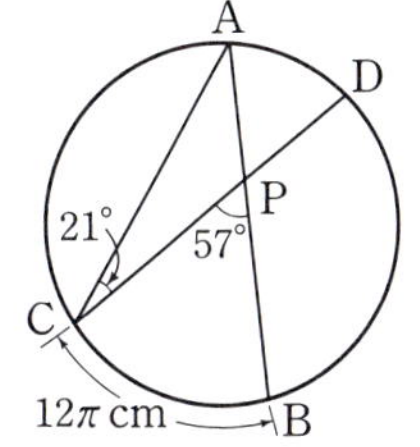

(1) $\angle CAP$의 크기
(2) $\overparen{AD}$의 길이

14 오른쪽 그림에서 점 P는 두 현 AB, CD의 교점이다. $\overparen{BC}=8\pi\,cm$, $\angle ACD=18°$, $\angle BPC=66°$일 때, $\overparen{AD}$의 길이를 구하시오.

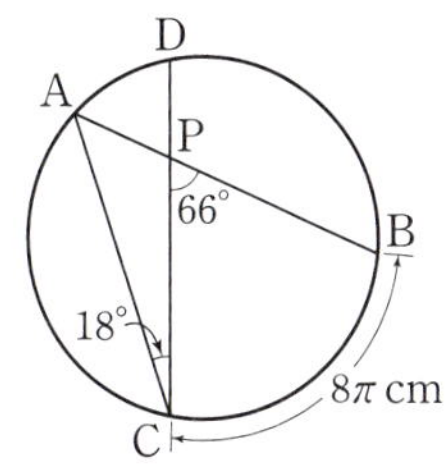

15 오른쪽 그림의 원 O에서 $\overparen{AB}:\overparen{BC}:\overparen{CA}=5:6:4$일 때, $\angle x$의 크기를 구하시오.

서술형

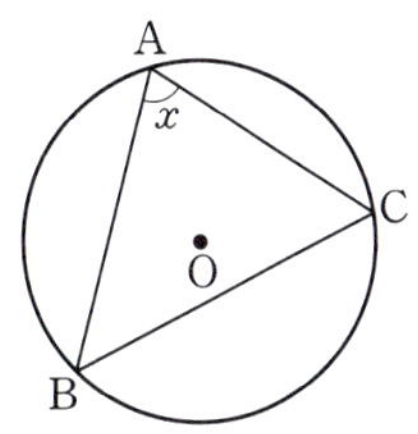

풀이 과정

답

16 오른쪽 그림의 원 O에서 $\overparen{AB}:\overparen{BC}:\overparen{CA}=3:4:5$일 때, $\angle x$의 크기는?

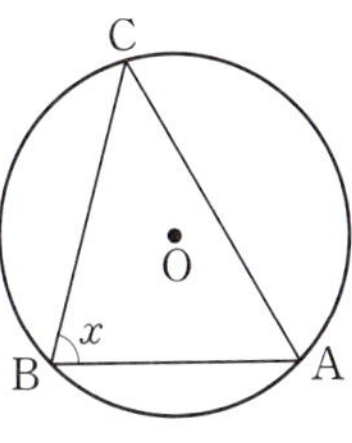

① 45°　　② 50°
③ 60°　　④ 65°
⑤ 75°

17 오른쪽 그림에서 점 P는 두 현 AC, BD의 교점이다. $\overparen{AB}$의 길이는 원의 둘레의 길이의 $\dfrac{1}{6}$이고 $\overparen{CD}$의 길이는 원의 둘레의 길이의 $\dfrac{1}{9}$일 때, $\angle x$의 크기를 구하시오.

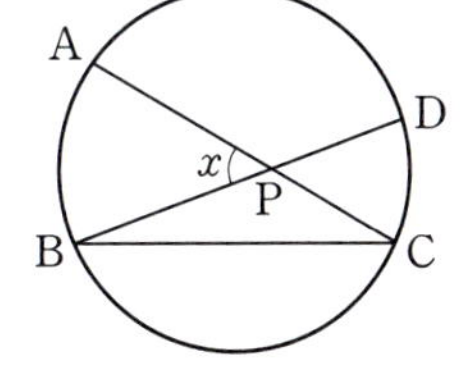

18 오른쪽 그림에서 점 P는 두 현 AC, BD의 교점이다. $\overparen{AB}$의 길이는 원의 둘레의 길이의 $\dfrac{1}{12}$이고 $\overparen{CD}$의 길이는 원의 둘레의 길이의 $\dfrac{1}{6}$일 때, $\angle x$의 크기를 구하시오.

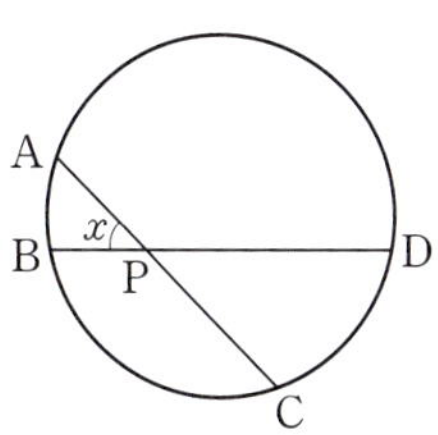

4. 원주각

원주각의 여러 성질

두 점 C, D가 직선 AB에 대하여 같은 쪽에 있을 때

∠ACB=∠ADB이면

➡ 네 점 A, B, C, D는 한 원 위에 있다.

참고 네 점 A, B, C, D가 한 원 위에 있으면
① ∠ACB=∠ADB
② □ABCD는 원에 내접하는 사각형이다.

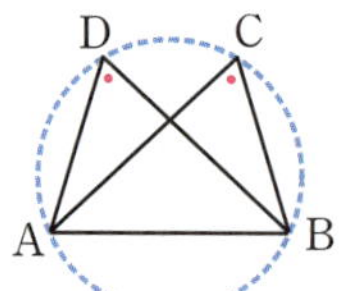

1 다음 그림에서 네 점 A, B, C, D가 한 원 위에 있는 것은 ○표, 한 원 위에 있지 <u>않은</u> 것은 ×표를 ( ) 안에 쓰시오.

(1) 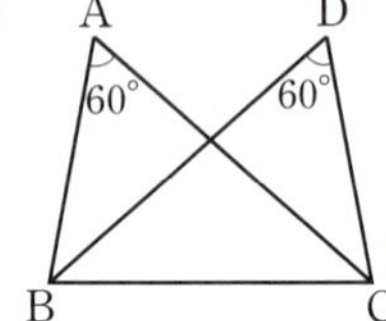

( )

(2) 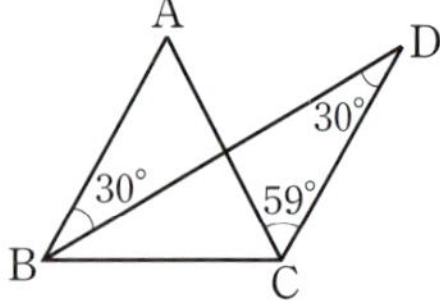

( )

(3) 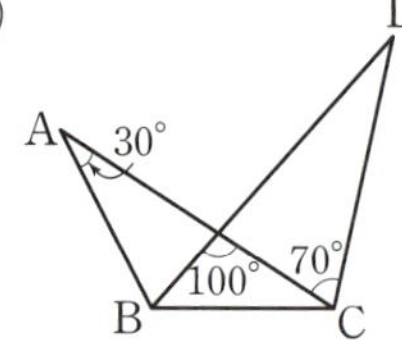

( )

(4) 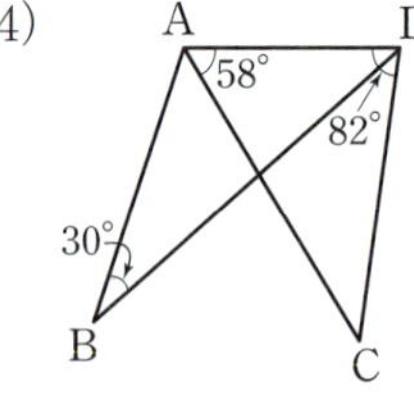

( )

(5) 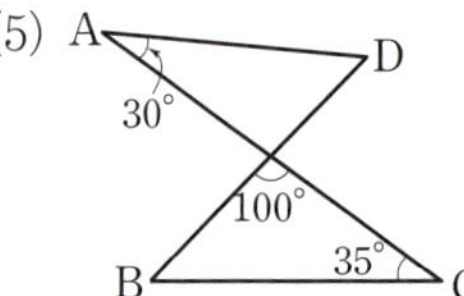

( )

(6) 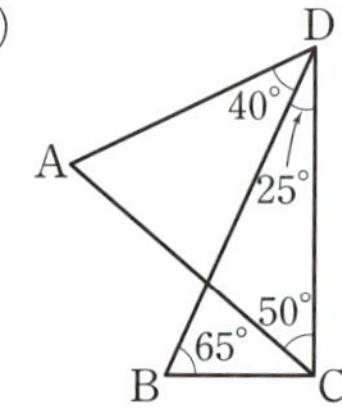

( )

2 다음 그림에서 네 점 A, B, C, D가 한 원 위에 있도록 하는 ∠x의 크기를 구하시오.

(1) 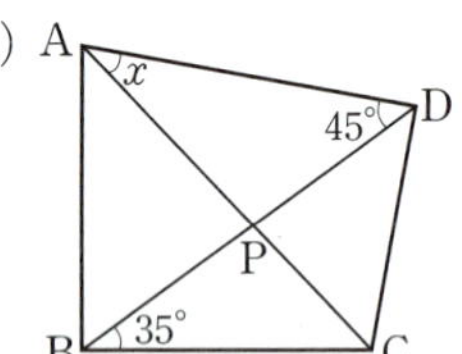

———————————

(2) 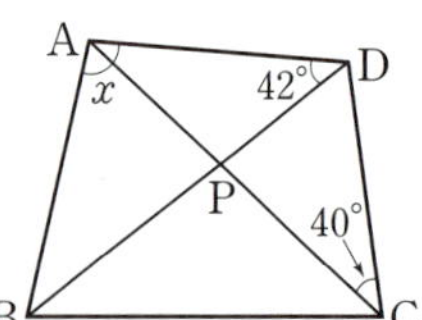

———————————

(3) 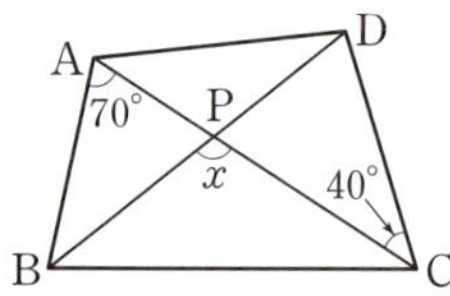

———————————

(4) 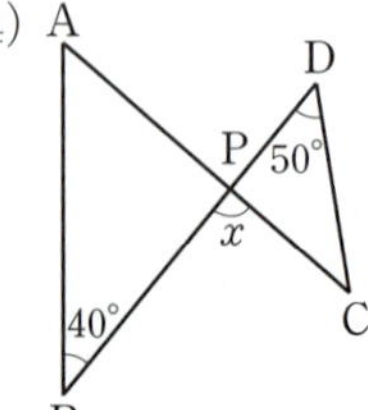

———————————

(5) 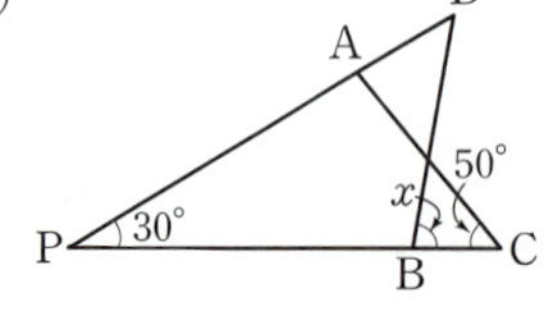

———————————

(6) 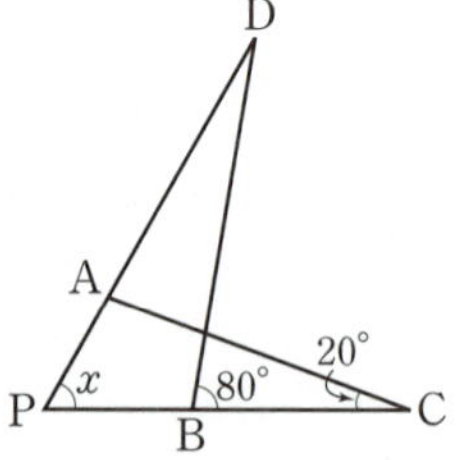

———————————

유형 5 · 원에 내접하는 사각형의 성질

(1) 원에 내접하는 사각형에서
마주 보는 두 각의 크기의
합은 180°이다.

➡ $\angle A + \angle C = 180°$
　　$\angle B + \angle D = 180°$

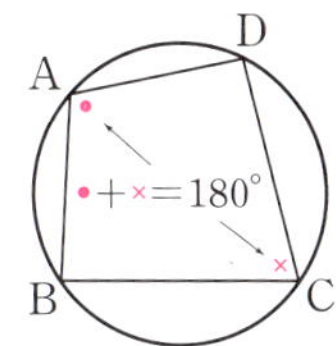

(2) 원에 내접하는 사각형
에서 한 외각의 크기는
그 외각과 이웃한 내각
에 대한 대각의 크기와
같다.

➡ $\angle DCE = \angle A$

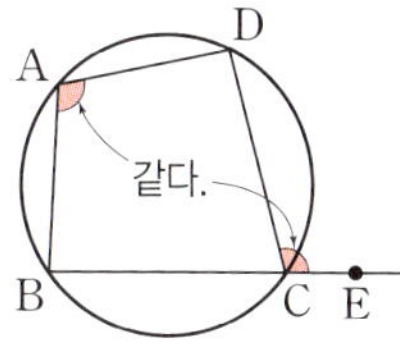

---

1 다음 그림에서 □ABCD가 원에 내접할 때, $\angle x$, $\angle y$의 크기를 각각 구하시오.

(1)

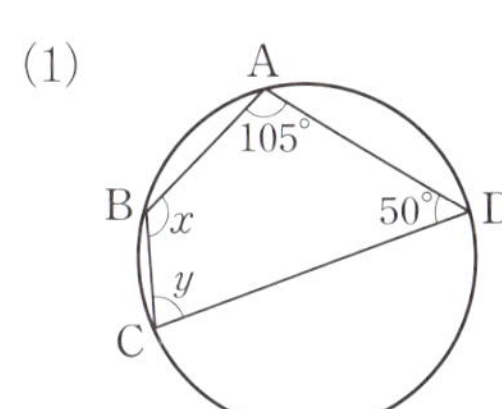

____

(2)

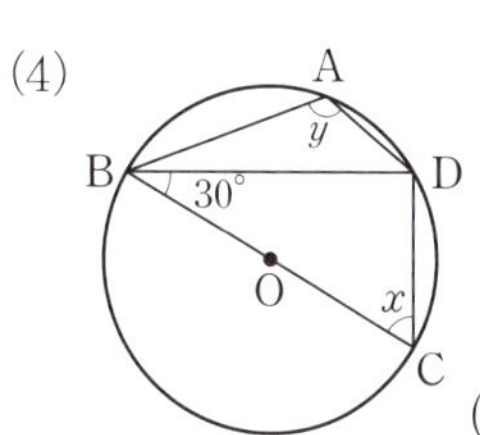

____

(3)

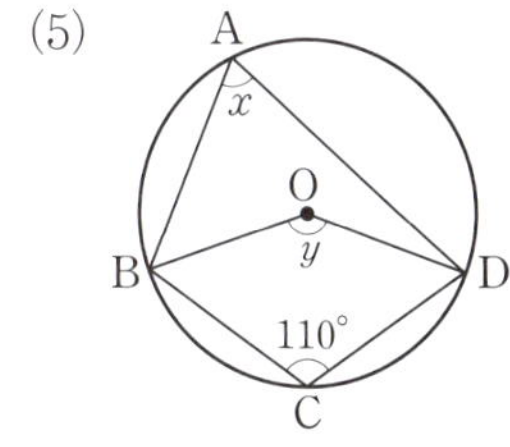

____

(4)

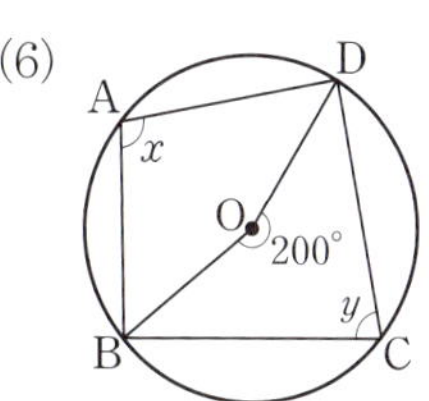

(단, $\overline{BC}$는 원 O의 지름)

____

(5)

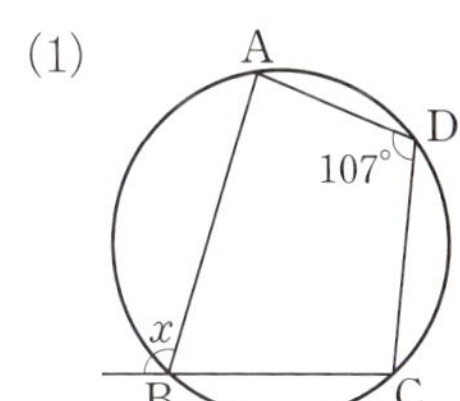

____

(6)

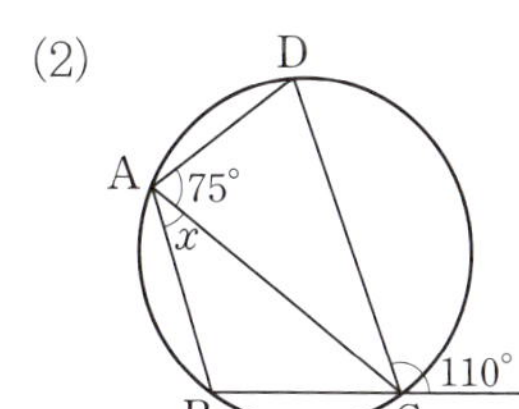

____

2 다음 그림에서 □ABCD가 원에 내접할 때, $\angle x$의 크기를 구하시오.

(1)

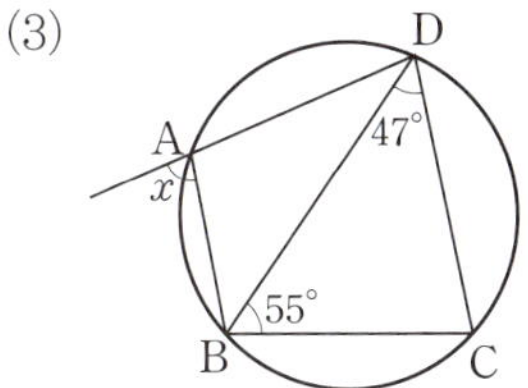

____

(2)

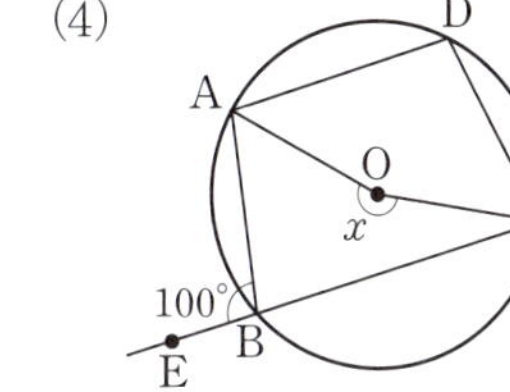

____

(3)

____

(4)

____

한 걸음 더 연습   유형 5

1 오른쪽 그림에서 □ABCD가 원 O에 내접할 때, $\angle x$의 크기를 구하려고 한다. 다음 물음에 답하시오.

(1) △DCQ에서 $\angle x$와 크기가 같은 각을 말하시오. ____________

(2) $\angle DCQ$를 $\angle x$를 사용하여 나타내시오. ____________

(3) $\angle x$의 크기를 구하시오. ____________

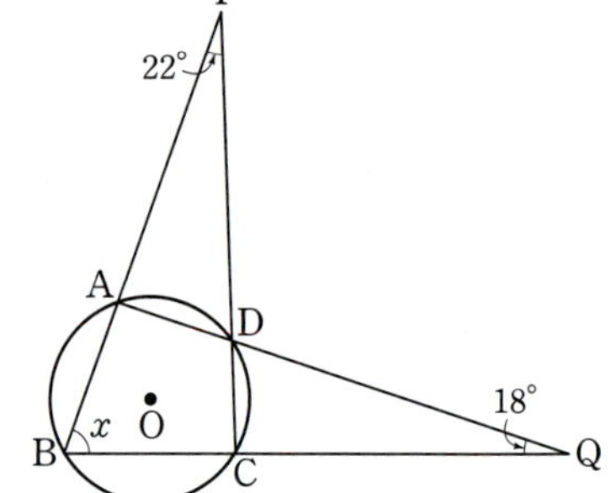

2 다음 그림에서 □ABCD가 원 O에 내접할 때, $\angle x$의 크기를 구하시오.

(1)

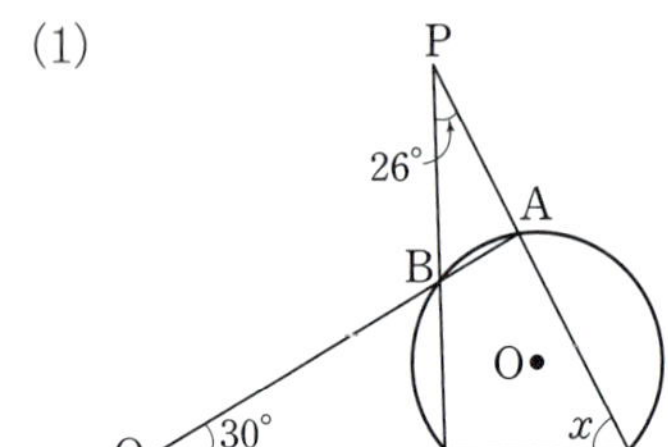

____

(2)

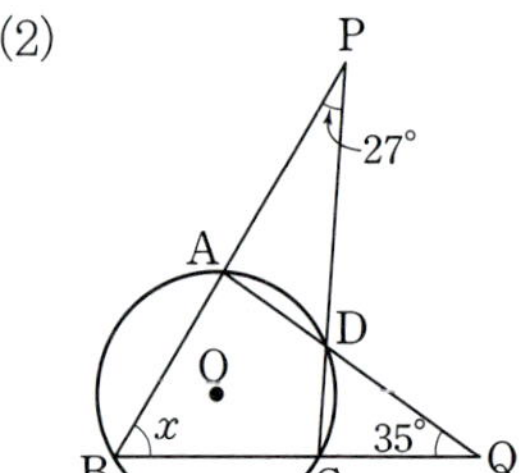

____

3 다음 그림에서 오각형 ABCDE가 원 O에 내접할 때, □ 안에 알맞은 수를 쓰고, $\angle x$의 크기를 구하시오.

(1)

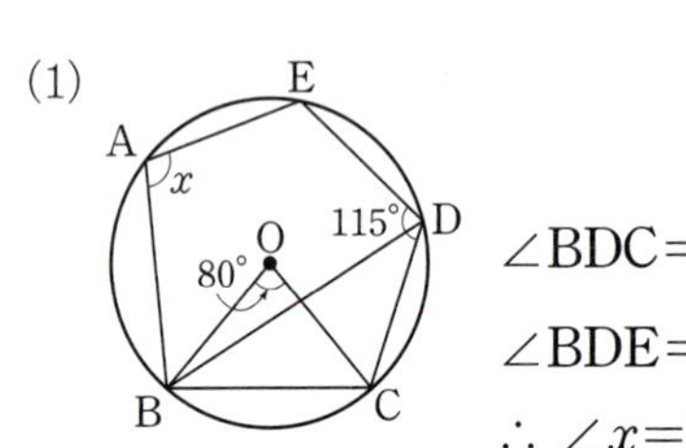

$\angle BDC = \dfrac{1}{2} \times \boxed{}^\circ = \boxed{}^\circ$

$\angle BDE = 115^\circ - \boxed{}^\circ = \boxed{}^\circ$

$\therefore\ \angle x = 180^\circ - \boxed{}^\circ = \boxed{}^\circ$

(2)

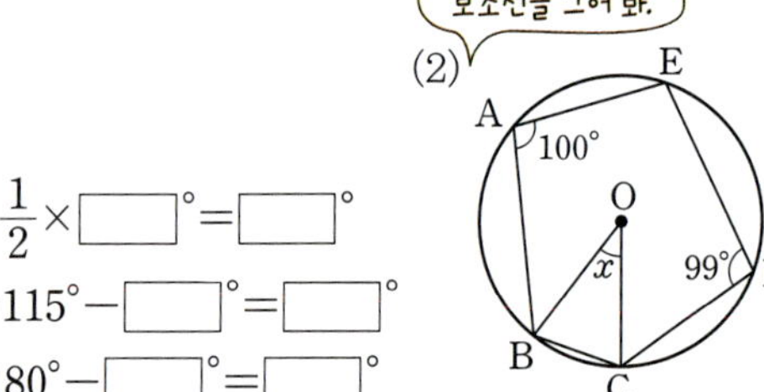

____

4 다음 그림에서 $\overline{PQ}$는 두 원 O, O′의 공통인 현일 때, $\angle x$의 크기를 구하시오.

(1)

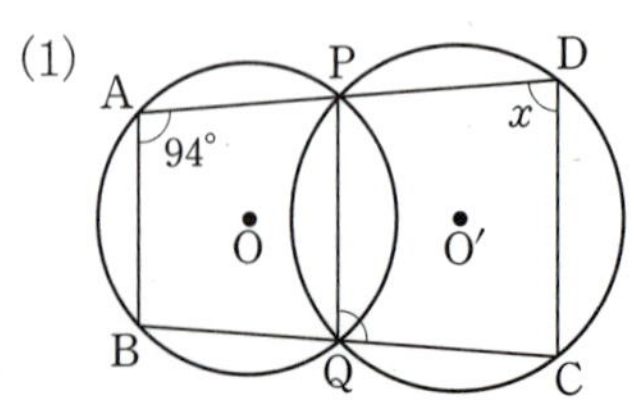

① $\angle PQC$의 크기 ____________

② $\angle x$의 크기 ____________

(2)

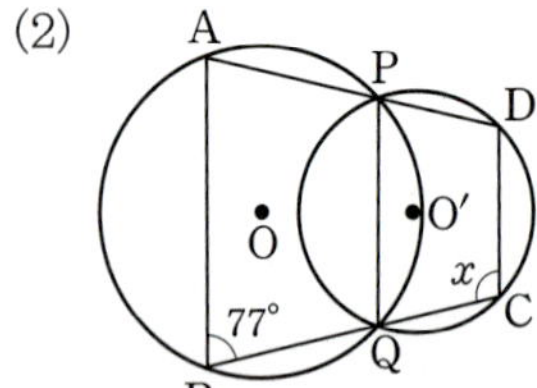

____

유형 **6** 사각형이 원에 내접하기 위한 조건

다음의 각 경우에 □ABCD는 원에 내접한다.

(1) $\angle A + \angle C = 180°$

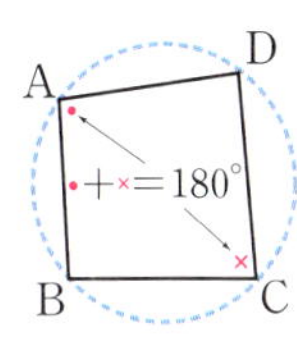

(2) $\angle DCE = \angle A$

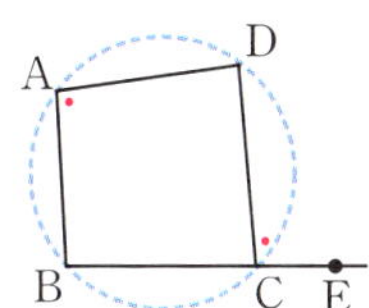

(3) $\angle BAC = \angle BDC$

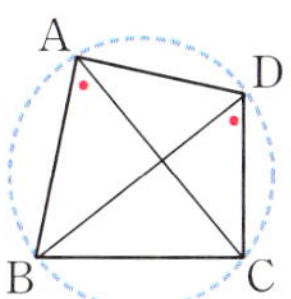

1 다음 그림에서 □ABCD가 원에 내접하는 것은 ○표, 원에 내접하지 <u>않는</u> 것은 ×표를 (   ) 안에 쓰시오.

(1)

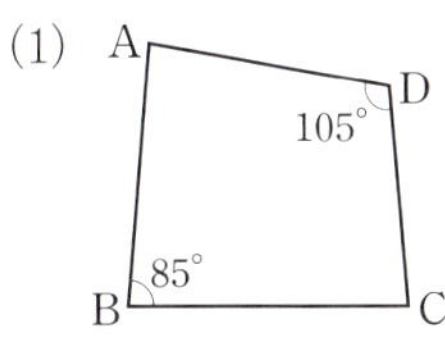

(   )

(2)

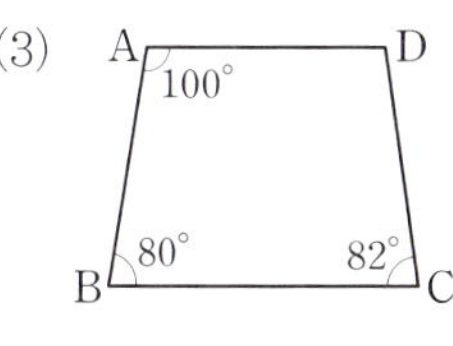

(   )

(3)

(   )

(4)

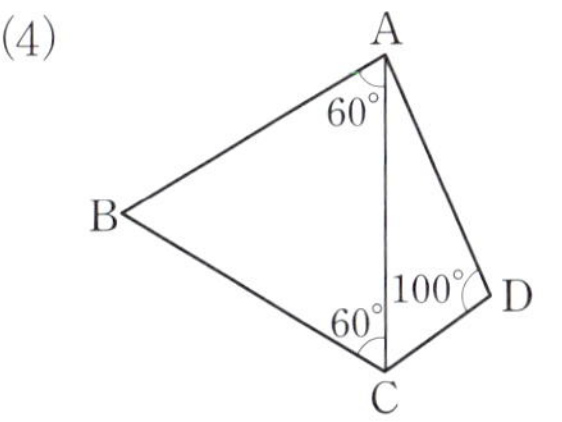

(   )

(5)

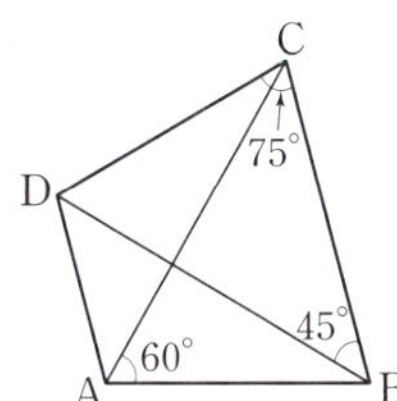

(   )

(6)

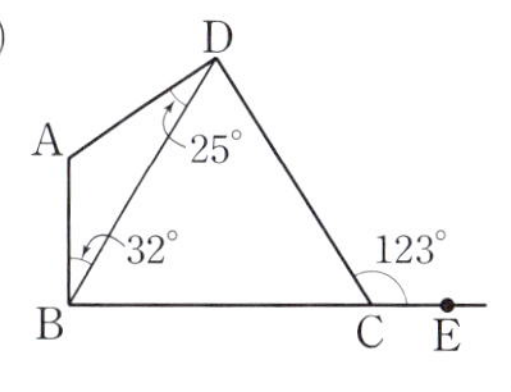

(   )

2 다음 그림에서 □ABCD가 원에 내접하도록 하는 $\angle x$, $\angle y$의 크기를 각각 구하시오.

(1)

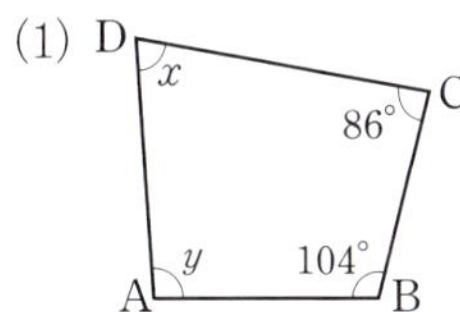

(2)

(3)

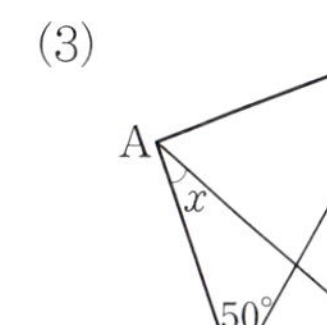

3 다음 중 항상 원에 내접하는 사각형을 모두 고르면? (정답 3개)

① 직사각형

② 정사각형

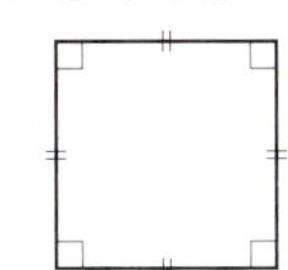

③ 평행사변형

④ 등변사다리꼴

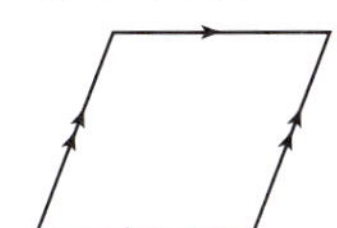

⑤ 마름모

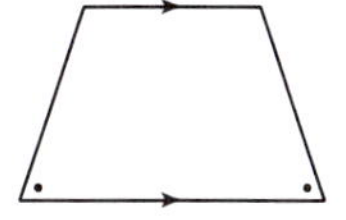

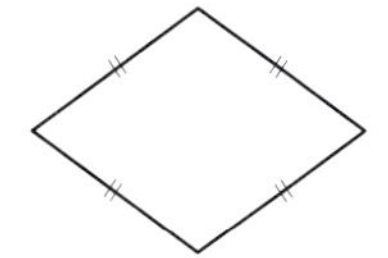

쌍둥이 기출문제

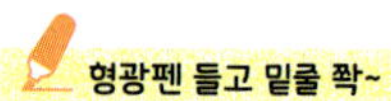
형광펜 들고 밑줄 쫙~

쌍둥이 01

1 오른쪽 그림에서 네 점 A, B, C, D가 한 원 위에 있도록 하는 $\angle x$의 크기를 구하시오.

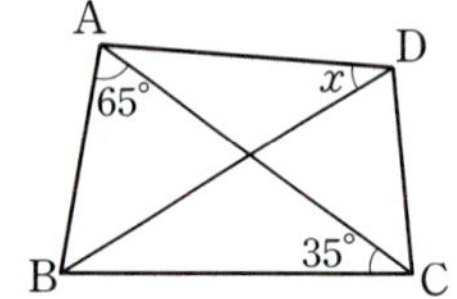

2 오른쪽 그림에서 네 점 A, B, C, D가 한 원 위에 있도록 하는 $\angle x$의 크기를 구하시오.

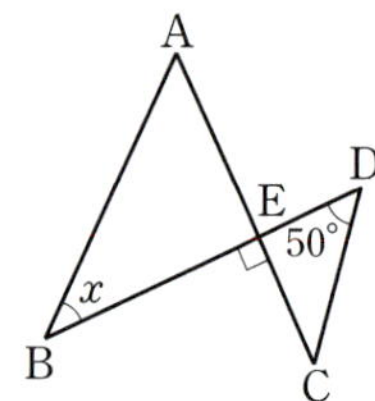

쌍둥이 02

3 오른쪽 그림에서 □ABCD가 원 O에 내접할 때, $2\angle x - \angle y$의 크기는?

① $10°$ ② $20°$
③ $30°$ ④ $40°$
⑤ $50°$

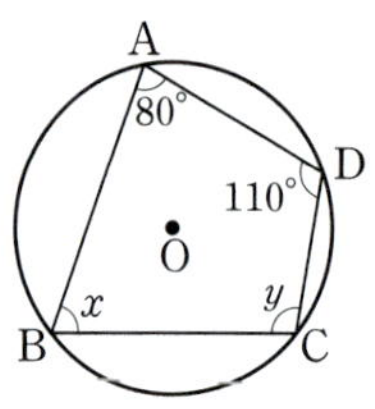

4 오른쪽 그림에서 □ABCD가 원 O에 내접하고 $\angle ABE = 70°$, $\angle BCD = 90°$일 때, 다음 중 옳지 <u>않은</u> 것은?

① $\angle ABC = 110°$ ② $\angle ADC = 70°$
③ $\angle BAC = 35°$ ④ $\angle BAD = 90°$
⑤ $\angle BOD = 180°$

쌍둥이 03

5 오른쪽 그림에서 □ABCD가 원에 내접할 때, $\angle x$의 크기를 구하시오.

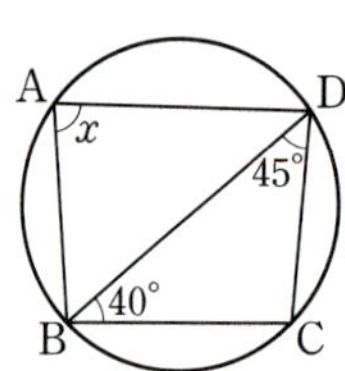

6 오른쪽 그림에서 □ABCD가 원에 내접할 때, $\angle x$의 크기를 구하시오.

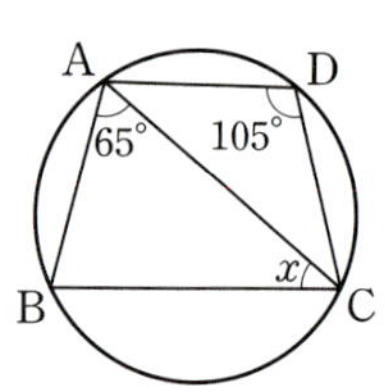

쌍둥이 04

7 오른쪽 그림에서 □ABCD가 원에 내접할 때, $\angle x$, $\angle y$의 크기를 각각 구하시오.

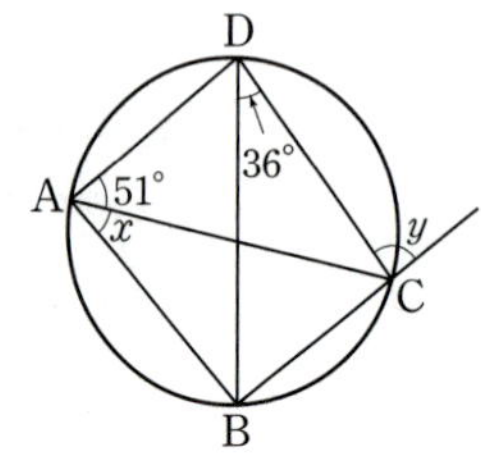

8 오른쪽 그림에서 □ABCD가 원에 내접할 때, $\angle x$의 크기를 구하시오.

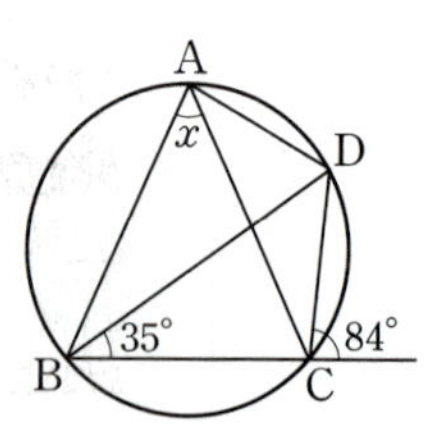

쌍둥이 05

9 오른쪽 그림에서 $\overline{BD}$는 원 O의 지름이고 □ABCD는 원 O에 내접한다. 이때 ∠ABE의 크기를 구하시오.

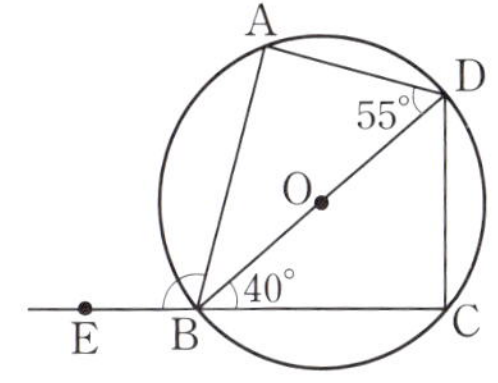

10 오른쪽 그림에서 $\overline{AD}$는 원 O의 지름이고 □ABCD는 원 O에 내접한다. 이때 ∠x－∠y의 크기를 구하시오.

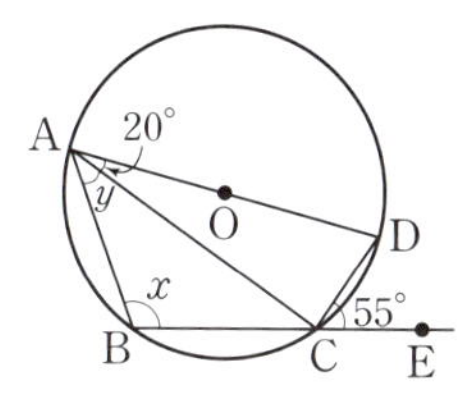

쌍둥이 06

11 오른쪽 그림에서 오각형 ABCDE는 원 O에 내접하고 ∠COD=70°, ∠AED=105°일 때, ∠ABC의 크기를 구하시오.

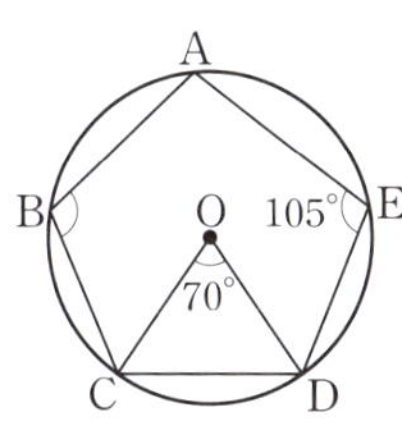

12 오른쪽 그림에서 오각형 ABCDE는 원 O에 내접하고 ∠BAE=84°, ∠CDE=140°일 때, ∠x의 크기를 구하시오.

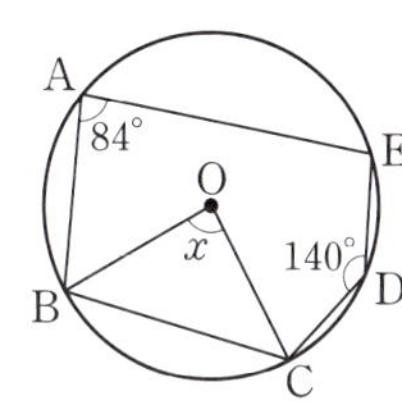

쌍둥이 07

13 서술형 오른쪽 그림과 같이 원 O에 내접하는 □ABCD에서 $\overline{BA}$, $\overline{CD}$의 연장선의 교점을 P라 하고, $\overline{AD}$, $\overline{BC}$의 연장선의 교점을 Q라고 하자. ∠P=23°, ∠Q=33°일 때, ∠x의 크기를 구하시오.

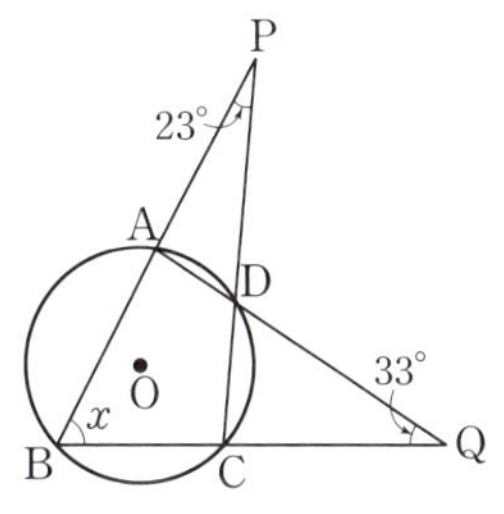

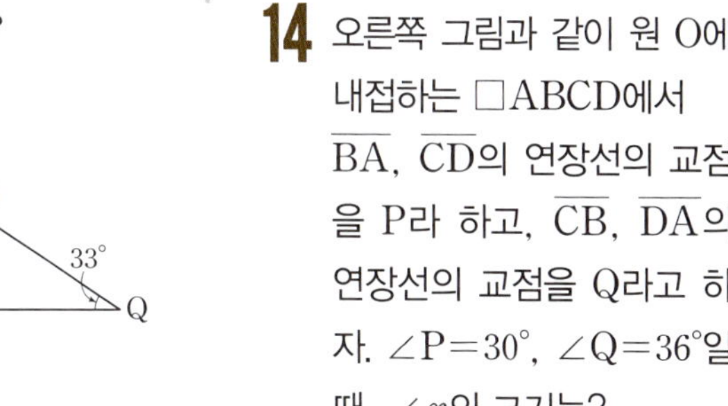

풀이 과정

답

14 오른쪽 그림과 같이 원 O에 내접하는 □ABCD에서 $\overline{BA}$, $\overline{CD}$의 연장선의 교점을 P라 하고, $\overline{CB}$, $\overline{DA}$의 연장선의 교점을 Q라고 하자. ∠P=30°, ∠Q=36°일 때, ∠x의 크기는?

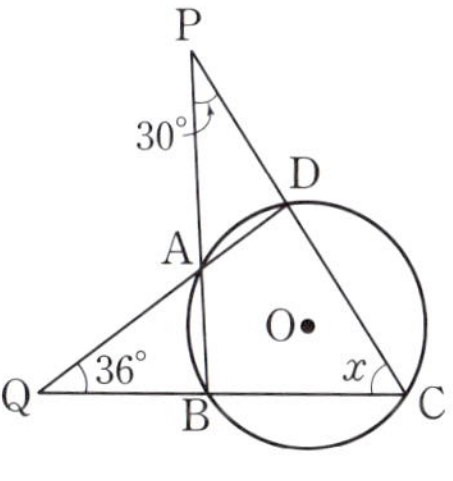

① 57° ② 60° ③ 63°
④ 66° ⑤ 69°

---

15 다음 그림에서 $\overline{PQ}$는 두 원 O, O′의 **공통인 현**이다. $\angle PAB=105°$일 때, **$\angle CDP$의 크기**를 구하시오.

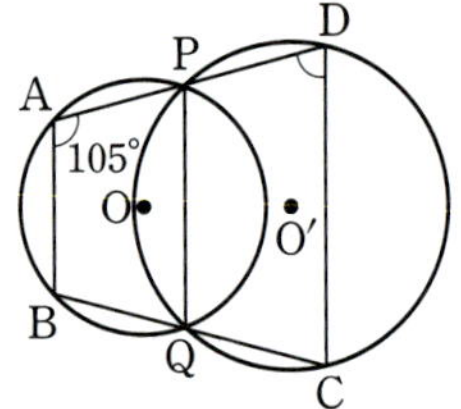

16 다음 그림과 같이 두 원 O, O′이 두 점 P, Q에서 만나고 $\angle PAB=75°$, $\angle ABQ=80°$일 때, $\angle x$의 크기는?

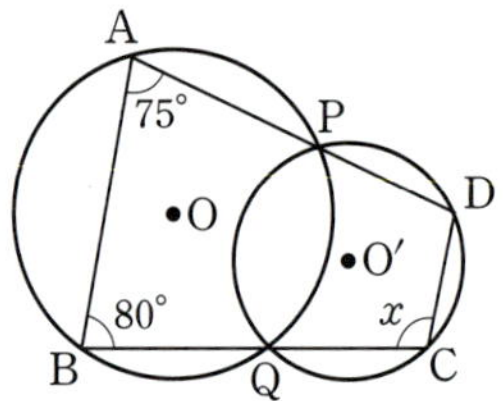

① $100°$ ② $102°$ ③ $105°$
④ $108°$ ⑤ $110°$

---

17 다음 중 □ABCD가 **원에 내접하는 것**을 모두 고르면? (정답 2개)

① 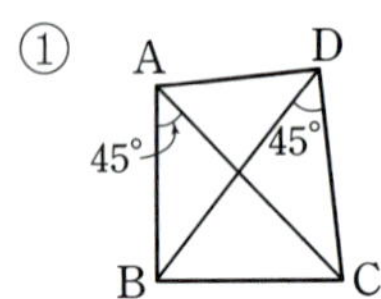
② 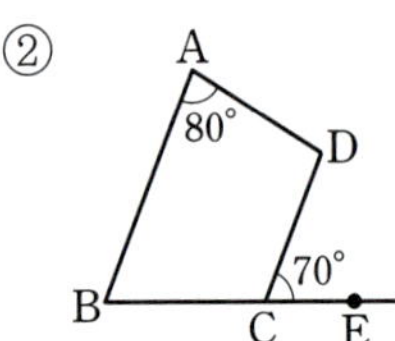
③ 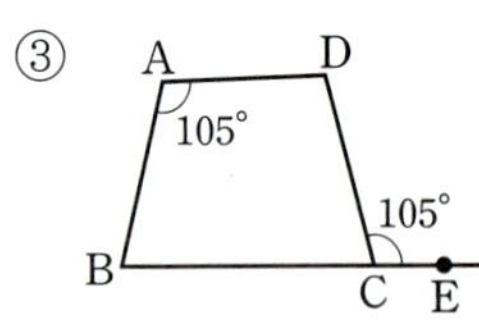
④ 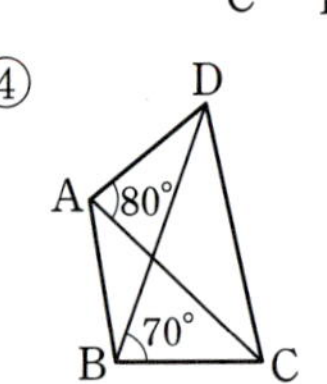
⑤ 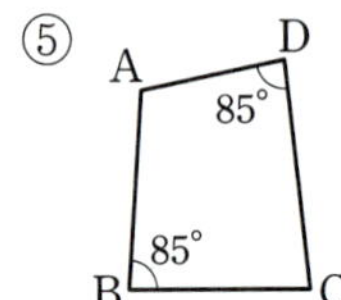

18 다음 중 □ABCD가 원에 내접하지 <u>않는</u> 것은?

① 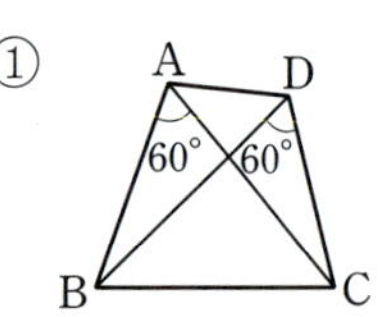
② 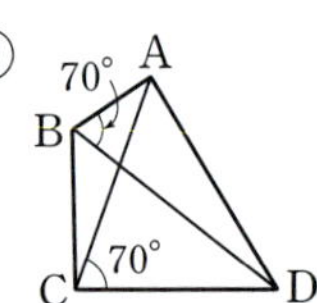
③ 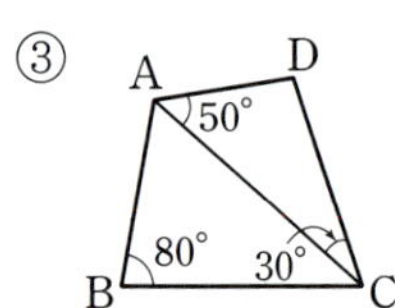
④ 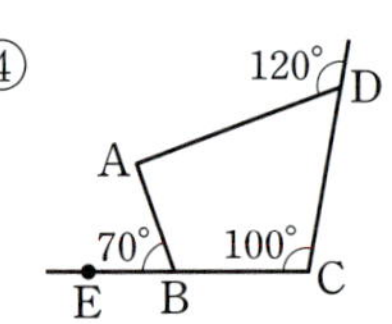
⑤ 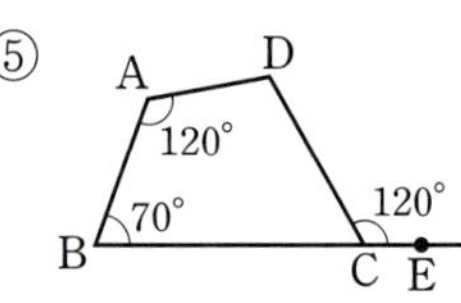

4. 원주각

3 원의 접선과 현이 이루는 각

원의 접선과 그 접점을 지나는 현이 이루는 각의 크기는 그 각의 내부에 있는
호에 대한 원주각의 크기와 같다.

➡ $\angle BAT = \angle BPA$

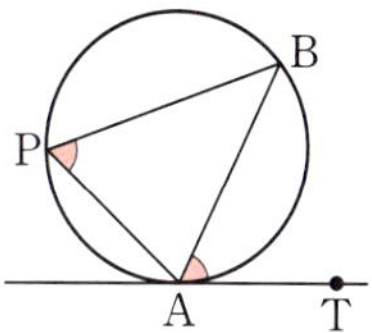

---

1 다음 그림에서 점 T는 원의 접선의 접점일 때, $\angle x$의 크기를 구하시오.

(1)
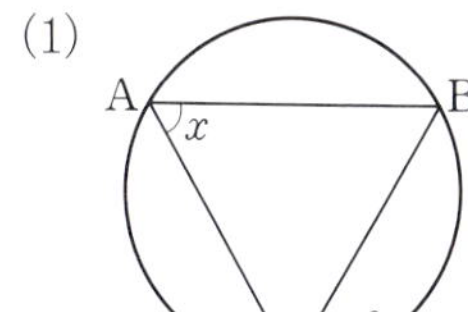

____

(2)
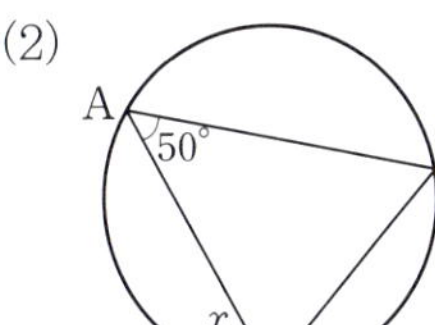

____

(3)
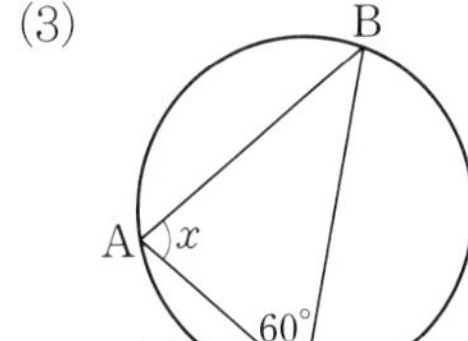

____

(4)
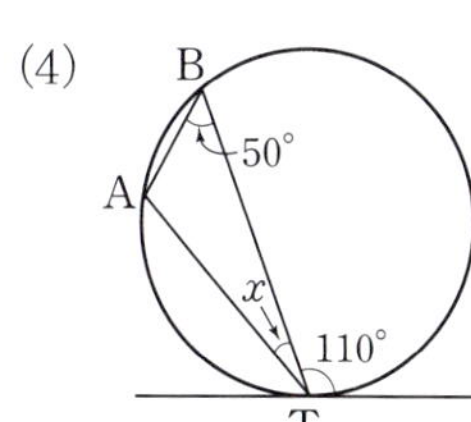

____

(5)
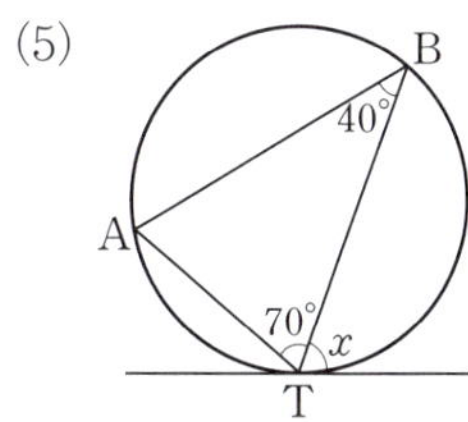

____

(6)
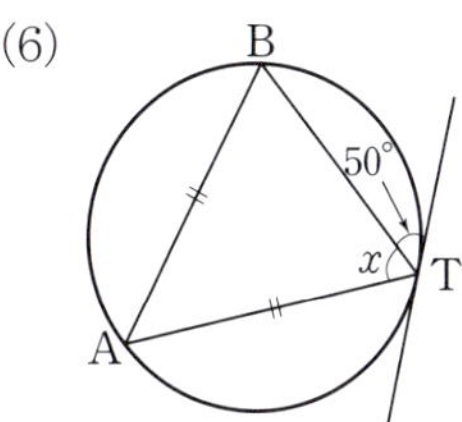

____

2 다음 그림에서 $\overrightarrow{PT}$는 원 O의 접선이고 점 T는 그 접점일 때, $\angle x$, $\angle y$의 크기를 각각 구하시오.

(1)
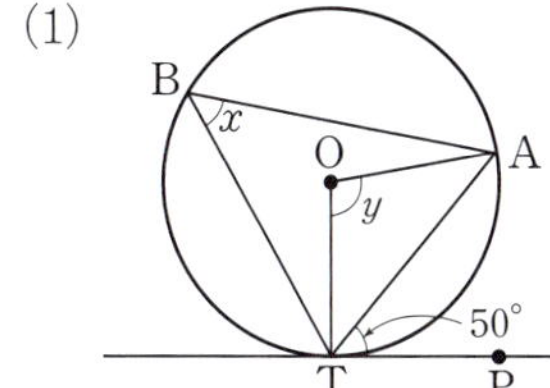

____

(2)
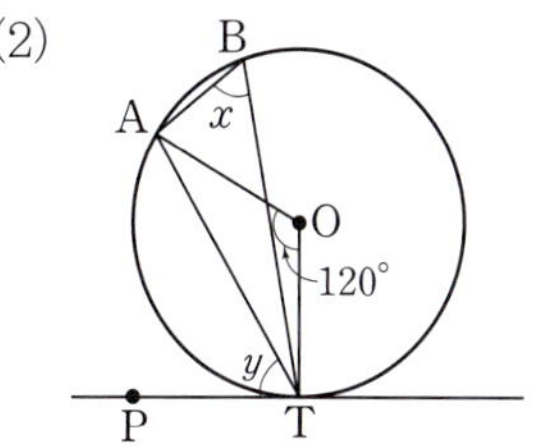

____

3 다음 그림에서 □ABTC가 원에 내접하고 점 T는 원의 접선의 접점일 때, $\angle x$, $\angle y$의 크기를 각각 구하시오.

(1)
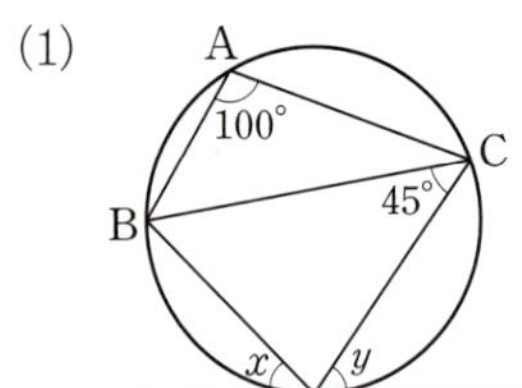

(2)
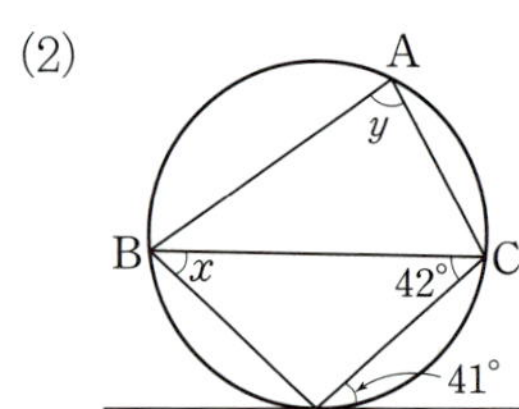

______________________   ______________________

4 오른쪽 그림에서 $\overline{AB}$는 원 O의 지름이고 점 T는 원 O의 접선의 접점일 때, $\angle x$의 크기를 구하려고 한다. 다음 ☐ 안에 알맞은 수를 쓰시오.

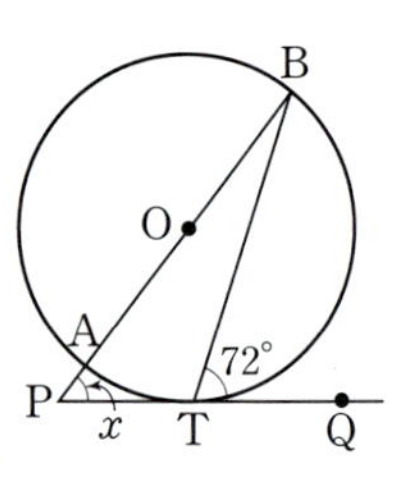

$\overline{AT}$를 그으면 $\overline{AB}$가 원 O의 지름이므로 $\angle ATB = \boxed{}°$

접선과 현이 이루는 각의 성질에 의해 $\angle BAT = \boxed{}°$

$\triangle ATB$에서

$\angle ABT = 180° - (\angle ATB + \angle BAT)$

$\qquad = 180° - (\boxed{}° + \boxed{}°) = \boxed{}°$

따라서 $\triangle BPT$에서 $\angle x + \boxed{}° = 72°$ $\qquad \therefore \angle x = \boxed{}°$

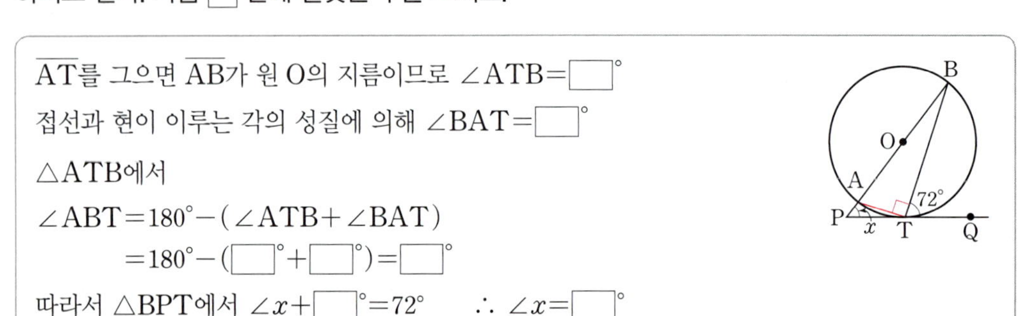

5 다음 그림에서 $\overline{AB}$는 원 O의 지름이고 점 T는 원 O의 접선의 접점일 때, $\angle x$, $\angle y$의 크기를 각각 구하시오.

(1)
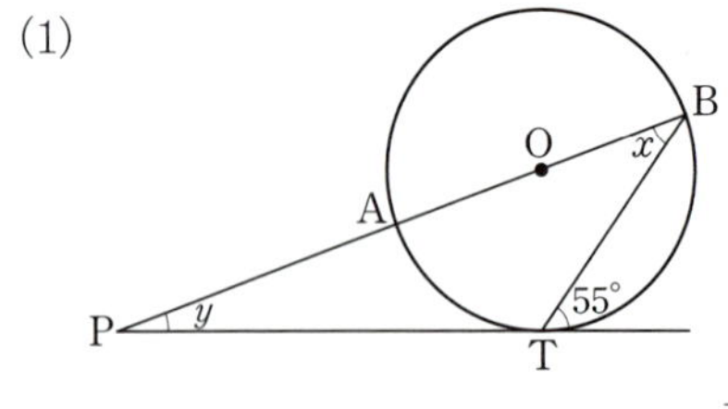

(2)
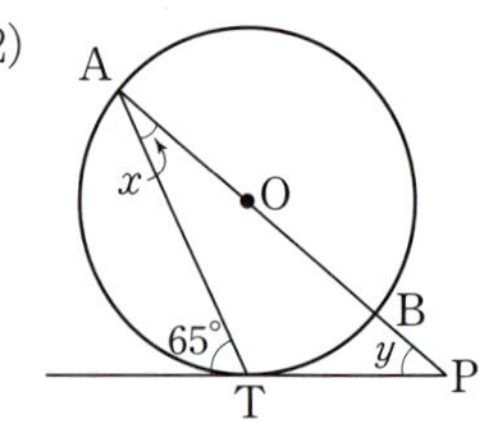

______________________   ______________________

(3)
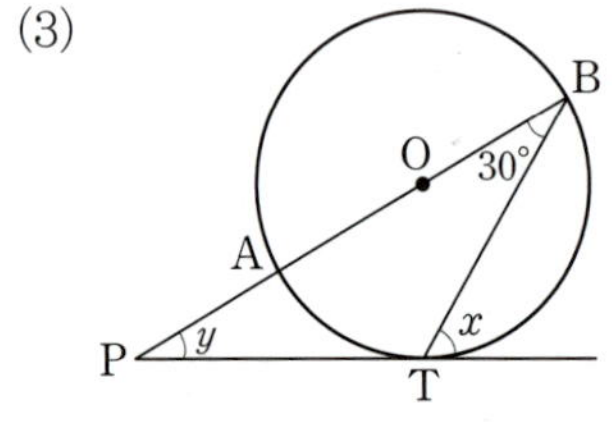

(4)
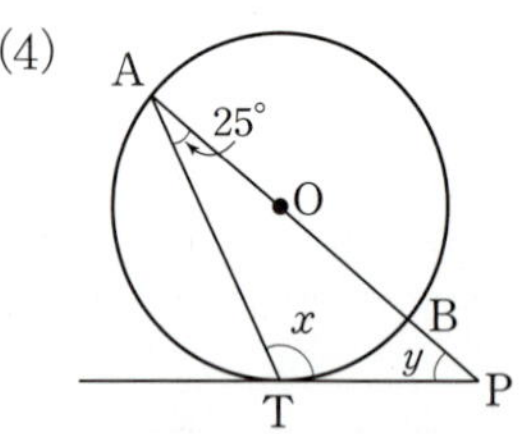

______________________   ______________________

유형 **8** 두 원에서 접선과 현이 이루는 각 개념편 71쪽

$\overleftrightarrow{PQ}$는 두 원 O, O′의 공통인 접선이고 점 T는 그 접점일 때

(1) $\angle BAT = \angle BTQ = \angle DTP = \angle DCT$이므로

➡ **AB∥CD** → 엇각의 크기가 같다.

(2) $\angle BAT = \angle BTQ = \angle CDT$이므로

➡ **AB∥CD** → 동위각의 크기가 같다.

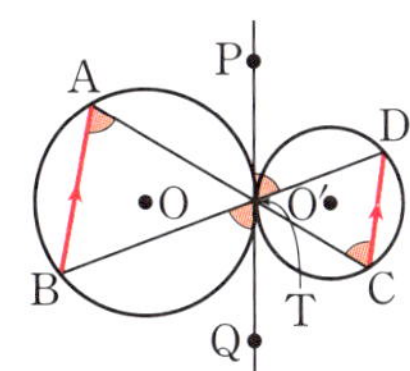

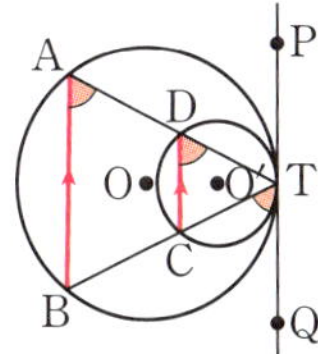

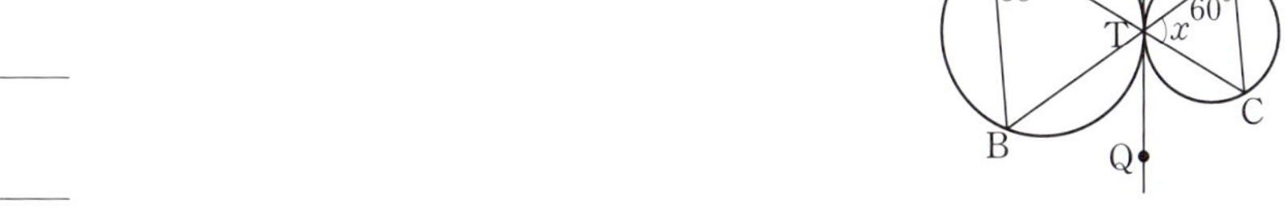

---

1 오른쪽 그림에서 $\overleftrightarrow{PQ}$는 두 원의 공통인 접선이고 점 T는 그 접점일 때, 다음 각의 크기를 구하시오.

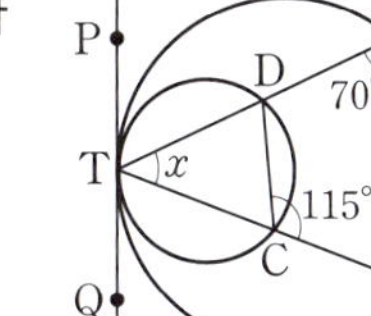

(1) $\angle BTQ$ ___________

(2) $\angle CTQ$ ___________

(3) $\angle x$ ___________

2 오른쪽 그림에서 $\overleftrightarrow{PQ}$는 두 원의 공통인 접선이고 점 T는 그 접점일 때, 다음 각의 크기를 구하시오.

(1) $\angle BTQ$ ___________

(2) $\angle DTP$ ___________

(3) $\angle x$ ___________

3 다음 그림에서 $\overleftrightarrow{PQ}$는 두 원의 공통인 접선이고 점 T는 그 접점일 때, $\angle x$의 크기를 구하시오.

(1)

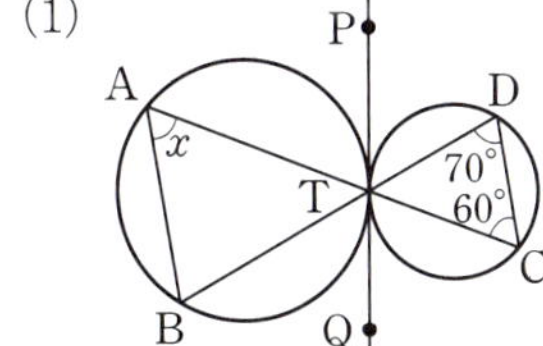

____

(2)

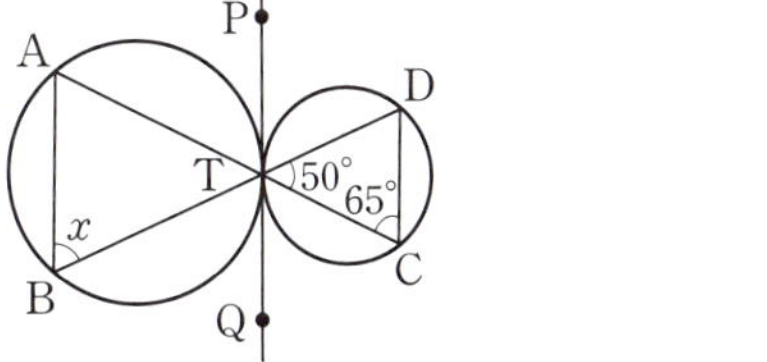

____

(3)

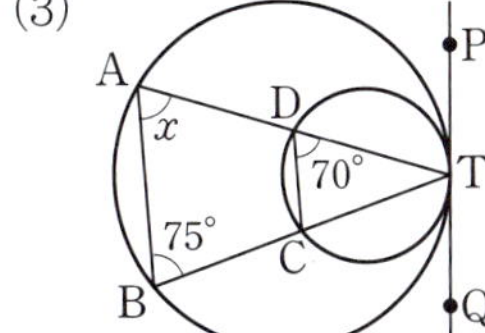

____

(4)

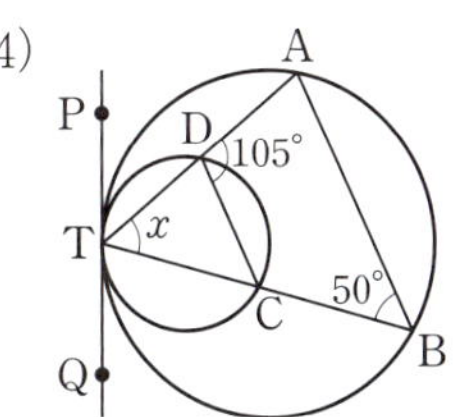

____

쌍둥이 기출문제

형광펜 들고 밑줄 쫙~

1 오른쪽 그림에서 $\overleftrightarrow{AT}$는 원 O의 접선이고 점 A는 그 접점이다. $\angle ABC=33°$, $\angle ACB=102°$일 때, $\angle y - \angle x$의 크기는?

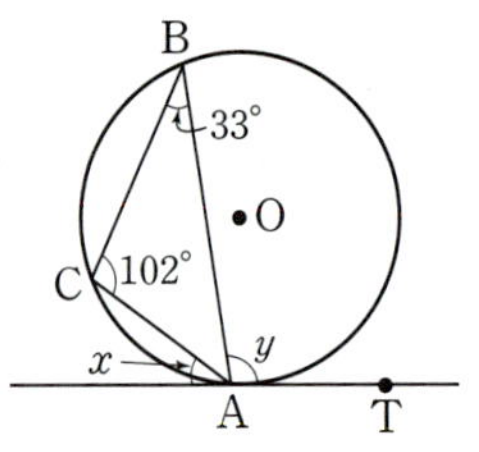

① 65° ② 67° ③ 69°
④ 71° ⑤ 73°

2 오른쪽 그림에서 $\overleftrightarrow{AT}$는 원 O의 접선이고 점 A는 그 접점이다. $\angle BAT=54°$일 때, $\angle x$의 크기를 구하시오.

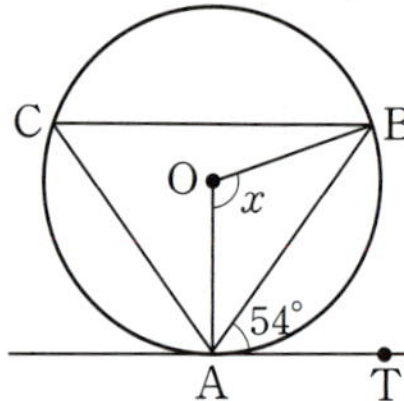

3 오른쪽 그림에서 $\overline{PT}$는 원의 접선이고 점 T는 그 접점이다. $\overline{BT}=\overline{BP}$, $\angle APT=30°$일 때, $\angle ATB$의 크기를 구하시오.

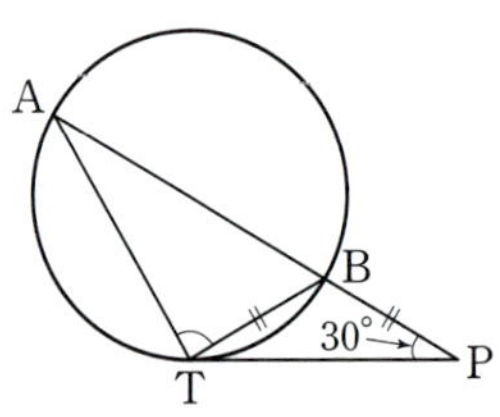

4 오른쪽 그림에서 $\overline{PT}$는 원의 접선이고 점 T는 그 접점이다. $\overline{AT}=\overline{PT}$, $\angle APT=38°$일 때, $\angle ATB$의 크기를 구하시오.

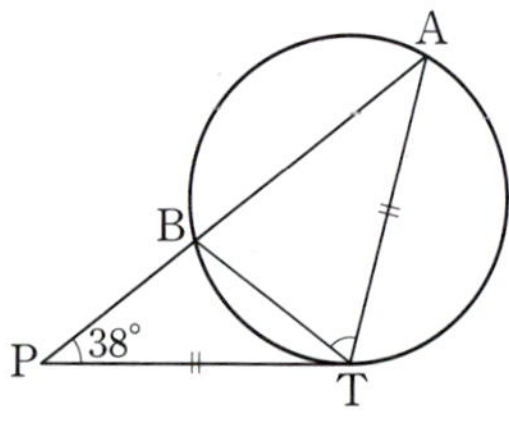

5 오른쪽 그림에서 $\overleftrightarrow{CT}$는 원 O의 접선이고 점 C는 그 접점이다. □ABCD는 원 O에 내접하고 $\angle BAD=80°$, $\angle DCT=50°$일 때, $\angle BDC$의 크기를 구하시오.

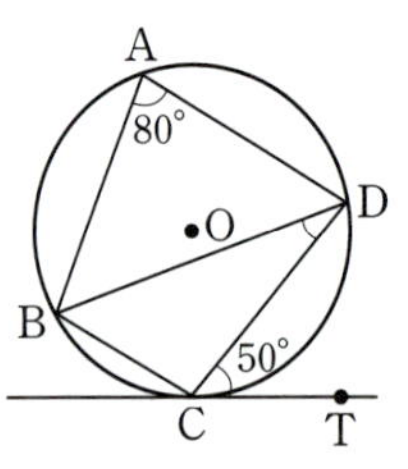

6 오른쪽 그림에서 $\overleftrightarrow{PQ}$는 원 O의 접선이고 점 C는 그 접점이다. □ABCD는 원 O에 내접하고 $\angle BAD=110°$, $\angle BDC=50°$일 때, $\angle x$의 크기는?

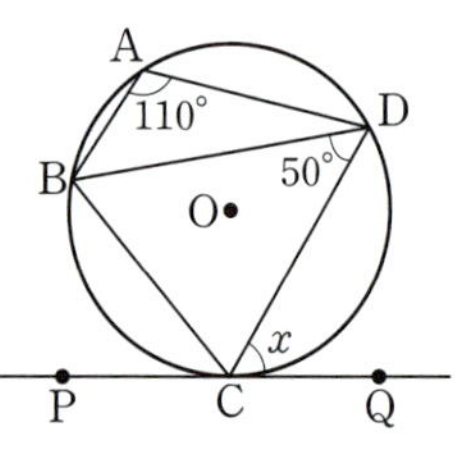

① 60° ② 65° ③ 70°
④ 75° ⑤ 80°

쌍둥이 04

7 오른쪽 그림에서 $\overleftrightarrow{PB}$는 원 O의 접선이고 점 B는 그 접점이다. □ABCD는 원 O에 내접하고 ∠PDB=40°, ∠DCB=100°일 때, ∠x의 크기를 구하시오.

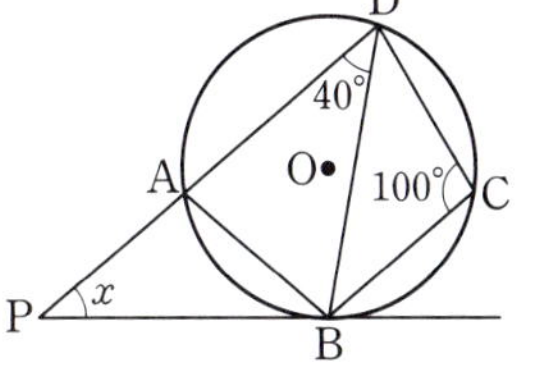

8 오른쪽 그림에서 $\overleftrightarrow{PC}$는 원의 접선이고 점 C는 그 접점이다. □ABCD는 원에 내접하고 ∠ADC=85°, ∠APC=40°일 때, ∠x의 크기를 구하시오.

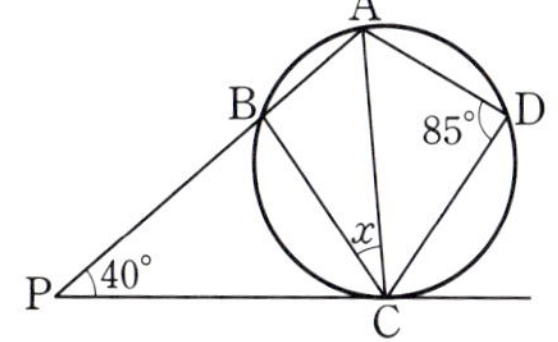

쌍둥이 05

9 오른쪽 그림과 같이 원 O 위의 점 T에서 접하는 $\overleftrightarrow{TP}$와 지름 AB의 연장선의 교점을 C라고 하자. ∠ATP=75°일 때, ∠C 의 크기는?

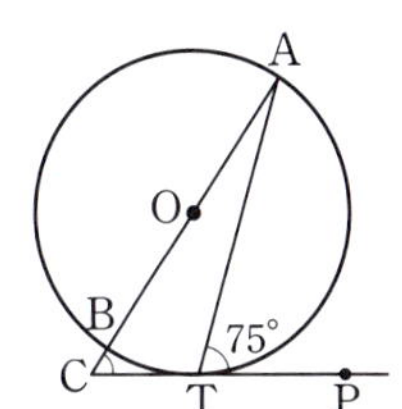

① 45° ② 50° ③ 55°
④ 60° ⑤ 65°

10 오른쪽 그림에서 $\overleftrightarrow{CT}$는 원 O의 접선이고 점 A는 그 접점이다. $\overline{BC}$가 원 O의 중심을 지나고 ∠BAT=60°일 때, ∠x 의 크기를 구하시오.

서술형

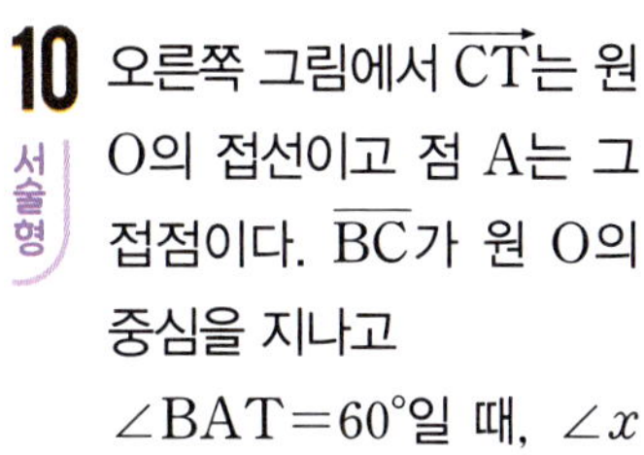

풀이 과정

답

쌍둥이 06

11 오른쪽 그림에서 $\overleftrightarrow{PQ}$는 두 원의 공통인 접선이고 점 T는 그 접점이다. ∠ABD=80°, ∠BAC=40°일 때, ∠DCT의 크기는?

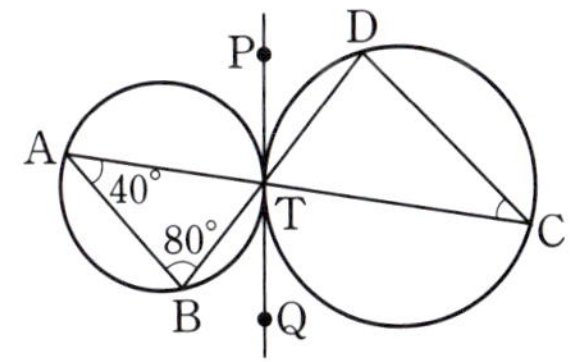

① 35° ② 40° ③ 45°
④ 50° ⑤ 55°

12 오른쪽 그림에서 $\overleftrightarrow{PQ}$는 두 원 O, O'의 공통인 접선이고 점 T는 그 접점이다. ∠BAC=48°, ∠CDB=72°일 때, ∠x의 크기를 구하시오.

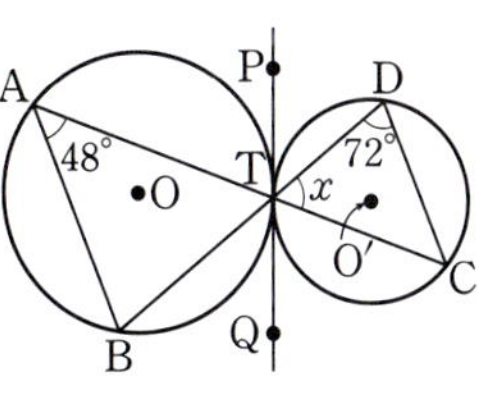

단원 마무리

1 오른쪽 그림에서 두 점 A, B는 점 P에서 원 O에 그은 두 접선의 접점이고 $\angle$ACB$=72°$일 때, $\angle x$의 크기를 구하시오.

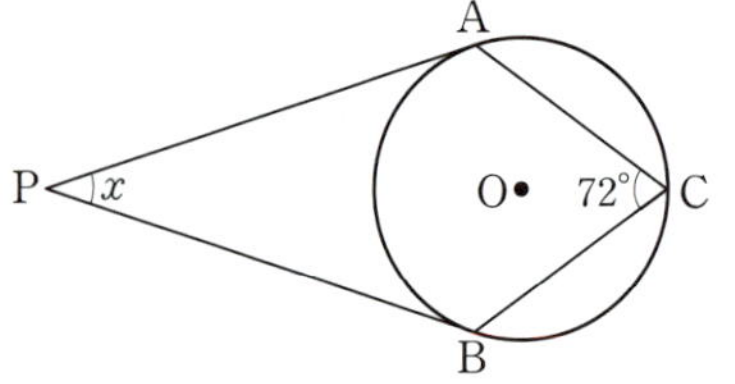

▶ 원주각과 중심각의 크기

2 오른쪽 그림에서 $\overline{BD}$는 원 O의 지름이고 $\angle$ABD$=52°$일 때, $\angle x$의 크기는?

① $26°$ ② $30°$ ③ $34°$
④ $38°$ ⑤ $42°$

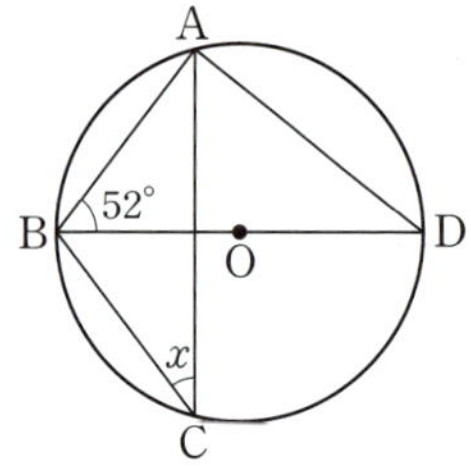

▶ 반원에 대한 원주각의 크기

3 오른쪽 그림에서 점 P는 두 현 AC, BD의 교점이다. $\overset{\frown}{AD}=8$, $\angle$BAC$=30°$, $\angle$APD$=70°$일 때, 이 원의 둘레의 길이는?

① 28   ② 30   ③ 32
④ 34   ⑤ 36

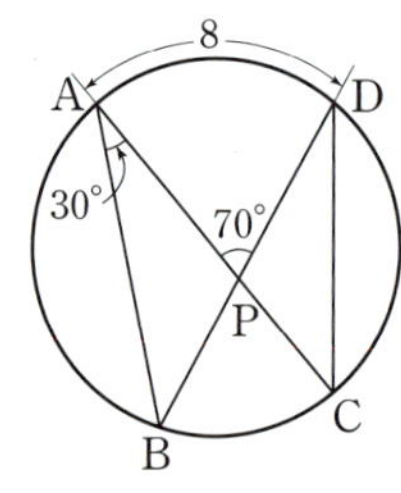

▶ 원주각의 크기와 호의 길이

4 오른쪽 그림에서 점 P는 두 현 AB, CD의 교점이다. $\overset{\frown}{AC}$의 길이는 원의 둘레의 길이의 $\dfrac{1}{6}$이고 $\overset{\frown}{AC} : \overset{\frown}{BD}=1 : 2$일 때, $\angle$APC의 크기를 구하시오.

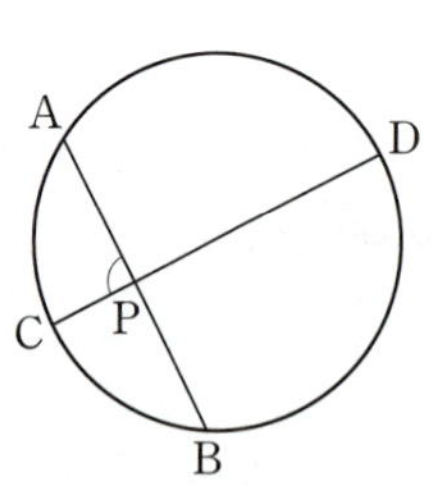

▶ 원주각의 크기와 호의 길이

5 오른쪽 그림에서 □ABCD는 원에 내접하고 ∠ABC=120°,
$\overline{\text{AD}}$=4 cm, $\overline{\text{CD}}$=5 cm일 때, △ACD의 넓이를 구하시오.

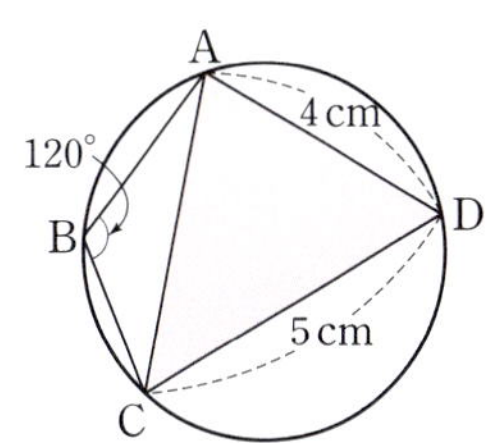

● 원에 내접하는 사각형의 성질

6 오른쪽 그림에서 오각형 ABCDE는 원 O에 내접하고
∠BOC=40°일 때, ∠A+∠D의 크기를 구하시오.

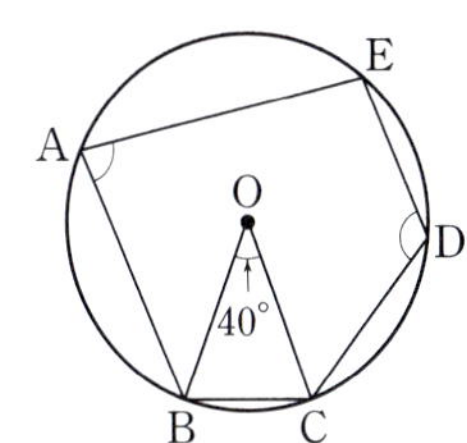

● 원에 내접하는 다각형

서술형

7 오른쪽 그림에서 $\overleftrightarrow{\text{PQ}}$는 원의 접선이고 점 D는 그 접점이다.
□ABCD는 원에 내접하고 ∠ACD=35°, ∠CDP=50°일
때, ∠x의 크기를 구하시오.

풀이 과정

답

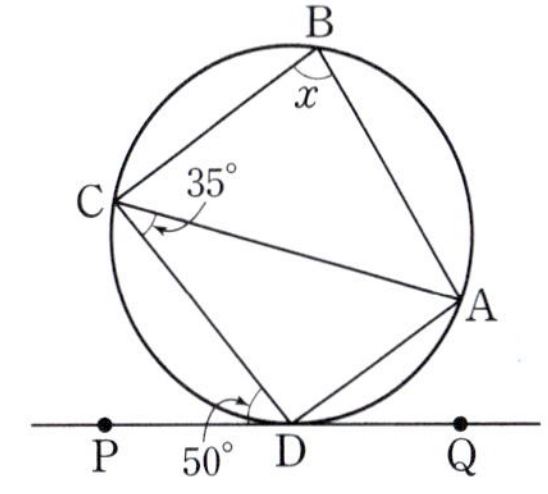

● 접선과 현이 이루는 각

8 오른쪽 그림과 같이 원 O 위의 점 A에서 접하는 $\overleftrightarrow{\text{AT}}$와
지름 BC의 연장선의 교점을 P라고 하자. ∠PBA=32°
일 때, ∠x의 크기를 구하시오.

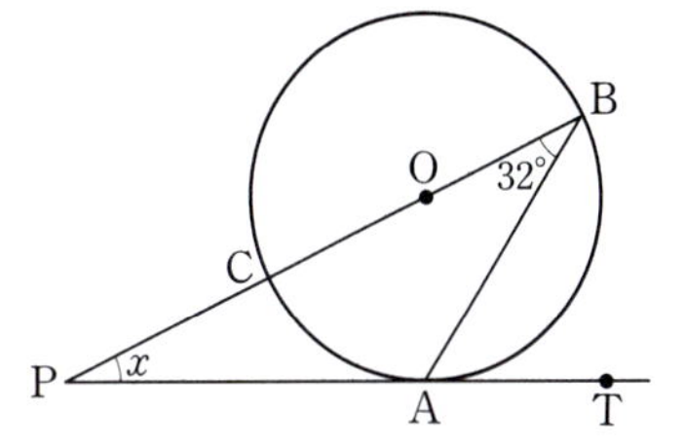

● 접선과 현이 이루는 각의 응용

5 대푯값과 산포도

5. 대푯값과 산포도

1 대푯값

유형 1 대푯값과 평균

개념편 82~83쪽

(1) **대푯값**: 자료 전체의 중심 경향이나 특징을 대표적으로 나타내는 값

(2) $(평균) = \dfrac{(변량의 총합)}{(변량의 개수)}$

> **참고** 대푯값에는 평균, 중앙값, 최빈값 등이 있으며, 그중에서 평균이 대푯값으로 가장 많이 쓰인다.

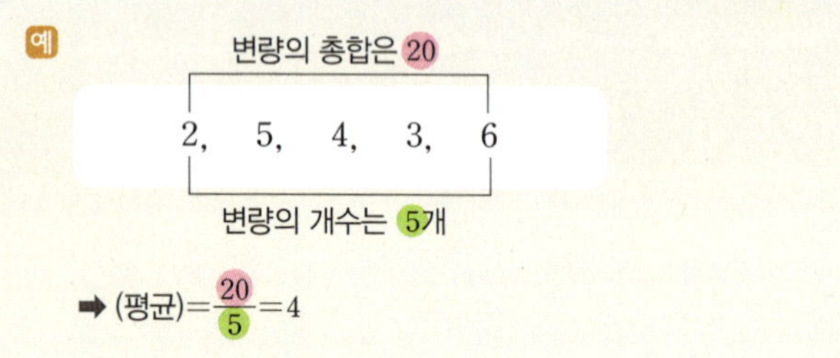

---

1 다음 자료의 평균을 구하시오.

(1) 2, 3, 3, 5, 7 ________

(2) 10, 8, 11, 15, 13, 9 ________

---

2 다음 자료는 민재가 5회에 걸쳐 윗몸일으키기를 한 횟수를 조사하여 나타낸 것이다. 이 자료의 평균을 구하시오.

(단위: 회)

26, 36, 34, 25, 29

---

3 다음 줄기와 잎 그림은 현지네 반 학생 10명의 오래 매달리기 기록을 조사하여 나타낸 것이다. 이 자료의 평균을 구하시오.

오래매달리기 기록

(0|1은 1초)

줄기	잎
0	1 7
1	2 6 8
2	0 3 5 9 9

---

4 다음 표는 성민이네 반 학생 20명이 4일 동안 스마트폰을 사용한 시간을 조사하여 나타낸 것이다. 이 자료의 평균을 구하시오.

사용 시간(시간)	6	7	8	9	합계
학생 수(명)	4	5	8	3	20

---

5 다음 자료의 평균이 [ ] 안의 수와 같을 때, x의 값을 구하시오.

(1) 8, 5, x, 13   [9] ________

(2) 16, x, 11, 10, 9   [12] ________

(3) 31, 22, x, 17, 20, 28   [25] ________

---

6 다음 자료는 퀴즈 대회에 참가한 학생 8명이 맞힌 문제의 개수를 조사하여 나타낸 것이다. 맞힌 문제의 개수의 평균이 5개일 때, a의 값을 구하시오.

(단위: 개)

a, 2, 9, 10, 2, 7, 4, 1

유형 2 중앙값과 최빈값

(1) **중앙값**: 변량을 작은 값부터 크기순으로 나열할 때, 한가운데 있는 값으로 변량의 개수가
 ① 홀수이면 ➡ 한가운데 있는 값
 ② 짝수이면 ➡ 한가운데 있는 두 값의 평균

(2) **최빈값**: 자료의 변량 중에서 가장 많이 나타난 값으로, 자료에 따라 2개 이상일 수도 있다.

예 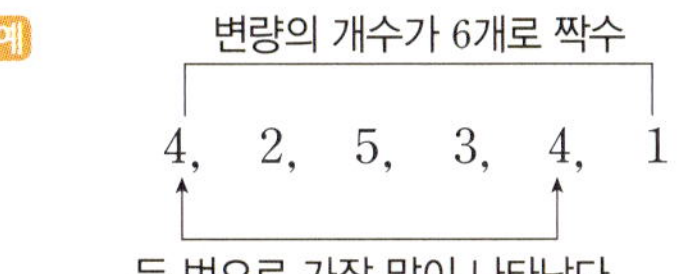

변량을 작은 값부터 크기순으로 나열하면
1, 2, 3, 4, 4, 5이므로
➡ (중앙값)$=\dfrac{3+4}{2}=3.5$
(최빈값)=(가장 많이 나타난 값)$=4$

---

1 다음 자료의 중앙값을 구하시오.

(1) 8, 7, 3, 3, 9　　　　　________

(2) 6, 2, 10, 4, 1, 11　　　________

(3) 12, 19, 17, 25, 17, 12, 13　________

(4) 23, 16, 19, 15, 9, 15, 14, 20　________

2 다음 자료의 최빈값을 구하시오.

(1) 13, 8, 5, 8, 14, 12, 6, 8, 14　________

(2) 235, 265, 240, 270, 240, 260, 255, 250, 245　________

(3) 11, 9, 13, 11, 7, 9, 11, 13, 9　________

(4) 딸기, 사과, 배, 딸기, 포도, 배, 복숭아, 배　________

3 다음 표는 준희네 반 학생 20명의 혈액형을 조사하여 나타낸 것이다. 이 자료의 최빈값을 구하시오.

혈액형	A형	B형	O형	AB형	합계
학생 수(명)	3	7	8	2	20

4 다음 막대그래프는 직장인 15명이 일주일 동안 배달 음식을 주문한 횟수를 조사하여 나타낸 것이다. 이 자료의 중앙값과 최빈값을 각각 구하시오.

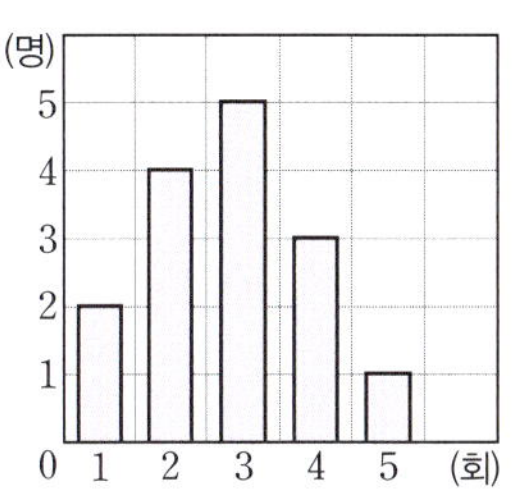

중앙값: ________
최빈값: ________

5 다음 줄기와 잎 그림은 어느 학교 미술반 학생 8명이 지난 학기 동안 그린 작품의 수를 조사하여 나타낸 것이다. 이 자료의 중앙값과 최빈값을 각각 구하시오.

작품의 수
(0|8은 8점)

줄기	잎
0	8
1	7　8　9
2	0　2　2　3

중앙값: ________
최빈값: ________

6 다음은 자료의 변량을 작은 값부터 크기순으로 나열한 것이다. 자료의 중앙값이 [　] 안의 수와 같을 때, x의 값을 구하시오.

(1) 3, 7, x, 13　　　　[9]

(2) 11, x, 17, 20　　　[16]

(3) 2, 3, 5, x, 7, 10　　[6]

(4) 4, 6, 9, x, 16, 19　[10.5]

7 아래 표는 남준이가 일주일 동안 컴퓨터를 사용한 시간을 조사하여 나타낸 것이다. 이 자료의 평균이 3시간일 때, 다음을 구하시오.

요일	월	화	수	목	금	토	일
사용 시간(시간)	1	x	3	2	3	4	4

(1) x의 값

(2) 중앙값

(3) 최빈값

8 다음 줄기와 잎 그림은 어느 산악 동호회 회원 20명의 나이를 조사하여 나타낸 것이다. 이 자료의 최빈값이 38세일 때, 중앙값을 구하시오.

산악 동호회 회원의 나이

(2│0은 20세)

줄기	잎
2	0 3 3 5 8 8
3	0 1 1 4 a 8 8 9
4	3 3 4
5	7 8
6	0

9 다음 자료는 어느 가게에서 하루 동안 판매된 옷의 크기를 조사하여 나타낸 것이다. 이 가게에서 가장 많이 준비해야 할 옷의 크기를 정하려고 할 때, 평균, 중앙값, 최빈값 중에서 이 자료의 대푯값으로 가장 적절한 것을 말하고, 그 값을 구하시오.

(단위: 호)

95,	90,	100,	105,	85,
90,	95,	100,	90,	90

10 다음 자료는 어느 도시의 6년 동안의 3월 강수량을 조사하여 나타낸 것이다. 물음에 답하시오.

(단위: mm)

24,	20,	35,	38,	37,	230

(1) 평균을 구하시오.

(2) 중앙값을 구하시오.

(3) 평균과 중앙값 중에서 이 자료의 대푯값으로 어느 것이 더 적절한지 말하시오.

적절한 대푯값 찾기 → 다른 변량에 비해 매우 크거나 매우 작은 값
• 자료에 극단적인 값이 있는 경우
  ⇨ 대푯값으로 평균보다 중앙값이 더 적절하다.
• 가장 많이 나타난 값이 필요한 경우
  ⇨ 대푯값으로 최빈값이 적절하다.

쌍둥이 기출문제

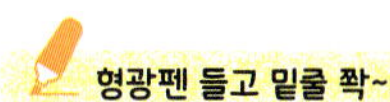

쌍둥이 01

1 다음 자료는 학생 11명이 1년 동안 본 영화의 수를 조사하여 나타낸 것이다. 이 자료의 평균을 a편, 중앙값을 b편, 최빈값을 c편이라고 할 때, a, b, c의 대소관계로 옳은 것은?

(단위: 편)

> 5, 3, 8, 7, 3, 4, 2, 10, 2, 3, 8

① $a>b>c$ ② $a>c>b$ ③ $b>a>c$
④ $b>c>a$ ⑤ $c>a>b$

2 다음 줄기와 잎 그림은 어느 제과점에서 만드는 12종류의 빵의 하루 판매량을 조사하여 나타낸 것이다. 이 자료의 평균을 a개, 중앙값을 b개, 최빈값을 c개라고 할 때, $a+b-c$의 값을 구하시오.

빵의 판매량

(0|4는 4개)

줄기	잎
0	4 6
1	2 4 4 9
2	1 2 2 2 5
3	5

쌍둥이 02

3 다음 자료는 학생 8명이 일주일 동안 공부한 시간을 조사하여 나타낸 것이다. 이 자료의 평균이 8시간일 때, 중앙값과 최빈값을 차례로 구하면?

(단위: 시간)

> 6, 7, x, 1, 13, 6, 12, 13

① 6시간, 6시간 ② 6.5시간, 6시간
③ 6.5시간, 13시간 ④ 7시간, 6시간
⑤ 7.5시간, 13시간

4 _{서술형} 다음 자료는 어느 농장에서 수확한 사과 7개의 당도를 조사하여 나타낸 것이다. 이 자료의 평균이 9 Brix(브릭스)일 때, 중앙값과 최빈값을 각각 구하시오.

(단위: Brix)

> 5, 12, x, 9, 10, 13, 7

풀이 과정

답

쌍둥이 기출문제

쌍둥이 03

5 다음은 6개의 변량을 작은 값부터 크기순으로 나열한 것이다. 이 자료의 중앙값이 12일 때, x의 값을 구하시오.

$$5, \quad 11, \quad x, \quad 13, \quad 14, \quad 30$$

6 다음은 8개의 변량을 작은 값부터 크기순으로 나열한 것이다. 이 자료의 중앙값이 248일 때, 물음에 답하시오.

$$239, \quad 243, \quad 244, \quad 246, \quad x, \quad 250, \quad 251, \quad 255$$

(1) x의 값을 구하시오.

(2) 이 자료의 최빈값을 구하시오.

쌍둥이 04

7 다음 자료는 어느 중학교 야구팀이 7번의 경기에서 얻은 점수를 조사하여 나타낸 것이다. 이 자료의 평균과 최빈값이 서로 같다고 할 때, x의 값을 구하시오.

(단위: 점)

$$6, \quad 7, \quad x, \quad 6, \quad 9, \quad 5, \quad 6$$

8 5개의 변량을 작은 값부터 크기순으로 나열하였더니 4, 5, 8, x, 12이었다. 이 자료의 평균과 중앙값이 서로 같다고 할 때, x의 값은?

① 8　　　② 9　　　③ 10
④ 11　　　⑤ 12

쌍둥이 05

9 평균, 중앙값, 최빈값 중에서 다음 자료의 대푯값으로 가장 적절한 것을 말하시오.

$$21, \quad 17, \quad 25, \quad 23, \quad 19, \quad 326$$

10 지은이는 반 학생들을 대상으로 좋아하는 가수를 조사하였다. 다음 보기 중 지은이네 반 학생들이 가장 좋아하는 가수를 알아보려고 할 때 이용해야 하는 것을 고르시오.

┤ 보기 ├
ㄱ. 평균　　　ㄴ. 중앙값　　　ㄷ. 최빈값

5. 대푯값과 산포도

산포도

유형 3 · 산포도와 편차

(1) **산포도**: 자료의 변량이 흩어져 있는 정도를 하나의 수로 나타낸 값

(2) **편차**: 각 변량에서 평균을 뺀 값

➡ (편차)＝(변량)－(평균)

① 편차의 총합은 항상 0이다.

② 변량이 평균보다 크면 그 편차는 양수이고, 변량이 평균보다 작으면 그 편차는 음수이다.

예

$$5, \ 7, \ 3, \ 6, \ 4$$

(평균)＝$\dfrac{5+7+3+6+4}{5}=\dfrac{25}{5}=5$이므로

각 변량의 편차는 각각 다음과 같다.

$5-5=0, \ 7-5=2, \ 3-5=-2, \ 6-5=1, \ 4-5=-1$

---

1 주어진 자료의 평균이 다음과 같을 때, 표의 빈칸을 알맞게 채우시오.

(1) (평균)＝6

변량	5	8	9	2	6
편차					

(2) (평균)＝10

변량	13	17	6	10	9	5
편차						

2 아래 자료는 학생 5명의 일주일 동안의 독서 시간을 조사하여 나타낸 것이다. 다음을 구하시오.

(단위: 시간)

$$8, \ 10, \ 9, \ 6, \ 7$$

(1) 평균

(2) 각 독서 시간의 편차

3 5명의 학생 A, B, C, D, E는 각각 2권, 1권, 5권, 4권, 3권의 문제집을 가지고 있다. 다음 중 문제집 수의 편차가 될 수 <u>없는</u> 것은?

① －3권   ② －2권   ③ －1권

④ 1권   ⑤ 2권

---

4 7개의 변량의 편차가 다음과 같을 때, x의 값을 구하시오.

$$-4, \ x, \ -7, \ 3, \ 2, \ 3x, \ -6$$

5 아래 표는 5가지 종류의 아이스크림의 무게의 편차를 나타낸 것이다. 다음을 구하시오.

아이스크림	A	B	C	D	E
편차(g)	－20	5	10	x	－15

(1) x의 값

(2) 5가지 종류의 아이스크림의 무게의 평균이 200g일 때, 아이스크림 A의 무게

6 아래 표는 야구 선수 5명의 홈런 수의 편차를 나타낸 것이다. 다음을 구하시오.

선수	A	B	C	D	E
편차(개)	2	－3	x	1	－4

(1) x의 값

(2) 야구 선수 5명의 홈런 수의 평균이 12개일 때, 선수 C의 홈런 수

유형 4 분산과 표준편차

개념편 86쪽

(1) **분산**: 편차의 제곱의 평균

$$\Rightarrow (\text{분산}) = \frac{\{(\text{편차})^2\text{의 총합}\}}{(\text{변량의 개수})}$$

(2) **표준편차**: 분산의 음이 아닌 제곱근

$$\Rightarrow (\text{표준편차}) = \sqrt{(\text{분산})}$$

참고 분산이 0일 때, 표준편차는 0이다.

〈표준편차를 구하는 순서〉

평균 구하기 ➡ 편차 구하기 ➡ $(\text{편차})^2$의 총합 구하기

➡ 분산 구하기 ➡ 표준편차 구하기

주의 분산은 단위를 쓰지 않고, 표준편차는 단위를 쓴다.

---

1 아래 표는 어느 버스 정류장을 지나는 5대의 버스에 대하여 각 버스의 배차 간격의 편차를 나타낸 것이다. 다음을 구하시오.

버스	A	B	C	D	E
편차(분)	-5	x	1	-1	3

(1) x의 값

(2) 표준편차

2 주어진 자료에 대하여 다음을 구하시오.

(1)
8, 16, 10, 22, 9

❶ 평균

❷
변량	8	16	10	22	9
편차					
$(\text{편차})^2$					

❸ $(\text{편차})^2$의 총합

❹ 분산

❺ 표준편차

(2)
20, 23, 21, 17, 14

❶ 평균

❷
변량	20	23	21	17	14
편차					
$(\text{편차})^2$					

❸ $(\text{편차})^2$의 총합

❹ 분산

❺ 표준편차

3 다음 자료는 서연이가 7회에 걸쳐 받은 수학 쪽지 시험 점수를 조사하여 나타낸 것이다. 이 자료의 표준편차를 구하시오.

(단위: 점)

5, 9, 9, 8, 8, 10, 7

4 다음 자료는 어느 신발 가게에서 지난 일주일 동안 판매한 신발의 수를 조사하여 나타낸 것이다. 이 자료의 표준편차를 구하시오.

(단위: 켤레)

13, 18, 15, 12, 11, 20, 16

5 5개의 변량 8, x, 5, 6, y의 평균이 5이고 분산이 4일 때, $x^2 + y^2$의 값을 구하려고 한다. 다음 물음에 답하시오.

(1) 평균이 5임을 이용하여 $x+y$의 값을 구하시오.

____

(2) (1)의 결과와 분산이 4임을 이용하여 $x^2 + y^2$의 값을 구하시오.

____

유형 5 산포도와 자료의 분포 상태

(1) 분산 또는 표준편차가 작다. ➡ 변량들이 평균 가까이에 모여 있다. ➡ 자료의 분포 상태가 고르다.
(2) 분산 또는 표준편차가 크다. ➡ 변량들이 평균에서 멀리 흩어져 있다. ➡ 자료의 분포 상태가 고르지 않다.

1 오른쪽 표는 A, B 두 반의 영어 성적의 평균과 표준편차를 나타낸 것이다. 다음 보기 중 옳은 것을 고르시오.

반	A	B
평균(점)	65	65
표준편차(점)	4.2	7.5

보기

ㄱ. A반의 성적이 B반의 성적보다 더 우수하다.
ㄴ. B반의 성적이 A반의 성적보다 더 우수하다.
ㄷ. A반의 성적이 B반의 성적보다 더 고르다.
ㄹ. B반의 성적이 A반의 성적보다 더 고르다.

2 다음 표는 학생 4명의 일주일 동안의 하루 수면 시간의 표준편차를 나타낸 것이다. 수면 시간의 변화가 가장 큰 사람을 말하시오.

학생	서준	은지	현아	민수
표준편차(시간)	2	4	$\sqrt{15}$	$\sqrt{7}$

3 다음 표는 프로 농구 경기에서 두 농구 선수 A, B가 최근 5번의 경기에서 얻은 점수를 조사하여 나타낸 것이다. 물음에 답하시오.

(단위: 점)

A	9	15	32	25	4
B	17	21	19	15	13

(1) 두 선수 A, B의 점수의 평균을 각각 구하시오.

(2) 두 선수 A, B의 점수의 분산을 각각 구하시오.

(3) 감독이 두 선수 A, B 중에서 점수가 더 고른 선수를 다음 경기에 출전시키려고 할 때, 누구를 선발해야 하는지 말하시오.

4 다음 막대그래프는 어느 중학교의 3학년 1반과 2반 학생들이 갖고 있는 가방의 개수를 조사하여 나타낸 것이다.

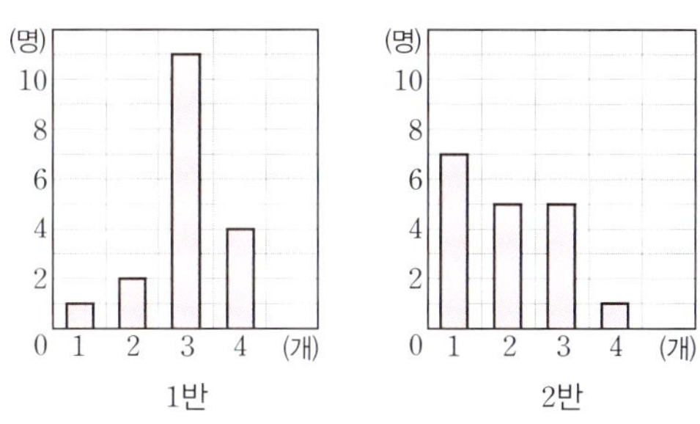

(1) 1반과 2반의 학생들이 갖고 있는 가방의 개수의 분산을 각각 구하시오.

(2) 1반과 2반 중에서 학생들이 갖고 있는 가방의 개수가 더 고르게 나타난 반을 말하시오.

5 다음 세 자료 A, B, C를 표준편차가 작은 것부터 차례로 나열하시오.

자료 A:	5,	5,	5,	5,	5
자료 B:	4,	4,	5,	6,	6
자료 C:	1,	3,	5,	7,	9

형광펜 들고 밑줄 쫙~

쌍둥이 01

1 다음 중 옳지 <u>않은</u> 것은?

① 대푯값에는 평균, 중앙값, 최빈값 등이 있다.
② (편차)=(평균)−(변량)이다.
③ 편차의 총합은 항상 0이다.
④ 분산은 편차의 제곱의 평균이다.
⑤ 표준편차는 분산의 음이 아닌 제곱근이다.

2 다음 보기 중 옳은 것을 모두 고르시오.

> **보기**
>
> ㄱ. 산포도는 자료의 변량이 흩어져 있는 정도를 나타낸 값이다.
> ㄴ. 분산은 대푯값 중 하나이다.
> ㄷ. 분산이 작을수록 표준편차는 크다.
> ㄹ. 표준편차를 제곱한 값은 분산이다.
> ㅁ. 표준편차가 클수록 자료는 고르게 분포되어 있다.

쌍둥이 02

3 다음 표는 학생 5명이 통학하는 데 걸리는 시간의 편차를 나타낸 것이다. 5명의 통학 시간의 평균이 15분일 때, 선희의 통학 시간을 구하시오.

학생	창규	선희	재원	은서	연서
편차(분)	−3		1	4	−10

4 (서술형) 다음 표는 어느 농구 경기에서 4개의 팀이 얻은 점수의 편차를 나타낸 것이다. 4개의 팀이 얻은 점수의 평균이 77점일 때, D팀이 얻은 점수를 구하시오.

팀	A	B	C	D
편차(점)	−3	−2	7	

풀이 과정

답

쌍둥이 03

5 다음 표는 학생 5명의 몸무게의 편차를 나타낸 것이다. 이 학생들의 몸무게의 표준편차를 구하시오.

학생	A	B	C	D	E
편차(kg)	−1	2	3	−2	

6 6개의 변량의 편차가 다음과 같을 때, x의 값과 표준편차를 차례로 구하시오.

$$2x, \quad 4, \quad -5, \quad 3, \quad -5, \quad x$$

쌍둥이 04

7 다음 자료는 학생 5명이 제기차기를 한 횟수를 조사하여 나타낸 것이다. 이 자료의 분산과 표준편차를 각각 구하시오.

(단위: 회)

| 12, 18, 16, 14, 20 |

8 오른쪽 줄기와 잎 그림은 예지와 친구들이 환경 보호 캠페인에 참여한 시간을 조사하여 나타낸 것이다. 캠페인에 참여한 시간의 평균, 분산, 표준편차를 각각 구하시오.

캠페인에 참여한 시간

(3 | 0은 30분)

줄기	잎
3	0 6
4	0 5
5	0 1

쌍둥이 05

9 4개의 변량 3, x, y, 1의 평균이 4이고 분산이 6.5일 때, x^2+y^2의 값은?

① 78 ② 80 ③ 82
④ 86 ⑤ 88

10 5개의 변량 6, 4, 7, x, y의 평균이 6이고 표준편차가 $\sqrt{2}$일 때, x^2+y^2의 값은?

① 86 ② 87 ③ 88
④ 89 ⑤ 90

쌍둥이 06

11 다음 표는 A, B, C, D, E 5개의 상자에 들어 있는 사과들의 무게의 평균과 표준편차를 나타낸 것이다. 이때 사과들의 무게가 가장 고른 상자는?
(단, 각 상자에 들어 있는 사과의 개수는 모두 같다.)

상자	A	B	C	D	E
평균(g)	265	270	272	280	287
표준편차(g)	1.8	1.2	2	2.2	5.1

① A 상자 ② B 상자 ③ C 상자
④ D 상자 ⑤ E 상자

12 아래 표는 A, B, C 세 반의 기말고사 성적의 평균과 표준편차를 나타낸 것이다. 다음 중 옳지 <u>않은</u> 것을 모두 고르면? (정답 2개)

반	A	B	C
평균(점)	67	67	70
표준편차(점)	10.2	5.3	7.8

① A반이 B반보다 성적이 좋다.
② C반의 성적이 가장 좋다.
③ C반의 성적이 A반의 성적보다 더 고르다.
④ B반의 성적이 가장 고르다.
⑤ C반이 A반보다 90점 이상의 고득점자가 많다.

단원  마무리

1 오른쪽 줄기와 잎 그림은 어느 반 학생 10명이 여름 방학 동안 독서한 시간을 조사하여 나타낸 것이다. 이 자료의 평균을 a시간, 중앙값을 b시간, 최빈값을 c시간이라고 할 때, a, b, c의 대소 관계로 옳은 것은?

① $a<b<c$ ② $a<c<b$
③ $b<a<c$ ④ $c<a<b$
⑤ $c<b<a$

독서 시간

(0|6은 6시간)

줄기	잎
0	6 9
1	2 4 4 7
2	0 5 7
3	6

▶ 대푯값 구하기

2 다음 자료는 건우가 6개월 동안 매달 도서관에 간 횟수를 조사하여 나타낸 것이다. 이 자료의 평균이 6회일 때, 중앙값을 구하시오.

(단위: 회)

12, 3, x, 9, 2, 6

▶ 대푯값이 주어질 때, 변량 구하기

서술형

3 다음 자료는 지우의 5회에 걸친 영어 시험 성적을 조사하여 나타낸 것이다. 이 자료의 평균과 최빈값이 서로 같다고 할 때, x의 값을 구하시오.

(단위: 점)

88, 74, 85, 93, x

풀이 과정

답

▶ 대푯값이 주어질 때, 변량 구하기

4 다음 자료는 학생 10명이 한 달 동안 운동한 시간을 조사하여 나타낸 것이다. 평균, 중앙값, 최빈값 중에서 이 자료의 대푯값으로 가장 적절한 것을 말하고, 그 값을 구하시오.

(단위: 시간)

20, 17, 26, 22, 24, 105, 27, 18, 29, 30

▶ 적절한 대푯값 찾기

5 다음 중 옳지 <u>않은</u> 것을 모두 고르면? (정답 2개)

① 산포도는 자료의 변량이 흩어져 있는 정도를 하나의 수로 나타낸 것이다.

② 변량이 평균보다 크면 그 편차는 음수이다.

③ 편차의 총합은 항상 0이다.

④ 편차의 제곱의 평균을 표준편차라고 한다.

⑤ 편차의 절댓값이 클수록 그 변량은 평균에서 멀리 떨어져 있다.

▶ 산포도의 이해

6 오른쪽 표는 학생 5명이 매긴 학교 앞 식당의 평점의 편차를 나타낸 것이다. 5명의 평점의 평균이 7.6점일 때, 다음 중 옳은 것은?

학생	A	B	C	D	E
편차(점)	1.4	-1.6	0.4	x	-2.6

① x의 값은 -2이다.

② 학생 D의 평점은 평균보다 낮다.

③ 학생 B의 평점은 9.2점이다.

④ 학생 A의 평점이 가장 높다.

⑤ 중앙값은 학생 C의 평점과 같다.

▶ 편차를 이용하여 변량 구하기

서술형

7 다음은 혜리네 가족 6명의 1분당 맥박 수의 편차를 나타낸 것이다. 맥박 수의 표준편차를 구하시오.

(단위: 회)

$$4, \quad -2, \quad 1, \quad 3, \quad -5, \quad x$$

풀이 과정

답

▶ 편차를 이용하여 표준편차 구하기

8 오른쪽 표는 두 학생 A, B의 5회에 걸친 사격 점수를 조사하여 나타낸 것이다. 다음 물음에 답하시오.

(단위: 점)

회	1	2	3	4	5
A	7	6	7	8	7
B	5	9	9	3	9

(1) 두 학생 A, B의 점수의 평균과 분산을 각각 구하시오.

(2) 두 학생 A, B 중에서 점수가 더 고른 학생을 말하시오.

▶ 산포도와 자료의 분포 상태

III
통계

6

상관관계

6. 상관관계

1 산점도와 상관관계

유형 1 산점도

(1) **산점도**: 두 변량 사이의 관계를 알기 위해 두 변량 x, y의 순서쌍 (x, y)를 좌표평면 위에 점으로 나타낸 그림
(2) **산점도의 분석**: 주어진 조건에 따라 다음과 같이 기준이 되는 보조선을 긋는다.

① 이상, 이하 ➡ 가로선 또는 세로선 긋기   ② 두 변량의 비교 ➡ 대각선 긋기

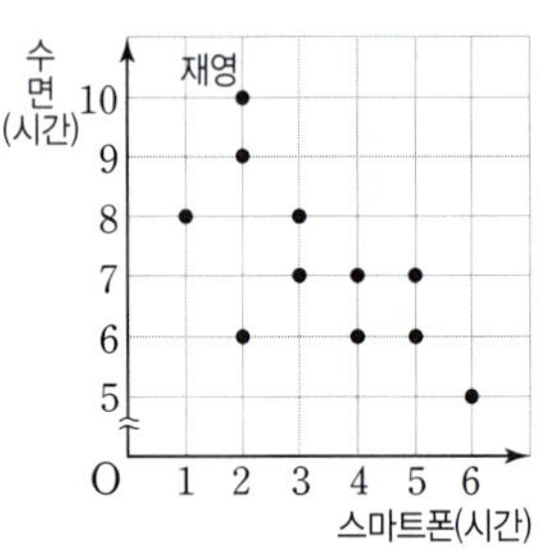

주의 이상 또는 이하는 기준선 위의 점을 포함하고(실선), 초과 또는 미만은 기준선 위의 점을 포함하지 않는다(점선).

---

1 오른쪽 그림은 재영이 네 반 학생 11명의 하루 동안의 스마트폰 사용 시간과 수면 시간에 대한 산점도이다. 다음 물음에 답하시오.

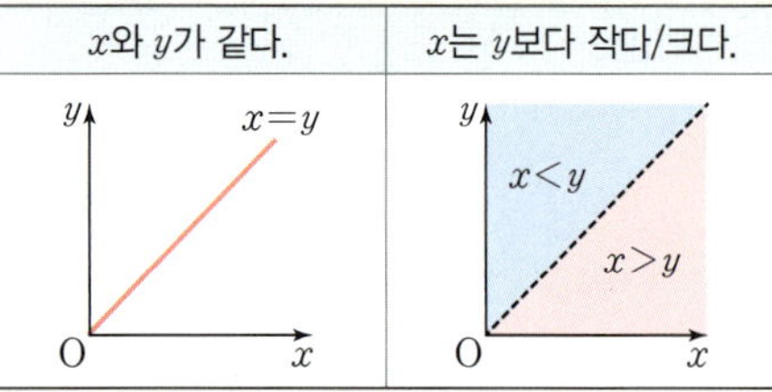

(1) 재영이의 스마트폰 사용 시간과 수면 시간을 각각 구하시오.

(2) 스마트폰 사용 시간이 가장 짧은 학생의 수면 시간을 구하시오.

(3) 수면 시간이 두 번째로 긴 학생의 스마트폰 사용 시간을 구하시오.

(4) 스마트폰 사용 시간이 5시간 이상인 학생 수를 구하시오.

(5) 수면 시간이 7시간 미만인 학생 수를 구하시오.

(6) 스마트폰 사용 시간이 3시간 이하이고 수면 시간이 8시간 이상인 학생 수를 구하시오.

2 오른쪽 그림은 어느 학급 학생 10명의 국어 성적과 수학 성적에 대한 산점도이다. 다음 물음에 답하시오.

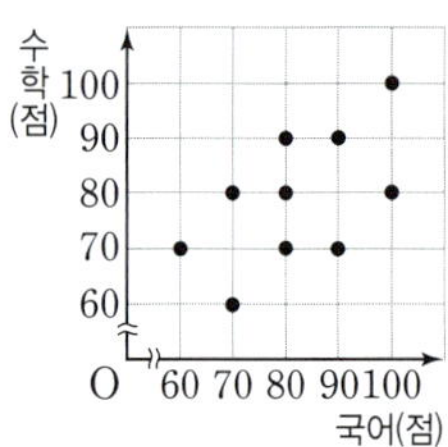

(1) 국어 성적과 수학 성적이 같은 학생 수를 구하시오.

(2) 국어 성적이 수학 성적보다 우수한 학생 수를 구하시오.

(3) 국어 성적과 수학 성적이 모두 90점 이상인 학생은 전체의 몇 %인지 구하시오.

3 오른쪽 그림은 양궁 선수 16명이 두 차례에 걸쳐 화살을 쏘아 얻은 점수에 대한 산점도이다. 다음 물음에 답하시오.

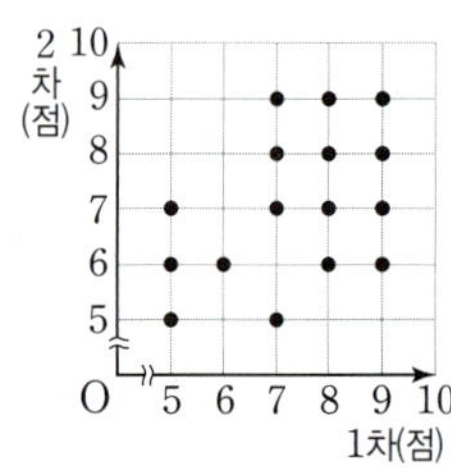

(1) 2차 점수가 1차 점수보다 높은 선수의 수를 구하시오.

(2) 1차 점수가 8점 이상인 선수의 비율을 기약분수로 나타내시오.

(3) 2차 점수가 8점인 선수들의 1차 점수의 평균을 구하시오.

유형 2 상관관계

두 변량 x, y에 대하여 x의 값이 변함에 따라 y의 값이 변하는 경향이 있을 때, 이 두 변량 x, y 사이의 관계를 **상관관계**라고 한다.

양의 상관관계		음의 상관관계		상관관계가 없다.	
x의 값이 증가함에 따라 y의 값도 대체로 증가하는 경향이 있는 관계		x의 값이 증가함에 따라 y의 값이 대체로 감소하는 경향이 있는 관계		x의 값이 증가함에 따라 y의 값이 증가하는지 감소하는지 분명하지 않은 관계	
〈강한 경우〉	〈약한 경우〉	〈강한 경우〉	〈약한 경우〉		

1 다음 조건을 만족시키는 산점도를 보기에서 모두 고르시오.

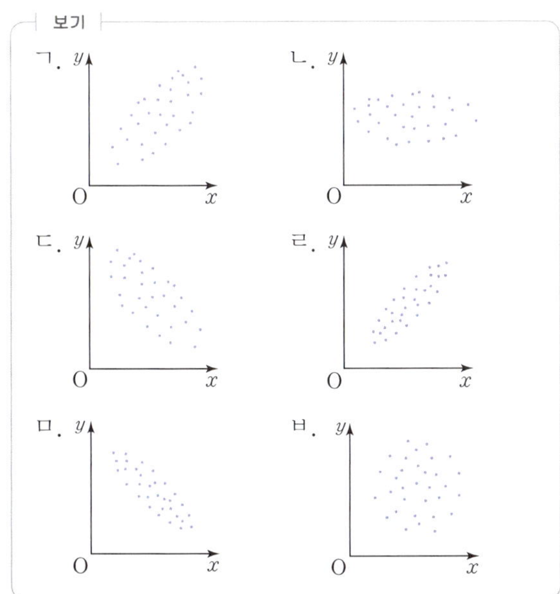

(1) 양의 상관관계가 있는 것 _________

(2) 음의 상관관계가 있는 것 _________

(3) 가장 강한 양의 상관관계가 있는 것 _________

(4) x의 값이 증가함에 따라 y의 값이 대체로 감소하는 경향이 가장 뚜렷한 것 _________

(5) 상관관계가 없는 것 _________

2 다음 두 변량 사이에 양의 상관관계가 있으면 '양', 음의 상관관계가 있으면 '음', 상관관계가 없으면 '없다'를 (   ) 안에 쓰시오.

(1) 도시의 인구수와 학교 수 (   )

(2) 출생한 달과 성적 (   )

(3) 해발고도와 기온 (   )

(4) 운동량과 심장 박동 수 (   )

(5) 물건의 가격과 그 물건의 판매량 (   )

3 오른쪽 그림은 어느 학교 학생들의 몸무게와 키에 대한 산점도이다. 다음 물음에 답하시오.

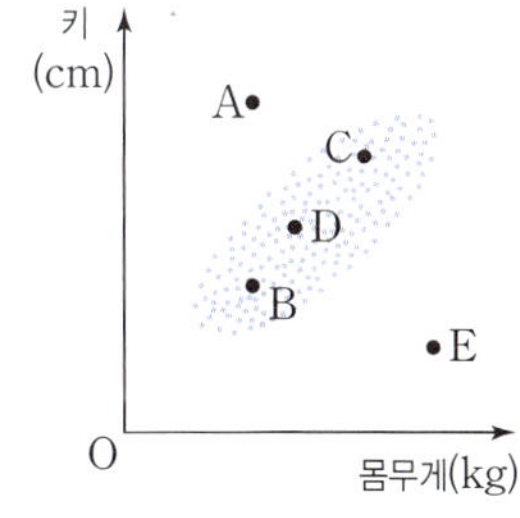

(1) 몸무게와 키 사이의 상관관계를 말하시오.

____

(2) A, B, C, D, E 5명의 학생 중에서 키에 비해 몸무게가 가장 많이 나가는 학생을 구하시오.

____

(3) A, B, C, D, E 5명의 학생 중에서 키에 비해 몸무게가 가장 적게 나가는 학생을 구하시오.

____

한 번 더 연습   유형 1~2

1 오른쪽 그림은 어느 반 학생 15명의 두 차례에 걸친 공던지기 기록에 대한 산점도이다. 다음 물음에 답하시오.

(1) 1차 점수와 2차 점수 사이의 상관관계를 말하시오.

(2) 1차 점수가 가장 낮은 학생의 2차 점수를 구하시오.

(3) 1차와 2차 점수에 변화가 없는 학생 수를 구하시오.

(4) 1차 점수보다 2차 점수가 높은 학생의 비율을 기약분수로 나타내시오.

(5) 1차와 2차 점수가 모두 8점 미만인 학생은 전체의 몇 %인지 구하시오.

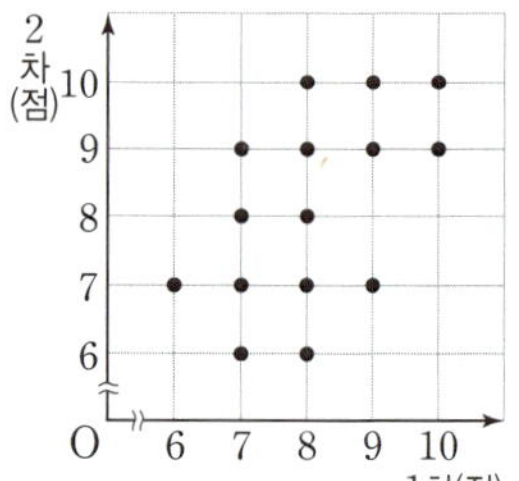

2 다음 두 변량 사이에 양의 상관관계가 있으면 '양', 음의 상관관계가 있으면 '음', 상관관계가 없으면 '없다'를 (   ) 안에 쓰시오.

(1) 겨울철 기온과 난방비 (   ) (2) 키와 지능 지수 (   )

(3) 여행객 수와 기념품 판매량 (   ) (4) 가방의 무게와 성적 (   )

(5) 인구수와 물 소비량 (   ) (6) 하루 중 낮의 길이와 밤의 길이 (   )

3 오른쪽 그림은 수연이네 반 학생 15명의 영어 읽기 성적과 듣기 성적에 대한 산점도이다. 다음 보기 중 옳지 <u>않은</u> 것을 고르시오.

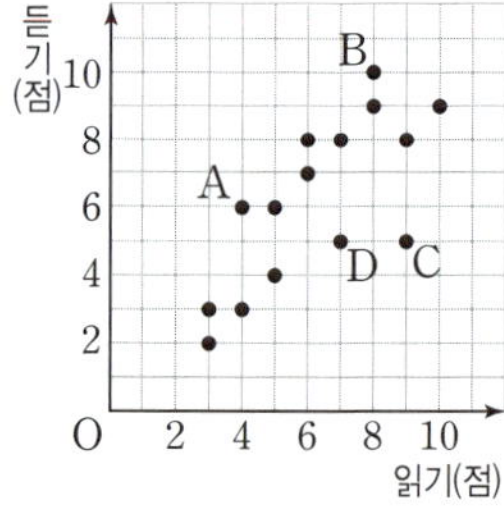

| 보기 |

ㄱ. A는 읽기 성적보다 듣기 성적이 더 높다.

ㄴ. B의 읽기 성적과 듣기 성적의 차는 2점이다.

ㄷ. C는 A보다 듣기 성적이 더 높다.

ㄹ. D보다 읽기 성적이 높은 학생은 5명이다.

ㅁ. 읽기 성적이 높은 학생이 듣기 성적도 대체로 높다.

4 오른쪽 그림은 어느 학급 학생들의 일주일 동안의 공부 시간과 학업 성적에 대한 산점도이다. 다음 물음에 답하시오.

(1) 공부 시간과 학업 성적 사이의 상관관계를 말하시오.

(2) A, B, C, D, E 5명의 학생 중에서 공부 시간에 비해 학업 성적이 가장 높은 학생을 구하시오.

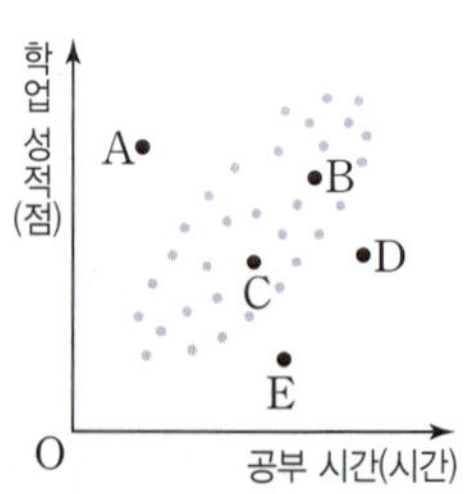

쌍둥이 기출문제

형광펜 들고 밑줄 좍~

쌍둥이 01

1 오른쪽 그림은 컴퓨터 자격 시험 응시자 10명의 필기 점수와 실기 점수에 대한 산점도이다. 다음 물음에 답하시오.

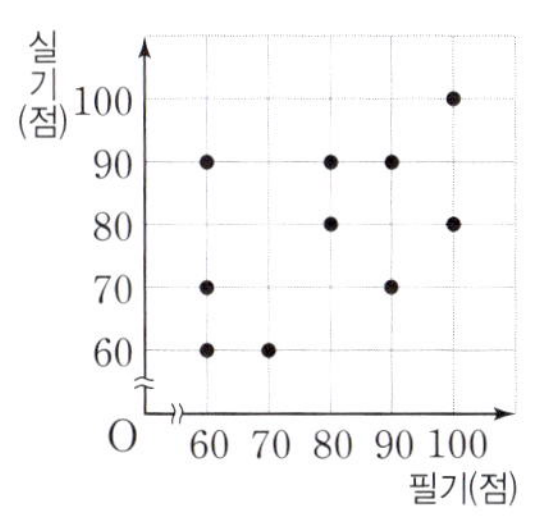

(1) 필기 점수가 80점 이상이고 실기 점수가 90점 이상인 학생 수를 구하시오.

(2) 필기 점수와 실기 점수가 같은 학생은 전체의 몇 %인지 구하시오.

2 오른쪽 그림은 어느 반 학생 15명의 사회 성적과 도덕 성적에 대한 산점도이다. 다음 물음에 답하시오.

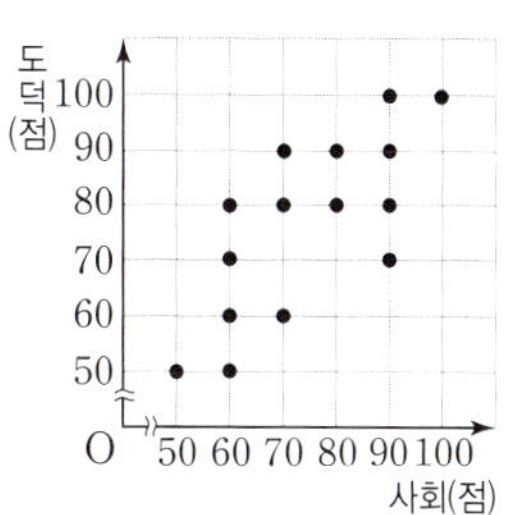

(1) 사회 성적이 도덕 성적보다 높은 학생 수를 구하시오.

(2) 도덕 성적이 70점 이하인 학생은 전체의 몇 %인지 구하시오.

쌍둥이 02

3 오른쪽 그림은 10일 동안의 일일 최고 기온과 그날 어느 마트에서 하루 동안 판매된 500 mL짜리 생수의 판매량에 대한 산점도이다. 다음 물음에 답하시오.

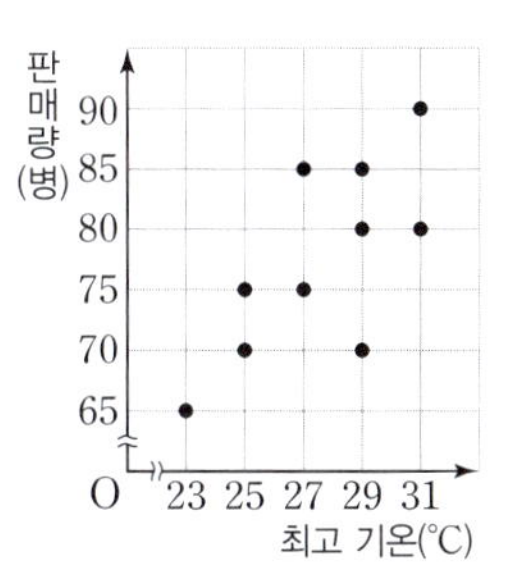

(1) 일일 최고 기온과 생수의 판매량 사이의 상관관계를 말하시오.

(2) 일일 최고 기온이 29℃ 미만인 날들의 생수의 판매량의 평균을 구하시오.

4 오른쪽 그림은 어느 공개 오디션 프로그램에서 본선 진출자 12명의 관객 점수와 심사위원 점수에 대한 산점도이다. 다음 물음에 답하시오.

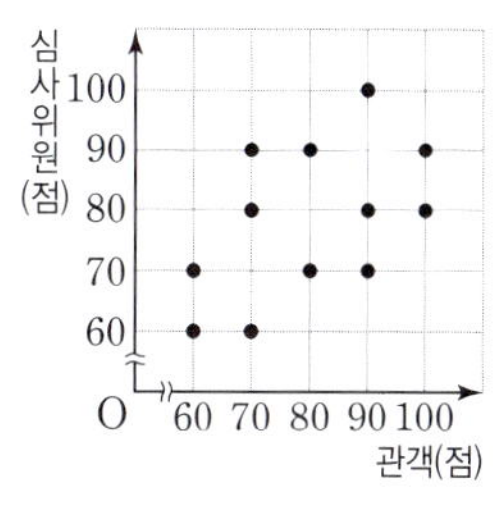

(1) 관객 점수와 심사위원 점수 사이의 상관관계를 말하시오.

(2) 심사위원 점수가 90점 이상인 참가자들의 관객 점수의 평균을 구하시오.

쌍둥이 기출문제

5 다음 중 두 변량 x, y에 대한 산점도를 그렸을 때, 대체로 오른쪽 그림과 같은 모양이 되는 것은?

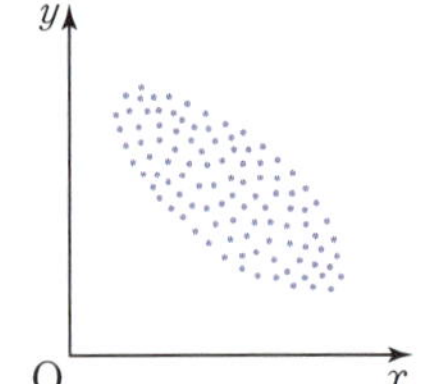

① x: 키, y: 몸무게
② x: 습도, y: 불쾌지수
③ x: 도시의 인구수, y: 교통량
④ x: 물건의 공급량, y: 가격
⑤ x: 출석 번호, y: 목소리 크기

6 오른쪽 그림은 어느 학교 학생들의 국어 성적과 영어 성적에 대한 산점도이다. 다음 중 두 변량에 대한 산점도를 그렸을 때, 대체로 이와 같은 모양이 되는 것은?

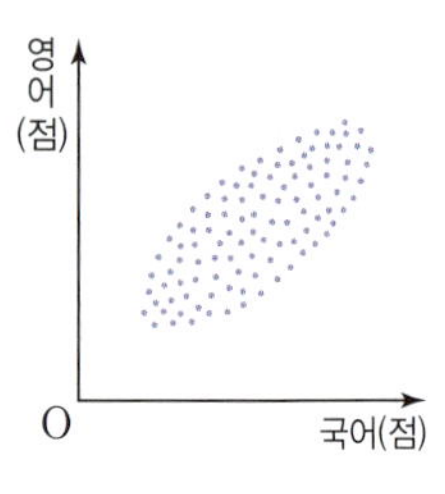

① 도로의 자동차 수와 평균 주행 속력
② 쌀의 생산량과 수입량
③ 눈의 크기와 수학 성적
④ 발의 길이와 턱걸이 횟수
⑤ 여름철 기온과 냉방비

7 오른쪽 그림은 어느 학급 학생들의 과학 성적과 수학 성적에 대한 산점도이다. 다음 중 옳지 않은 것은?

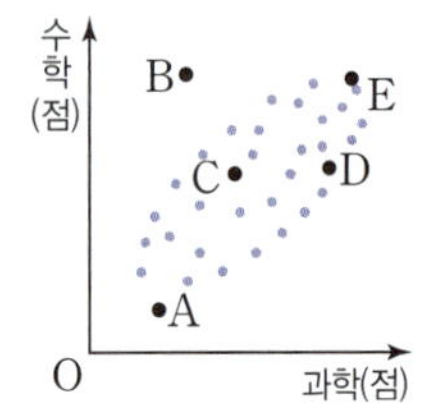

① 과학 성적과 수학 성적 사이에는 양의 상관관계가 있다.
② B는 수학 성적에 비해 과학 성적이 높은 편이다.
③ A는 과학 성적과 수학 성적이 모두 낮은 편이다.
④ E는 과학 성적과 수학 성적이 모두 높은 편이다.
⑤ D는 C보다 과학 성적이 높다.

8 오른쪽 그림은 학생 20명의 키와 앉은키에 대한 산점도이다. 다음 중 옳지 않은 것은?

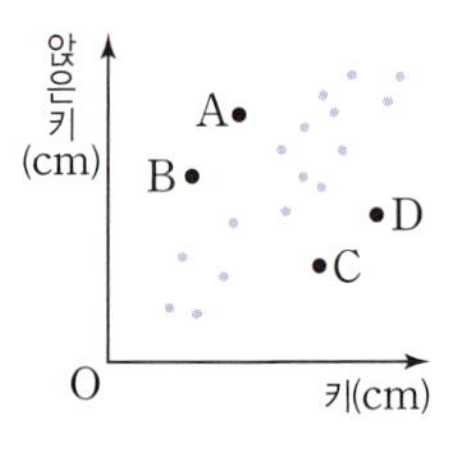

① 키가 큰 학생이 앉은키도 대체로 크다.
② 키와 앉은키 사이에는 양의 상관관계가 있다.
③ D는 키에 비해 앉은키가 작은 편이다.
④ A와 B는 키에 비해 앉은키가 큰 편이다.
⑤ C는 앉은키에 비해 키가 작은 편이다.

단원 마무리

● 정답과 해설 46쪽

서술형

1 오른쪽 그림은 학생 16명의 미술 수행평가 중 만들기 점수와 그리기 점수에 대한 산점도이다. 다음 물음에 답하시오.

(1) 만들기 점수와 그리기 점수가 같은 학생은 모두 몇 명인지 구하시오.

(2) 만들기 점수와 그리기 점수가 모두 8점 이상인 학생은 전체의 몇 %인지 구하시오.

(3) 그리기 점수가 7점인 학생들의 만들기 점수의 평균을 구하시오.

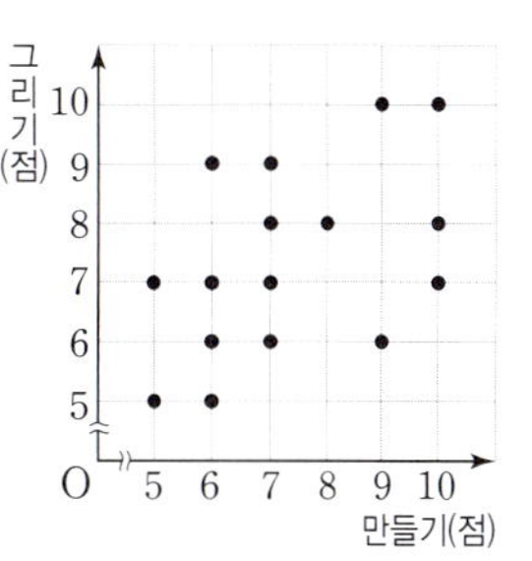

풀이 과정

(1)

(2)

(3)

답 (1)　　　　　　　(2)　　　　　　　(3)

2 다음 중 지면에서의 높이와 산소량 사이의 상관관계와 같은 상관관계가 있는 것은?

① 운동량과 칼로리 소모량
② 어느 연극의 관객 수와 입장료 총액
③ 부모의 나이와 그 자녀의 몸무게
④ 자동차의 이동 거리와 연료 사용량
⑤ 석유 생산량과 석유 가격

3  오른쪽 그림은 어느 학교 학생들의 용돈과 저축액에 대한 산점도이다. 다음 보기 중 옳은 것을 모두 고르시오.

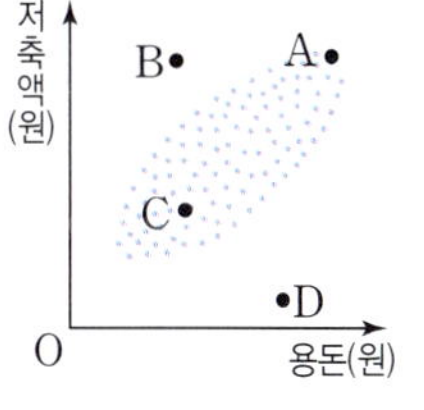

보기

ㄱ. A, B, C, D 4명의 학생 중에서 용돈이 가장 많은 학생은 B이다.

ㄴ. A, B, C, D 4명의 학생 중에서 저축액이 가장 적은 학생은 D이다.

ㄷ. A, B, C, D 4명의 학생 중에서 용돈에 비해 저축액이 가장 많은 학생은 D이다.

ㄹ. A는 C보다 용돈과 저축액이 모두 많다.

ㅁ. 용돈이 많은 학생은 저축액이 대체로 적다.

ㅂ. 용돈과 저축액 사이에는 음의 상관관계가 있다.

 **책 속의 가접 별책** (특허 제 0557442호)
'정답과 해설'은 본책에서 쉽게 분리할 수 있도록 제작되었으므로
유통 과정에서 분리될 수 있으나 파본이 아닌 정상 제품입니다.

기초탄탄 **LITE**

정답과 해설

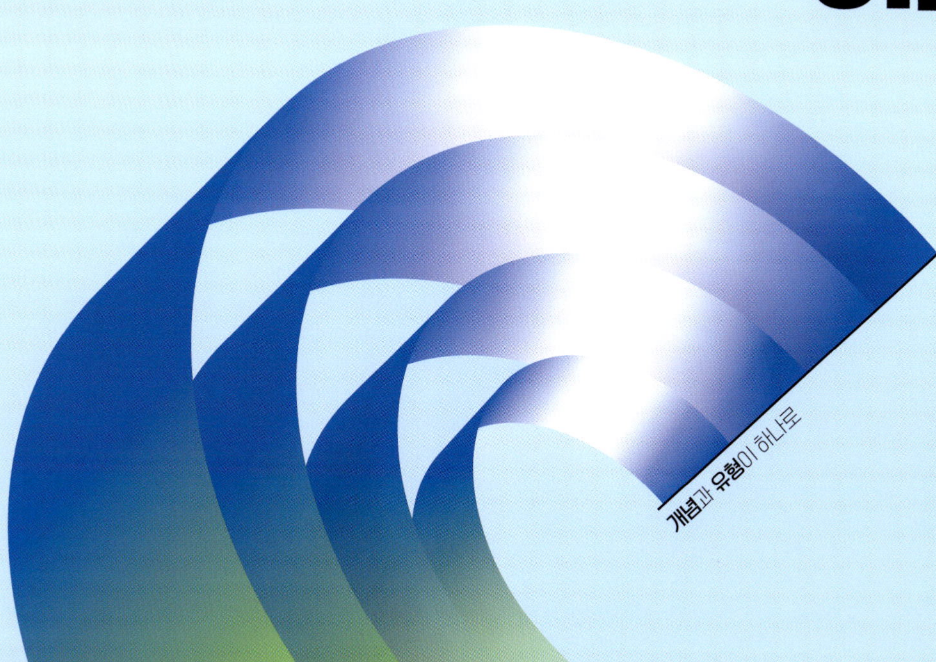

중학 수학

3·2

개념 ✛ 유형
PLUS

1 삼각비

1 삼각비의 뜻과 값

유형 1 P. 6~7

1 (1) $\dfrac{3}{5}$, $\dfrac{4}{5}$, $\dfrac{3}{4}$ (2) $\dfrac{2\sqrt{5}}{5}$, $\dfrac{\sqrt{5}}{5}$, 2 (3) $\dfrac{3}{5}$, $\dfrac{4}{5}$, $\dfrac{3}{4}$

(4) $\dfrac{\sqrt{5}}{3}$, $\dfrac{2}{3}$, $\dfrac{\sqrt{5}}{2}$ (5) $\dfrac{8}{17}$, $\dfrac{15}{17}$, $\dfrac{8}{15}$ (6) $\dfrac{4}{5}$, $\dfrac{3}{5}$, $\dfrac{4}{3}$

2 (1) $2\sqrt{5}$, $2\sqrt{11}$ (2) 4, $2\sqrt{5}$

3 (1) ① $\sqrt{7}$ ② $\dfrac{\sqrt{7}}{4}$ ③ $\dfrac{3\sqrt{7}}{7}$ (2) $\dfrac{4}{3}$ (3) $\dfrac{1}{2}$

(4) $\dfrac{5\sqrt{5}}{6}$ (5) 0 (6) $\dfrac{\sqrt{5}}{5}$

4 
(1) $\overline{\mathrm{BD}}$, $\overline{\mathrm{CD}}$
(2) $\overline{\mathrm{AB}}$, $\overline{\mathrm{BC}}$
(3) $\overline{\mathrm{BC}}$, $\overline{\mathrm{AD}}$, $\overline{\mathrm{CD}}$

5 (1) $\angle\mathrm{BCA}$ (2) $\angle\mathrm{ABC}$

(3) $\dfrac{5}{13}$, $\dfrac{12}{13}$, $\dfrac{5}{12}$ (4) $\dfrac{12}{13}$, $\dfrac{5}{13}$, $\dfrac{12}{5}$

6 (1) $\angle\mathrm{BCA}$ (2) $\dfrac{4}{5}$, $\dfrac{3}{5}$, $\dfrac{4}{3}$

유형 2 P. 8~10

1 (1) 1 (2) $\dfrac{\sqrt{3}-\sqrt{2}}{2}$ (3) 1 (4) $\dfrac{3}{2}$

(5) 1 (6) 1 (7) $\sqrt{3}+1$ (8) 0

2 (1) 0 (2) $\dfrac{3}{2}$ (3) -1 (4) $\dfrac{1}{2}$

(5) $\dfrac{5}{4}$ (6) $\sqrt{3}+3$ (7) 2 (8) $\dfrac{1}{2}$

3 (1) $x=3\sqrt{2}$, $y=3\sqrt{2}$ (2) $x=6\sqrt{3}$, $y=6$

(3) $x=12$, $y=8\sqrt{3}$

4 (1) $x=4$, $y=4\sqrt{3}$ (2) $x=3\sqrt{3}$, $y=9$

(3) $x=6$, $y=6$ (4) $x=6$, $y=3\sqrt{3}$

(5) $x=\sqrt{2}$, $y=\dfrac{\sqrt{6}}{3}$ (6) $x=2$, $y=\dfrac{2\sqrt{3}}{3}$

5 (1) $4\,\mathrm{cm}$ (2) $4\sqrt{3}\,\mathrm{cm}$ (3) $(4\sqrt{3}-4)\,\mathrm{cm}$

6 2 **7** (1) $\sqrt{3}$ (2) $y=\sqrt{3}x+3$

8 (1) 1 (2) $y=x+2$

쌍둥이 기출문제 P. 11~12

1 ⑤ **2** ⑤ **3** $5\sqrt{5}\,\mathrm{cm}$ **4** $4\sqrt{5}\,\mathrm{cm}^2$

5 ⑤ **6** ② **7** $\dfrac{1}{5}$ **8** $\dfrac{27}{20}$ **9** ②, ⑤

10 1 **11** ⑤ **12** $\sqrt{6}$ **13** $y=x+5$

14 $\dfrac{4\sqrt{3}}{3}$

유형 3 P. 13

1 (1) $\cos x$, $\sin y$ (2) $\sin x$, $\cos y$ (3) $\tan x$

2 ⑤ **3** (1) 0.77 (2) 0.64 (3) 1.19 (4) 0.64 (5) 0.77

유형 4 P. 14

1 $\cos 0°$, $\tan 45°$, $\sin 90°$

2 (1) 2 (2) 0 (3) $\dfrac{\sqrt{2}}{2}$ (4) $\dfrac{3}{2}$

3 (1) $<$ (2) $>$ (3) $<$ (4) $<$ (5) $<$ (6) $>$

4 $\tan 45°$, $\cos 30°$, $\sin 45°$, $\cos 60°$, $\tan 0°$

유형 5 P. 15

1 (1) 0.7431 (2) 0.6293 (3) 1.2799

(4) 0.7547 (5) 0.6018 (6) 1.1918

2 (1) $50°$ (2) $52°$ (3) $49°$

3 (1) 1.2483 (2) 0.5296 (3) 0.1138 (4) 0.9801

4 (1) $48°$ (2) $2°$

쌍둥이 기출문제 P. 16~17

1 (1) $\overline{\mathrm{AB}}$ (2) $\overline{\mathrm{BC}}$ (3) $\overline{\mathrm{DE}}$ **2** ④ **3** ④

4 ⑤ **5** ④ **6** ② **7** ④ **8** ③

9 ④ **10** ③ **11** 13.524

12 (1) 2.4385 (2) 6.81

단원 마무리 · P. 18∼19

1 ⑤ **2** $\dfrac{1}{3}$ **3** $4\sqrt{13}$ **4** ③

5 $\dfrac{2\sqrt{5}}{9}$ **6** $6\sqrt{2}$

7 (1) $\sin a$ (2) $\cos a$ (3) $\dfrac{1}{\tan a}$ **8** ②, ④

9 13.289

---

2 삼각비의 활용

1 길이 구하기

유형 1 · P. 22

1 (1) 12, $12\cos 36°$ (2) $\dfrac{8}{\cos 42°}$, $8\tan 42°$

(3) $\dfrac{6}{\sin 25°}$, $\dfrac{6}{\tan 25°}$

2 (1) $x=6.4$, $y=7.7$ (2) $x=31.1$, $y=23.8$

3 $\overline{\text{AC}}$, $\overline{\text{AC}}$, 5, 5, 11.8

유형 2 · P. 23

1 60, $4\sqrt{3}$, 60, 4, 11, 11, 13

2 (1) $\sqrt{7}$ (2) $\sqrt{21}$

3 45, $6\sqrt{2}$, 60, 60, $4\sqrt{6}$

4 (1) $6\sqrt{2}$ (2) $3\sqrt{2}$

유형 3 · P. 24

1 60, $\dfrac{\sqrt{3}}{3}$, 45, $\dfrac{\sqrt{3}+3}{3}$, $20(3-\sqrt{3})$

2 (1) $5(\sqrt{3}-1)$ (2) $15(3-\sqrt{3})$

3 30, $\sqrt{3}$, 60, $\dfrac{\sqrt{3}}{3}$, $\dfrac{2\sqrt{3}}{3}$, $5\sqrt{3}$

4 (1) $30(\sqrt{3}+1)$ (2) $10(3+\sqrt{3})$

쌍둥이 기출문제 · P. 25∼26

1 ① **2** ② **3** 5.26 m **4** 5.2 m

5 $\sqrt{34}$ cm **6** $3\sqrt{21}$ m **7** ⑤ **8** $40\sqrt{6}$ m

9 $3(\sqrt{3}-1)$ **10** ② **11** $6(3+\sqrt{3})$

12 $2(\sqrt{3}+1)$ m

2 넓이 구하기

유형 4 · P. 27

1 (1) $6\sqrt{2}$ (2) $3\sqrt{3}$ (3) $6\sqrt{6}$ (4) $\dfrac{35\sqrt{3}}{2}$ (5) 12 (6) 8

2 (1) 14 (2) 150° **3** (1) 7 (2) $\dfrac{23\sqrt{3}}{4}$

유형 5 · P. 28

1 (1) $12\sqrt{3}$ (2) $24\sqrt{2}$ (3) $24\sqrt{3}$

2 (1) $18\sqrt{3}$ (2) $5\sqrt{2}$ (3) 16

3 (1) 45° (2) $4\sqrt{2}$

쌍둥이 기출문제 · P. 29

1 $10\sqrt{3}$ **2** $24\sqrt{2}$ cm² **3** $25\sqrt{3}$ cm²

4 (1) $4\sqrt{3}$ cm (2) $14\sqrt{3}$ cm² **5** 24 cm²

6 $6\sqrt{2}$ **7** $52\sqrt{2}$ **8** 60°

단원 마무리 · P. 30∼31

1 ①, ④ **2** 2.882 m **3** $2\sqrt{7}$ **4** ⑤

5 $50\sqrt{3}$ m **6** ④ **7** $8\sqrt{3}+6\sqrt{6}$

8 $18\sqrt{3}$ cm²

1 원의 현

유형 **1**   P. 34

1 (1) 5   (2) 6   (3) 14
2 (1) $\sqrt{13}$ (2) 9   (3) $4\sqrt{3}$ (4) 2
3 (1) 8   (2) 5   (3) 3

한 걸음 더 연습   P. 35

1 (1) $8\sqrt{3}$ (2) $10\sqrt{3}$
2 $\overline{\text{CM}}$, $r-8$, 16, 13, 13
3 (1) 10   (2) 6
4 (1) $4\sqrt{10}$ (2) 5

유형 **2**   P. 36

1 (1) 5   (2) 2   (3) 6   (4) 4
2 (1) 12   (2) $5\sqrt{2}$ (3) 2
3 (1) $60°$ (2) $65°$ (3) $42°$

쌍둥이 기출문제   P. 37~39

1 ③   **2** ③   **3** 5   **4** $\dfrac{17}{3}$
5 $\dfrac{13}{2}$ **6** ⑤   **7** ②   **8** $6\sqrt{3}$
9 $4\sqrt{2}$ **10** ②   **11** ④   **12** $2\sqrt{2}$
13 7 cm   **14** ④   **15** ④   **16** $44°$
17 8   **18** 18

2 원의 접선

유형 **3**   P. 40~41

1 (1) $30°$ (2) $140°$ **2** (1) $3\sqrt{5}$ (2) 3   (3) 4
3 (1) 8   (2) 13
4 (1) $x=12$, $y=12$ (2) $x=15$, $y=17$
5 (1) 67   (2) 19   (3) 4   **6** (1) 5   (2) 9   (3) 3
7 2, 6, 2, 8, 10, 10, 6, 8, 8   **8** $6\sqrt{5}$

쌍둥이 기출문제   P. 42~43

1 24π cm^2 **2** ②   **3** 9 cm   **4** $4\sqrt{3}$ cm^2
5 7   **6** ②   **7** 48   **8** $2\sqrt{13}$
9 9 cm   **10** 4 cm   **11** $2\sqrt{21}$ **12** ⑤

유형 **4**   P. 44

1 (1) 3   (2) 4   (3) 7
2 $10-x$, $12-x$, $10-x$, $12-x$, 7
3 (1) 5   (2) 6   **4** (1) 2 cm   (2) 2 cm

유형 **5**   P. 45~46

1 (1) ×   (2) ○   (3) ×   (4) ×   (5) ○   (6) ×
2 (1) $x=13$ (2) $x=3$ (3) $x=4$, $y=5$ (4) $x=3$, $y=9$
3 2   **4** (1) 7   (2) 6
5 (1) 3, 3   (2) 3, 4, 3   **6** (1) 10   (2) 30

쌍둥이 기출문제   P. 47~48

1 ④   **2** 6   **3** 6   **4** 2
5 1   **6** ③   **7** ②   **8** 28
9 5 cm   **10** 4 cm   **11** 18 cm   **12** 12 cm

단원 마무리   P. 49~51

1 ⑤   **2** $\dfrac{29}{4}$ cm   **3** $\dfrac{29}{3}$ m   **4** ⑤
5 $7\sqrt{2}$ cm   **6** $4\sqrt{3}$ cm^2
7 (1) $120°$ (2) 3 cm   (3) 3π cm^2 **8** ①
9 38 cm   **10** 5   **11** 11 cm   **12** 12 cm

1 원주각

유형 1 P. 54

1 (1) $65°$ (2) $140°$ (3) $27°$ (4) $70°$
2 (1) $70°$ (2) $260°$ (3) $160°$ (4) $126°$
3 (1) $\angle x=35°,\ \angle y=35°$ (2) $\angle x=40°,\ \angle y=60°$
4 (1) $60°$ (2) $50°$ (3) $71°$

유형 2 P. 55

1 (1) $\angle x=56°,\ \angle y=32°$ (2) $\angle x=40°,\ \angle y=90°$
 (3) $\angle x=20°,\ \angle y=50°$ (4) $\angle x=32°,\ \angle y=64°$
 (5) $\angle x=30°,\ \angle y=50°$ (6) $\angle x=60°,\ \angle y=120°$
2 (1) $90,\ 50°$ (2) $45°$ (3) $56°$ (4) $30°$ (5) $45°$ (6) $75°$

유형 3 P. 56

1 (1) 7 (2) 40 (3) 72 (4) 12 (5) 45 (6) 42
2 (1) 20 (2) 2π
3 (1) $\angle x=180°\times\dfrac{2}{5}=72°$

$\angle y=180°\times\dfrac{2}{5}=72°$

$\angle z=180°\times\dfrac{1}{5}=36°$

 (2) $\angle x=90°,\ \angle y=60°,\ \angle z=30°$

쌍둥이 기출문제 P. 57~59

1 $50°$ **2** ① **3** ③ **4** $60°$ **5** ①
6 ② **7** ② **8** $44°$ **9** ① **10** $96°$
11 (1) $90°$ (2) $27°$ (3) $54°$ **12** $71°$
13 (1) $36°$ (2) $7\pi\,\mathrm{cm}$ **14** $3\pi\,\mathrm{cm}$ **15** $72°$ **16** ⑤
17 $50°$ **18** $45°$

2 원주각의 여러 성질

유형 4 P. 60

1 (1) ○ (2) × (3) ○ (4) × (5) × (6) ○
2 (1) $35°$ (2) $98°$ (3) $110°$ (4) $90°$ (5) $80°$ (6) $60°$

유형 5 P. 61

1 (1) $\angle x=130°,\ \angle y=75°$ (2) $\angle x=100°,\ \angle y=108°$
 (3) $\angle x=70°,\ \angle y=110°$ (4) $\angle x=60°,\ \angle y=120°$
 (5) $\angle x=70°,\ \angle y=140°$ (6) $\angle x=100°,\ \angle y=80°$
2 (1) $107°$ (2) $35°$ (3) $78°$ (4) $200°$

한 걸음 더 연습 P. 62

1 (1) $\angle CDQ$ (2) $\angle x+22°$ (3) $70°$
2 (1) $62°$ (2) $59°$
3 (1) $80,\ 40,\ 40,\ 75,\ 75,\ 105$ (2) $38°$
4 (1) ① $94°$ ② $86°$ (2) $103°$

유형 6 P. 63

1 (1) × (2) ○ (3) × (4) × (5) ○ (6) ○
2 (1) $\angle x=76°,\ \angle y=94°$ (2) $\angle x=70°,\ \angle y=100°$
 (3) $\angle x=30°,\ \angle y=40°$
3 ①, ②, ④

쌍둥이 기출문제 P. 64~66

1 $35°$ **2** $40°$ **3** ④ **4** ③ **5** $85°$
6 $40°$ **7** $\angle x=36°,\ \angle y=87°$ **8** $49°$
9 $105°$ **10** $75°$ **11** $110°$ **12** $88°$ **13** $62°$
14 ① **15** $75°$ **16** ① **17** ①, ③ **18** ④

3 원의 접선과 현이 이루는 각

유형 7
P. 67~68

1 (1) 60° (2) 130° (3) 80° (4) 20° (5) 70° (6) 65°
2 (1) $\angle x=50°$, $\angle y=100°$ (2) $\angle x=60°$, $\angle y=60°$
3 (1) $\angle x=45°$, $\angle y=55°$ (2) $\angle x=41°$, $\angle y=83°$
4 90, 72, 90, 72, 18, 18, 54
5 (1) $\angle x=35°$, $\angle y=20°$ (2) $\angle x=25°$, $\angle y=40°$
   (3) $\angle x=60°$, $\angle y=30°$ (4) $\angle x=115°$, $\angle y=40°$

유형 8
P. 69

1 (1) 55° (2) 60° (3) 65°
2 (1) 70° (2) 65° (3) 45°
3 (1) 60° (2) 65° (3) 70° (4) 55°

쌍둥이 기출문제
P. 70~71

1 ③   2 108°   3 90°   4 66°   5 30°
6 ①   7 40°   8 30°   9 ④   10 30°
11 ②   12 60°

단원 마무리
P. 72~73

1 36°   2 ④   3 ⑤   4 90°
5 $5\sqrt{3}\,\text{cm}^2$ 6 200°   7 85°   8 26°

5 대푯값과 산포도

1 대푯값

유형 1
P. 76

1 (1) 4 (2) 11   2 30회   3 18초
4 7.5시간   5 (1) 10 (2) 14 (3) 32
6 5

유형 2
P. 77~78

1 (1) 7 (2) 5 (3) 17 (4) 15.5
2 (1) 8 (2) 240 (3) 9, 11 (4) 배
3 O형
4 중앙값: 3회, 최빈값: 3회
5 중앙값: 19.5점, 최빈값: 22점
6 (1) 11 (2) 15 (3) 7 (4) 12
7 (1) 4 (2) 3시간 (3) 4시간
8 36세
9 최빈값, 90호
10 (1) 64 mm (2) 36 mm (3) 중앙값

쌍둥이 기출문제
P. 79~80

1 ①   2 16   3 ②
4 중앙값: 9 Brix, 최빈값: 7 Brix
5 11   6 (1) 250 (2) 250   7 3
8 ④   9 중앙값   10 ㄷ

2 산포도

유형 3
P. 81

1 (1) -1, 2, 3, -4, 0 (2) 3, 7, -4, 0, -1, -5
2 (1) 8시간 (2) 0시간, 2시간, 1시간, -2시간, -1시간
3 ①   4 3
5 (1) 20 (2) 180 g   6 (1) 4 (2) 16개

1 (1) 2   (2) $2\sqrt{2}$분

2 (1) ❶ 13

❷

편차	-5	3	-3	9	-4
(편차)^2	25	9	9	81	16

❸ 140   ❹ 28   ❺ $2\sqrt{7}$

(2) ❶ 19

❷

편차	1	4	2	-2	-5
(편차)^2	1	16	4	4	25

❸ 50   ❹ 10   ❺ $\sqrt{10}$

3 $\dfrac{4\sqrt{7}}{7}$점   **4** $\dfrac{8\sqrt{7}}{7}$켤레   **5** (1) 6   (2) 20

---

1 ㄷ   **2** 은지

3 (1) 선수 A의 평균: 17점, 선수 B의 평균: 17점

(2) 선수 A의 분산: $\dfrac{526}{5}$, 선수 B의 분산: 8

(3) 선수 B

4 (1) 1반의 분산: $\dfrac{5}{9}$, 2반의 분산: $\dfrac{8}{9}$ (2) 1반

5 A, B, C

쌍둥이 **기출문제**   P. 84~85

1 ②   **2** ㄱ, ㄹ   **3** 23분

4 75점   **5** $\dfrac{\sqrt{110}}{5}$ kg   **6** 1, $\dfrac{2\sqrt{30}}{3}$

7 분산: 8, 표준편차: $2\sqrt{2}$회

8 평균: 42분, 분산: $\dfrac{169}{3}$, 표준편차: $\dfrac{13\sqrt{3}}{3}$분

9 ②   **10** ④   **11** ②

12 ①, ⑤

단원 **마무리**   P. 86~87

1 ⑤   **2** 5회   **3** 85   **4** 중앙값, 25시간

5 ②, ④   **6** ⑤   **7** $\dfrac{2\sqrt{21}}{3}$회

8 (1) 학생 A의 평균: 7점, 학생 A의 분산: $\dfrac{2}{5}$,

학생 B의 평균: 7점, 학생 B의 분산: $\dfrac{32}{5}$

(2) 학생 A

---

6 상관관계

1 산점도와 상관관계

1 (1) 스마트폰: 2시간, 수면: 10시간   (2) 8시간   (3) 2시간

(4) 3명   (5) 4명   (6) 4명

2 (1) 3명   (2) 4명   (3) 20%

3 (1) 5명   (2) $\dfrac{1}{2}$ (3) 8점

---

1 (1) ㄱ, ㄹ   (2) ㄷ, ㅁ   (3) ㄹ   (4) ㅁ   (5) ㄴ, ㅂ

2 (1) 양   (2) 없다   (3) 음   (4) 양   (5) 음

3 (1) 양의 상관관계   (2) E   (3) A

한 번 **더 연습**   P. 92

1 (1) 양의 상관관계   (2) 7점   (3) 4명   (4) $\dfrac{2}{5}$ (5) 20%

2 (1) 음   (2) 없다   (3) 양   (4) 없다   (5) 양   (6) 음

3 ㄷ

4 (1) 양의 상관관계   (2) A

쌍둥이 **기출문제**   P. 93~94

1 (1) 3명   (2) 40%   **2** (1) 4명   (2) 40%

3 (1) 양의 상관관계   (2) 74병

4 (1) 양의 상관관계   (2) 85점

5 ④   **6** ⑤   **7** ②   **8** ⑤

단원 **마무리**   P. 95

1 (1) 5명   (2) 25%   (3) 7점

2 ⑤   **3** ㄴ, ㄹ

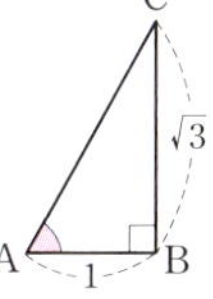

1 삼각비의 뜻과 값

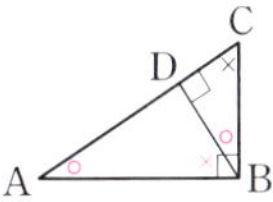

P. 6~7

1 (1) $\dfrac{3}{5}$, $\dfrac{4}{5}$, $\dfrac{3}{4}$ (2) $\dfrac{2\sqrt{5}}{5}$, $\dfrac{\sqrt{5}}{5}$, 2 (3) $\dfrac{3}{5}$, $\dfrac{4}{5}$, $\dfrac{3}{4}$

 (4) $\dfrac{\sqrt{5}}{3}$, $\dfrac{2}{3}$, $\dfrac{\sqrt{5}}{2}$ (5) $\dfrac{8}{17}$, $\dfrac{15}{17}$, $\dfrac{8}{15}$ (6) $\dfrac{4}{5}$, $\dfrac{3}{5}$, $\dfrac{4}{3}$

2 (1) $2\sqrt{5}$, $2\sqrt{11}$ (2) 4, $2\sqrt{5}$

3 (1) ① $\sqrt{7}$ ② $\dfrac{\sqrt{7}}{4}$ ③ $\dfrac{3\sqrt{7}}{7}$ (2) $\dfrac{4}{3}$ (3) $\dfrac{1}{2}$

 (4) $\dfrac{5\sqrt{5}}{6}$ (5) 0 (6) $\dfrac{\sqrt{5}}{5}$

4 (1) $\overline{\mathrm{BD}}$, $\overline{\mathrm{CD}}$

  (2) $\overline{\mathrm{AB}}$, $\overline{\mathrm{BC}}$

  (3) $\overline{\mathrm{BC}}$, $\overline{\mathrm{AD}}$, $\overline{\mathrm{CD}}$

5 (1) $\angle \mathrm{BCA}$ (2) $\angle \mathrm{ABC}$

 (3) $\dfrac{5}{13}$, $\dfrac{12}{13}$, $\dfrac{5}{12}$ (4) $\dfrac{12}{13}$, $\dfrac{5}{13}$, $\dfrac{12}{5}$

6 (1) $\angle \mathrm{BCA}$ (2) $\dfrac{4}{5}$, $\dfrac{3}{5}$, $\dfrac{4}{3}$

---

1 (3) $\overline{\mathrm{BC}}=\sqrt{5^2-4^2}=3$이므로

$\sin A=\dfrac{\overline{\mathrm{BC}}}{\overline{\mathrm{AC}}}=\dfrac{3}{5}$, $\cos A=\dfrac{\overline{\mathrm{AB}}}{\overline{\mathrm{AC}}}=\dfrac{4}{5}$,

$\tan A=\dfrac{\overline{\mathrm{BC}}}{\overline{\mathrm{AB}}}=\dfrac{3}{4}$

(4) $\overline{\mathrm{AB}}=\sqrt{3^2-2^2}=\sqrt{5}$이므로

$\sin C=\dfrac{\overline{\mathrm{AB}}}{\overline{\mathrm{AC}}}=\dfrac{\sqrt{5}}{3}$, $\cos C=\dfrac{\overline{\mathrm{BC}}}{\overline{\mathrm{AC}}}=\dfrac{2}{3}$,

$\tan C=\dfrac{\overline{\mathrm{AB}}}{\overline{\mathrm{BC}}}=\dfrac{\sqrt{5}}{2}$

(5) $\overline{\mathrm{AC}}=\sqrt{15^2+8^2}=17$이므로

$\sin A=\dfrac{\overline{\mathrm{BC}}}{\overline{\mathrm{AC}}}=\dfrac{8}{17}$, $\cos A=\dfrac{\overline{\mathrm{AB}}}{\overline{\mathrm{AC}}}=\dfrac{15}{17}$,

$\tan A=\dfrac{\overline{\mathrm{BC}}}{\overline{\mathrm{AB}}}=\dfrac{8}{15}$

(6) $\overline{\mathrm{BC}}=\sqrt{12^2+9^2}=15$이므로

$\sin C=\dfrac{\overline{\mathrm{AB}}}{\overline{\mathrm{BC}}}=\dfrac{12}{15}=\dfrac{4}{5}$, $\cos C=\dfrac{\overline{\mathrm{AC}}}{\overline{\mathrm{BC}}}=\dfrac{9}{15}=\dfrac{3}{5}$,

$\tan C=\dfrac{\overline{\mathrm{AB}}}{\overline{\mathrm{AC}}}=\dfrac{12}{9}=\dfrac{4}{3}$

2 (1) $\sin A=\dfrac{\overline{\mathrm{BC}}}{8}=\dfrac{\sqrt{5}}{4}$이므로 $\overline{\mathrm{BC}}=2\sqrt{5}$

$\therefore \overline{\mathrm{AB}}=\sqrt{8^2-(2\sqrt{5})^2}=2\sqrt{11}$

(2) $\tan A=\dfrac{2}{\overline{\mathrm{AB}}}=\dfrac{1}{2}$이므로 $\overline{\mathrm{AB}}=4$

$\therefore \overline{\mathrm{AC}}=\sqrt{4^2+2^2}=2\sqrt{5}$

---

3 (2)~(6) 조건을 만족시키는 직각삼각형을 그려 본다.

(2) 오른쪽 그림에서

$\overline{\mathrm{BC}}=\sqrt{5^2-3^2}=4$이므로

$\tan A=\dfrac{4}{3}$

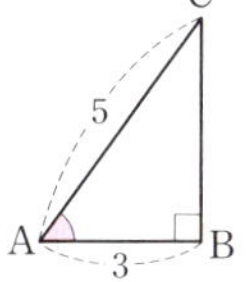

(3) 오른쪽 그림에서

$\overline{\mathrm{AC}}=\sqrt{1^2+(\sqrt{3})^2}=2$이므로

$\cos A=\dfrac{1}{2}$

(4) 오른쪽 그림에서

$\overline{\mathrm{BC}}=\sqrt{3^2-2^2}=\sqrt{5}$이므로

$\sin A=\dfrac{\sqrt{5}}{3}$,

$\tan A=\dfrac{\sqrt{5}}{2}$

$\therefore \sin A+\tan A=\dfrac{\sqrt{5}}{3}+\dfrac{\sqrt{5}}{2}=\dfrac{5\sqrt{5}}{6}$

(5) 오른쪽 그림에서

$\overline{\mathrm{AC}}=\sqrt{1^2+1^2}=\sqrt{2}$이므로

$\cos A=\dfrac{1}{\sqrt{2}}=\dfrac{\sqrt{2}}{2}$,

$\sin A=\dfrac{1}{\sqrt{2}}=\dfrac{\sqrt{2}}{2}$

$\therefore \cos A-\sin A=\dfrac{\sqrt{2}}{2}-\dfrac{\sqrt{2}}{2}=0$

(6) 오른쪽 그림에서

$\overline{\mathrm{AB}}=\sqrt{5^2-(\sqrt{5})^2}=2\sqrt{5}$

이므로

$\cos A=\dfrac{2\sqrt{5}}{5}$,

$\tan A=\dfrac{\sqrt{5}}{2\sqrt{5}}=\dfrac{1}{2}$

$\therefore \cos A\times \tan A=\dfrac{2\sqrt{5}}{5}\times\dfrac{1}{2}=\dfrac{\sqrt{5}}{5}$

5 (1) $\triangle \mathrm{ABC} \backsim \triangle \mathrm{DBA}$ (AA 닮음)이므로

$\angle \mathrm{BAD}=\angle \mathrm{BCA}$

(2) $\triangle \mathrm{ABC} \backsim \triangle \mathrm{DAC}$ (AA 닮음)이므로

$\angle \mathrm{DAC}=\angle \mathrm{ABC}$

(3) $\triangle \mathrm{ABC}$에서 $\overline{\mathrm{BC}}=\sqrt{5^2+12^2}=13$이므로

$\sin x=\sin C=\dfrac{\overline{\mathrm{AB}}}{\overline{\mathrm{BC}}}=\dfrac{5}{13}$, $\cos x=\cos C=\dfrac{\overline{\mathrm{AC}}}{\overline{\mathrm{BC}}}=\dfrac{12}{13}$,

$\tan x=\tan C=\dfrac{\overline{\mathrm{AB}}}{\overline{\mathrm{AC}}}=\dfrac{5}{12}$

(4) $\sin y=\sin B=\dfrac{\overline{\mathrm{AC}}}{\overline{\mathrm{BC}}}=\dfrac{12}{13}$, $\cos y=\cos B=\dfrac{\overline{\mathrm{AB}}}{\overline{\mathrm{BC}}}=\dfrac{5}{13}$,

$\tan y=\tan B=\dfrac{\overline{\mathrm{AC}}}{\overline{\mathrm{AB}}}=\dfrac{12}{5}$

6 (1) $\triangle ABC \backsim \triangle EBD$ (AA 닮음)이므로

$\qquad \angle BDE = \angle BCA$

(2) $\triangle ABC$에서 $\overline{BC} = \sqrt{4^2 + 3^2} = 5$이므로

$$\sin x = \sin C = \frac{\overline{AB}}{\overline{BC}} = \frac{4}{5}, \ \cos x = \cos C = \frac{\overline{AC}}{\overline{BC}} = \frac{3}{5},$$

$$\tan x = \tan C = \frac{\overline{AB}}{\overline{AC}} = \frac{4}{3}$$

1 (1) 1   (2) $\dfrac{\sqrt{3}-\sqrt{2}}{2}$ (3) 1   (4) $\dfrac{3}{2}$

   (5) 1   (6) 1   (7) $\sqrt{3}+1$ (8) 0

2 (1) 0   (2) $\dfrac{3}{2}$ (3) -1 (4) $\dfrac{1}{2}$

   (5) $\dfrac{5}{4}$ (6) $\sqrt{3}+3$ (7) 2   (8) $\dfrac{1}{2}$

3 (1) $x=3\sqrt{2}, \ y=3\sqrt{2}$ (2) $x=6\sqrt{3}, \ y=6$

   (3) $x=12, \ y=8\sqrt{3}$

4 (1) $x=4, \ y=4\sqrt{3}$ (2) $x=3\sqrt{3}, \ y=9$

   (3) $x=6, \ y=6$ (4) $x=6, \ y=3\sqrt{3}$

   (5) $x=\sqrt{2}, \ y=\dfrac{\sqrt{6}}{3}$ (6) $x=2, \ y=\dfrac{2\sqrt{3}}{3}$

5 (1) 4 cm   (2) $4\sqrt{3}$ cm   (3) $(4\sqrt{3}-4)$ cm

6 2   **7** (1) $\sqrt{3}$ (2) $y=\sqrt{3}x+3$

8 (1) 1   (2) $y=x+2$

---

1 (1) $\sin 30° + \cos 60° = \dfrac{1}{2} + \dfrac{1}{2} = 1$

(2) $\cos 30° - \sin 45° = \dfrac{\sqrt{3}}{2} - \dfrac{\sqrt{2}}{2} = \dfrac{\sqrt{3}-\sqrt{2}}{2}$

(3) $\tan 60° \times \tan 30° = \sqrt{3} \times \dfrac{\sqrt{3}}{3} = 1$

(4) $\sin 60° \times \tan 60° = \dfrac{\sqrt{3}}{2} \times \sqrt{3} = \dfrac{3}{2}$

(5) $\sin 45° \div \cos 45° = \dfrac{\sqrt{2}}{2} \div \dfrac{\sqrt{2}}{2} = 1$

(6) $\sin^2 30° + \cos^2 30° = \left(\dfrac{1}{2}\right)^2 + \left(\dfrac{\sqrt{3}}{2}\right)^2 = \dfrac{1}{4} + \dfrac{3}{4} = 1$

(7) $\sin 60° + \cos 30° + \tan 45° = \dfrac{\sqrt{3}}{2} + \dfrac{\sqrt{3}}{2} + 1 = \sqrt{3}+1$

(8) $\sin 30° - \tan 45° + \cos 60° = \dfrac{1}{2} - 1 + \dfrac{1}{2} = 0$

2 (1) $(\sin 45° - \cos 45°) \times \sin 30° = \left(\dfrac{\sqrt{2}}{2} - \dfrac{\sqrt{2}}{2}\right) \times \dfrac{1}{2} = 0$

(2) $\sin 60° \times \tan 30° + \tan 45° = \dfrac{\sqrt{3}}{2} \times \dfrac{\sqrt{3}}{3} + 1$

$$= \dfrac{1}{2} + 1 = \dfrac{3}{2}$$

(3) $\sin 30° - \sqrt{3} \tan 30° - \cos 60° = \dfrac{1}{2} - \sqrt{3} \times \dfrac{\sqrt{3}}{3} - \dfrac{1}{2}$

$$= \dfrac{1}{2} - 1 - \dfrac{1}{2} = -1$$

(4) $(\sin 30° + \cos 30°)(\sin 60° - \cos 60°)$

$$= \left(\dfrac{1}{2} + \dfrac{\sqrt{3}}{2}\right) \times \left(\dfrac{\sqrt{3}}{2} - \dfrac{1}{2}\right)$$

$$= \left(\dfrac{\sqrt{3}}{2}\right)^2 - \left(\dfrac{1}{2}\right)^2 = \dfrac{3}{4} - \dfrac{1}{4} = \dfrac{1}{2}$$

(5) $\sqrt{3} \sin 60° \times \cos 60° + \cos 30° \times \tan 30°$

$$= \sqrt{3} \times \dfrac{\sqrt{3}}{2} \times \dfrac{1}{2} + \dfrac{\sqrt{3}}{2} \times \dfrac{\sqrt{3}}{3}$$

$$= \dfrac{3}{4} + \dfrac{1}{2} = \dfrac{5}{4}$$

(6) $2 \sin 60° + \sqrt{3} \tan 45° \times \tan 60°$

$$= 2 \times \dfrac{\sqrt{3}}{2} + \sqrt{3} \times 1 \times \sqrt{3} = \sqrt{3} + 3$$

(7) $\sin^2 30° + \tan 30° \times \tan 60° + \sin^2 60°$

$$= \left(\dfrac{1}{2}\right)^2 + \dfrac{\sqrt{3}}{3} \times \sqrt{3} + \left(\dfrac{\sqrt{3}}{2}\right)^2$$

$$= \dfrac{1}{4} + 1 + \dfrac{3}{4} = 2$$

(8) $\dfrac{\cos 30° - \sin 30°}{\tan 60° - \tan 45°} = \left(\dfrac{\sqrt{3}}{2} - \dfrac{1}{2}\right) \div (\sqrt{3}-1)$

$$= \dfrac{\sqrt{3}-1}{2} \times \dfrac{1}{\sqrt{3}-1} = \dfrac{1}{2}$$

3 (1) $\sin 45° = \dfrac{x}{6} = \dfrac{\sqrt{2}}{2} \qquad \therefore x = 3\sqrt{2}$

$\qquad \cos 45° = \dfrac{y}{6} = \dfrac{\sqrt{2}}{2} \qquad \therefore y = 3\sqrt{2}$

(2) $\sin 60° = \dfrac{x}{12} = \dfrac{\sqrt{3}}{2} \qquad \therefore x = 6\sqrt{3}$

$\qquad \cos 60° = \dfrac{y}{12} = \dfrac{1}{2} \qquad \therefore y = 6$

(3) $\tan 30° = \dfrac{4\sqrt{3}}{x} = \dfrac{\sqrt{3}}{3} \qquad \therefore x = 12$

$\qquad \sin 30° = \dfrac{4\sqrt{3}}{y} = \dfrac{1}{2} \qquad \therefore y = 8\sqrt{3}$

4 (1) $\triangle ADC$에서 $\tan 45° = \dfrac{x}{4} = 1 \qquad \therefore x = 4$

$\qquad \triangle ABD$에서 $\tan 30° = \dfrac{4}{y} = \dfrac{\sqrt{3}}{3} \qquad \therefore y = 4\sqrt{3}$

(2) $\triangle ABD$에서 $\tan 60° = \dfrac{x}{3} = \sqrt{3} \qquad \therefore x = 3\sqrt{3}$

$\qquad \triangle ABC$에서

$\qquad \angle C = 180° - (60° + 90°) = 30°$이므로

$\qquad \triangle ADC$에서 $\tan 30° = \dfrac{3\sqrt{3}}{y} = \dfrac{\sqrt{3}}{3} \qquad \therefore y = 9$

(3) $\triangle ADC$에서 $\sin 45° = \dfrac{x}{6\sqrt{2}} = \dfrac{\sqrt{2}}{2} \qquad \therefore x = 6$

$\qquad \triangle ABC$에서

$\qquad \angle B = 180° - (45° + 90°) = 45°$이므로

$\qquad \triangle ABD$에서 $\tan 45° = \dfrac{6}{y} = 1 \qquad \therefore y = 6$

(4) $\triangle ABD$에서 $\cos 45° = \dfrac{3\sqrt{2}}{x} = \dfrac{\sqrt{2}}{2}$ $\therefore x = 6$

$\triangle BCD$에서 $\sin 60° = \dfrac{y}{6} = \dfrac{\sqrt{3}}{2}$ $\therefore y = 3\sqrt{3}$

(5) $\triangle BCD$에서 $\tan 45° = \dfrac{x}{\sqrt{2}} = 1$ $\therefore x = \sqrt{2}$

$\triangle ABC$에서 $\tan 60° = \dfrac{\sqrt{2}}{y} = \sqrt{3}$ $\therefore y = \dfrac{\sqrt{6}}{3}$

(6) $\triangle ABC$에서 $\sin 45° = \dfrac{\sqrt{2}}{x} = \dfrac{\sqrt{2}}{2}$ $\therefore x = 2$

$\triangle BCD$에서 $\tan 30° = \dfrac{y}{2} = \dfrac{\sqrt{3}}{3}$ $\therefore y = \dfrac{2\sqrt{3}}{3}$

5 (1) $\triangle ACD$에서 $\tan 45° = \dfrac{4}{\overline{CD}} = 1$ $\therefore \overline{CD} = 4(\text{cm})$

(2) $\triangle ABD$에서 $\tan 30° = \dfrac{4}{\overline{BD}} = \dfrac{\sqrt{3}}{3}$

$\therefore \overline{BD} = 4\sqrt{3}(\text{cm})$

(3) $\overline{BC} = \overline{BD} - \overline{CD} = 4\sqrt{3} - 4(\text{cm})$

6 $\tan a$의 값은 직선 $y = 2x + 1$의 기울기와 같으므로
$\tan a = 2$

7 (1) 직선이 x축과 이루는 예각의 크기가 $60°$이므로
(직선의 기울기) $= \tan 60° = \sqrt{3}$

(2) 직선의 기울기가 $\sqrt{3}$이고, y절편이 3이므로 구하는 직선
의 방정식은
$y = \sqrt{3}x + 3$

8 (1) (직선의 기울기) $= \tan 45° = 1$

(2) 직선의 기울기가 1이므로 구하는 직선의 방정식을
$y = x + b$라고 하면
직선 $y = x + b$가 점 $(-2, 0)$을 지나므로
$0 = -2 + b$ $\therefore b = 2$
따라서 구하는 직선의 방정식은 $y = x + 2$

1 ⑤	**2** ⑤	**3** $5\sqrt{5}$ cm	**4** $4\sqrt{5}$ cm^2
5 ⑤	**6** ②	**7** $\dfrac{1}{5}$	**8** $\dfrac{27}{20}$	**9** ②, ⑤
10 1	**11** ⑤	**12** $\sqrt{6}$	**13** $y = x + 5$
14 $\dfrac{4\sqrt{3}}{3}$			

(1) $\sin A = \dfrac{\overline{BC}}{\overline{AC}} = \dfrac{a}{b}$

(2) $\cos A = \dfrac{\overline{AB}}{\overline{AC}} = \dfrac{c}{b}$

(3) $\tan A = \dfrac{\overline{BC}}{\overline{AB}} = \dfrac{a}{c}$

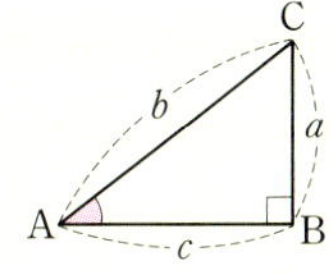

유형편 라이트

1 $\overline{AB} = \sqrt{2^2 + 4^2} = 2\sqrt{5}$

$\therefore \cos B = \dfrac{\overline{BC}}{\overline{AB}} = \dfrac{4}{2\sqrt{5}} = \dfrac{2\sqrt{5}}{5}$

2 $\overline{AB} = \sqrt{13^2 - 5^2} = 12$

① $\sin A = \dfrac{\overline{BC}}{\overline{AC}} = \dfrac{5}{13}$

② $\cos A = \dfrac{\overline{AB}}{\overline{AC}} = \dfrac{12}{13}$

③ $\tan A = \dfrac{\overline{BC}}{\overline{AB}} = \dfrac{5}{12}$

④ $\cos C = \dfrac{\overline{BC}}{\overline{AC}} = \dfrac{5}{13}$

⑤ $\tan C = \dfrac{\overline{AB}}{\overline{BC}} = \dfrac{12}{5}$

따라서 옳은 것은 ⑤이다.

3 $\cos B = \dfrac{10}{\overline{AB}} = \dfrac{2}{3}$이므로 $\overline{AB} = 15(\text{cm})$

$\therefore \overline{AC} = \sqrt{15^2 - 10^2} = 5\sqrt{5}(\text{cm})$

4 $\sin B = \dfrac{\overline{AC}}{6} = \dfrac{\sqrt{5}}{3}$이므로 $\overline{AC} = 2\sqrt{5}(\text{cm})$

$\therefore \overline{BC} = \sqrt{6^2 - (2\sqrt{5})^2} = 4(\text{cm})$

$\therefore \triangle ABC = \dfrac{1}{2} \times 4 \times 2\sqrt{5} = 4\sqrt{5}(\text{cm}^2)$

5 $\sin A = \dfrac{3}{5}$이므로 오른쪽 그림과 같은
직각삼각형 ABC를 생각할 수 있다.
$\overline{AB} = \sqrt{5^2 - 3^2} = 4$이므로
$\cos A = \dfrac{4}{5}$

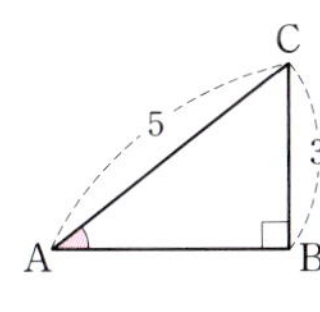

6 $3\tan A - 2 = 0$, 즉 $\tan A = \dfrac{2}{3}$이므로
오른쪽 그림과 같은 직각삼각형 ABC
를 생각할 수 있다.
$\overline{AC} = \sqrt{3^2 + 2^2} = \sqrt{13}$이므로
$\sin A = \dfrac{2}{\sqrt{13}} = \dfrac{2\sqrt{13}}{13}$

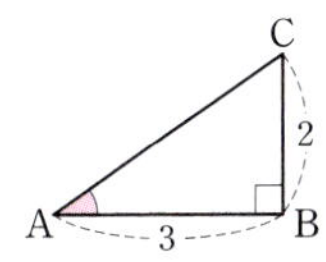

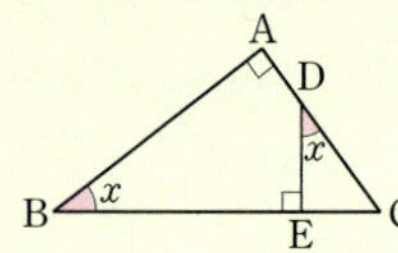 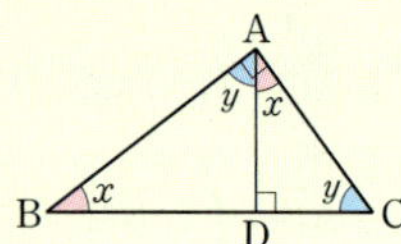

7 $\triangle ABC \backsim \triangle EDC$ (AA 닮음)이므로
$\angle ABC = \angle EDC = x$
$\triangle ABC$에서 $\overline{AC} = \sqrt{15^2 - 9^2} = 12$이므로
$$\sin x = \sin B = \frac{\overline{AC}}{\overline{BC}} = \frac{12}{15} = \frac{4}{5}$$
$$\cos x = \cos B = \frac{\overline{AB}}{\overline{BC}} = \frac{9}{15} = \frac{3}{5}$$
$$\therefore \sin x - \cos x = \frac{4}{5} - \frac{3}{5} = \frac{1}{5}$$

8 $\triangle ABC \backsim \triangle BDC$ (AA 닮음)이므로
$\angle BAC = \angle DBC = x$
$\triangle ABC \backsim \triangle ADB$ (AA 닮음)이므로
$\angle ACB = \angle ABD = y$
$\triangle ABC$에서 $\overline{AC} = \sqrt{6^2 + 8^2} = 10$이므로
$$\cos x = \cos A = \frac{\overline{AB}}{\overline{AC}} = \frac{6}{10} = \frac{3}{5}$$
$$\tan y = \tan C = \frac{\overline{AB}}{\overline{BC}} = \frac{6}{8} = \frac{3}{4}$$
$$\therefore \cos x + \tan y = \frac{3}{5} + \frac{3}{4} = \frac{27}{20}$$

삼각비 $\diagdown$ A	30°	45°	60°
$\sin A$	$\frac{1}{2}$	$\frac{\sqrt{2}}{2}$	$\frac{\sqrt{3}}{2}$
$\cos A$	$\frac{\sqrt{3}}{2}$	$\frac{\sqrt{2}}{2}$	$\frac{1}{2}$
$\tan A$	$\frac{\sqrt{3}}{3}$	1	$\sqrt{3}$

9 ① $\tan 60° - \sin 45° = \sqrt{3} - \frac{\sqrt{2}}{2} = \frac{2\sqrt{3} - \sqrt{2}}{2}$

② $\sin 30° + \cos 60° = \frac{1}{2} + \frac{1}{2} = 1$

③ $\sin 60° \times \cos 30° = \frac{\sqrt{3}}{2} \times \frac{\sqrt{3}}{2} = \frac{3}{4}$

④ $\tan 45° \div \cos 45° = 1 \div \frac{\sqrt{2}}{2} = 1 \times \frac{2}{\sqrt{2}} = \sqrt{2}$

⑤ $\cos 30° \times \tan 60° = \frac{\sqrt{3}}{2} \times \sqrt{3} = \frac{3}{2}$

따라서 옳은 것은 ②, ⑤이다.

10 $\sin 30° - \cos 60° + \tan 60° \times \tan 30°$
$$= \frac{1}{2} - \frac{1}{2} + \sqrt{3} \times \frac{\sqrt{3}}{3} = \frac{1}{2} - \frac{1}{2} + 1 = 1$$

11 $\triangle ABD$에서 $\sin 60° = \frac{x}{8} = \frac{\sqrt{3}}{2}$ $\therefore x = 4\sqrt{3}$

$\triangle ADC$에서 $\sin 45° = \frac{4\sqrt{3}}{y} = \frac{\sqrt{2}}{2}$ $\therefore y = 4\sqrt{6}$

$\therefore x + y = 4\sqrt{3} + 4\sqrt{6}$

12 $\triangle ABC$에서 $\tan 60° = \frac{\overline{BC}}{1} = \sqrt{3}$

$\therefore \overline{BC} = \sqrt{3}$ $\cdots$ (i)

$\triangle BCD$에서 $\sin 45° = \frac{\sqrt{3}}{\overline{BD}} = \frac{\sqrt{2}}{2}$

$\therefore \overline{BD} = \sqrt{6}$ $\cdots$ (ii)

채점 기준	비율
(i) $\overline{BC}$의 길이 구하기	50 %
(ii) $\overline{BD}$의 길이 구하기	50 %

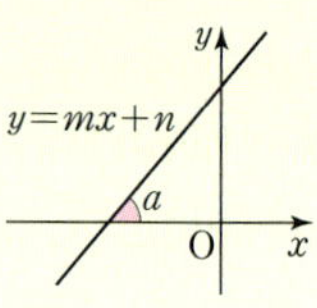

13 (직선의 기울기) $= \tan 45° = 1$이고
y절편이 5이므로
$y = x + 5$

14 $a = \tan 30° = \frac{\sqrt{3}}{3}$

이때 직선 $y = \frac{\sqrt{3}}{3}x + b$가 점 $(-3, 0)$을 지나므로

$0 = \frac{\sqrt{3}}{3} \times (-3) + b$ $\therefore b = \sqrt{3}$

$\therefore a + b = \frac{\sqrt{3}}{3} + \sqrt{3} = \frac{4\sqrt{3}}{3}$

유형 3   P. 13

1 (1) $\cos x$, $\sin y$ (2) $\sin x$, $\cos y$ (3) $\tan x$
2 ⑤   **3** (1) 0.77   (2) 0.64   (3) 1.19   (4) 0.64   (5) 0.77

1 (1), (2) $\overline{AC} = 1$이므로 $\triangle ABC$에서
$$\sin x = \frac{\overline{BC}}{\overline{AC}} = \overline{BC}, \ \cos x = \frac{\overline{AB}}{\overline{AC}} = \overline{AB},$$
$$\sin y = \frac{\overline{AB}}{\overline{AC}} = \overline{AB}, \ \cos y = \frac{\overline{BC}}{\overline{AC}} = \overline{BC}$$
(3) $\overline{AD} = 1$이므로 $\triangle ADE$에서
$$\tan x = \frac{\overline{DE}}{\overline{AD}} = \overline{DE}$$

2 ① $\sin x = \dfrac{\overline{AB}}{\overline{OA}} = \dfrac{\overline{AB}}{1} = \overline{AB}$

② $\cos x = \dfrac{\overline{OB}}{\overline{OA}} = \dfrac{\overline{OB}}{1} = \overline{OB}$

③ $\overline{AB} /\!/ \overline{CD}$이므로 $\angle OAB = \angle OCD$ (동위각), 즉 $y = z$

$\therefore \sin z = \sin y = \dfrac{\overline{OB}}{\overline{OA}} = \dfrac{\overline{OB}}{1} = \overline{OB}$

④ $\cos y = \dfrac{\overline{AB}}{\overline{OA}} = \dfrac{\overline{AB}}{1} = \overline{AB}$

⑤ $\tan x = \dfrac{\overline{CD}}{\overline{OD}} = \dfrac{\overline{CD}}{1} = \overline{CD}$

따라서 옳지 않은 것은 ⑤이다.

3 $\overline{OA} = \overline{OD} = 1$이고 $\triangle AOB$에서
$\angle OAB = 180° - (50° + 90°)$
$\qquad\quad = 40°$
이므로

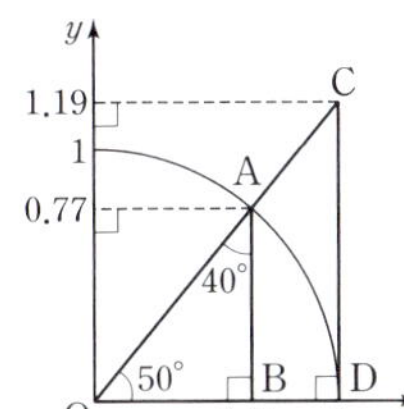

(1) $\sin 50° = \dfrac{\overline{AB}}{\overline{OA}} = 0.77$

(2) $\cos 50° = \dfrac{\overline{OB}}{\overline{OA}} = 0.64$

(3) $\tan 50° = \dfrac{\overline{CD}}{\overline{OD}} = 1.19$

(4) $\sin 40° = \dfrac{\overline{OB}}{\overline{OA}} = 0.64$

(5) $\cos 40° = \dfrac{\overline{AB}}{\overline{OA}} = 0.77$

유형 **4**   P. 14

1 $\cos 0°$, $\tan 45°$, $\sin 90°$

2 (1) 2   (2) 0   (3) $\dfrac{\sqrt{2}}{2}$ (4) $\dfrac{3}{2}$

3 (1) $<$ (2) $>$ (3) $<$ (4) $<$ (5) $<$ (6) $>$

4 $\tan 45°$, $\cos 30°$, $\sin 45°$, $\cos 60°$, $\tan 0°$

1 $\sin 0° = 0$, $\cos 90° = 0$이고 $\tan 90°$의 값은 정할 수 없다.
따라서 삼각비의 값이 1인 것은 $\cos 0°$, $\tan 45°$, $\sin 90°$
이다.

2 (1) $\sin 0° + \tan 45° + \sin 90° = 0 + 1 + 1 = 2$
(2) $(\cos 90° + \tan 0°) \div \cos 0° = (0 + 0) \div 1 = 0$
(3) $\sin 45° \times \cos 90° + \cos 45° \times \sin 90°$
$\quad = \dfrac{\sqrt{2}}{2} \times 0 + \dfrac{\sqrt{2}}{2} \times 1 = \dfrac{\sqrt{2}}{2}$
(4) $\sin 30° - \cos 90° \times \sin 0° + \tan 45°$
$\quad = \dfrac{1}{2} - 0 \times 0 + 1 = \dfrac{3}{2}$

3 (1) $\sin 30° = \dfrac{1}{2}$, $\sin 60° = \dfrac{\sqrt{3}}{2}$이므로 $\sin 30° < \sin 60°$

(2) $\cos 45° = \dfrac{\sqrt{2}}{2}$, $\cos 90° = 0$이므로 $\cos 45° > \cos 90°$

(3) $\tan 30° = \dfrac{\sqrt{3}}{3}$, $\tan 45° = 1$이므로 $\tan 30° < \tan 45°$

(4) $\sin 45° = \dfrac{\sqrt{2}}{2}$, $\tan 45° = 1$이므로 $\sin 45° < \tan 45°$

(5) $\cos 60° = \dfrac{1}{2}$, $\tan 60° = \sqrt{3}$이므로 $\cos 60° < \tan 60°$

(6) $\sin 90° = 1$, $\cos 90° = 0$이므로 $\sin 90° > \cos 90°$

4 $\sin 45° = \dfrac{\sqrt{2}}{2}$, $\cos 30° = \dfrac{\sqrt{3}}{2}$, $\tan 45° = 1$,

$\cos 60° = \dfrac{1}{2}$, $\tan 0° = 0$이므로

삼각비의 값을 큰 것부터 차례로 나열하면
$\tan 45°$, $\cos 30°$, $\sin 45°$, $\cos 60°$, $\tan 0°$

유형 **5**   P. 15

1 (1) 0.7431   (2) 0.6293   (3) 1.2799
    (4) 0.7547   (5) 0.6018   (6) 1.1918
2 (1) 50°   (2) 52°   (3) 49°
3 (1) 1.2483   (2) 0.5296   (3) 0.1138   (4) 0.9801
4 (1) 48°   (2) 2°

2 (1) $\sin 50° = 0.7660$이므로 $x = 50°$
(2) $\cos 52° = 0.6157$이므로 $x = 52°$
(3) $\tan 49° = 1.1504$이므로 $x = 49°$

3 (1) $\sin 20° + \cos 25° = 0.3420 + 0.9063$
$\qquad\qquad\qquad\quad = 1.2483$
(2) $\cos 24° - \tan 21° = 0.9135 - 0.3839$
$\qquad\qquad\qquad\quad = 0.5296$
(3) $\cos 21° - \sin 22° - \tan 24°$
$\quad = 0.9336 - 0.3746 - 0.4452$
$\quad = 0.1138$
(4) $\tan 25° + \cos 23° - \sin 24°$
$\quad = 0.4663 + 0.9205 - 0.4067$
$\quad = 0.9801$

4 (1) $\sin 25° = 0.4226$이므로 $A = 25°$
$\quad \tan 23° = 0.4245$이므로 $B = 23°$
$\quad \therefore A + B = 25° + 23° = 48°$
(2) $\cos 22° = 0.9272$이므로 $A = 22°$
$\quad \tan 20° = 0.3640$이므로 $B = 20°$
$\quad \therefore A - B = 22° - 20° = 2°$

1 (1) $\overline{AB}$ (2) $\overline{BC}$ (3) $\overline{DE}$ **2** ④   **3** ④
4 ⑤   **5** ④   **6** ②   **7** ④   **8** ③
9 ④   **10** ③   **11** 13.524
12 (1) 2.4385 (2) 6.81

[1~4] 예각에 대한 삼각비의 값

(1) $\sin a = \dfrac{\overline{AB}}{\overline{OA}} = \dfrac{\overline{AB}}{1} = \overline{AB}$

(2) $\cos a = \dfrac{\overline{OB}}{\overline{OA}} = \dfrac{\overline{OB}}{1} = \overline{OB}$

(3) $\tan a = \dfrac{\overline{CD}}{\overline{OD}} = \dfrac{\overline{CD}}{1} = \overline{CD}$

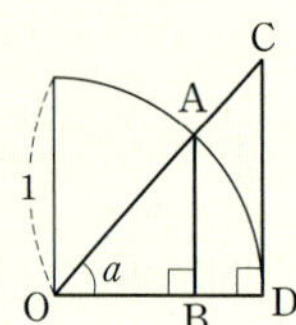

1 $\overline{BC} /\!/ \overline{DE}$이므로 $\angle ACB = \angle AED$ (동위각), 즉 $y = z$

(1) $\sin y = \dfrac{\overline{AB}}{\overline{AC}} = \overline{AB}$

(2) $\cos z = \cos y = \dfrac{\overline{BC}}{\overline{AC}} = \overline{BC}$

(3) $\tan x = \dfrac{\overline{DE}}{\overline{AD}} = \overline{DE}$

2 $\overline{AB} /\!/ \overline{CD}$이므로 $\angle OCD = \angle OAB = b$ (동위각)

① $\sin a = \dfrac{\overline{AB}}{\overline{OA}} = \overline{AB}$ ② $\cos a = \dfrac{\overline{OB}}{\overline{OA}} = \overline{OB}$

③ $\tan a = \dfrac{\overline{CD}}{\overline{OD}} = \overline{CD}$ ④ $\cos b = \dfrac{\overline{AB}}{\overline{OA}} = \overline{AB}$

⑤ $\tan b = \dfrac{\overline{OD}}{\overline{CD}} = \dfrac{1}{\overline{CD}}$

따라서 옳은 것은 ④이다.

3 $\triangle AOB$에서 $\angle OAB = 180° - (54° + 90°) = 36°$

① $\sin 54° = \dfrac{\overline{AB}}{\overline{OA}} = 0.8090$ ② $\cos 54° = \dfrac{\overline{OB}}{\overline{OA}} = 0.5878$

③ $\tan 54° = \dfrac{\overline{CD}}{\overline{OD}} = 1.3764$ ④ $\sin 36° = \dfrac{\overline{OB}}{\overline{OA}} = 0.5878$

⑤ $\cos 36° = \dfrac{\overline{AB}}{\overline{OA}} = 0.8090$

따라서 옳은 것은 ④이다.

4 $\triangle AOB$에서 $\angle OAB = 180° - (48° + 90°) = 42°$

$\tan 48° = \dfrac{\overline{CD}}{\overline{OD}} = 1.1106$

$\sin 42° = \dfrac{\overline{OB}}{\overline{OA}} = 0.6691$

$\therefore \tan 48° - \sin 42° = 1.1106 - 0.6691 = 0.4415$

[5~8] $0°$, $90°$의 삼각비의 값

A \ 삼각비	$\sin A$	$\cos A$	$\tan A$
$0°$	0	1	0
$90°$	1	0	정할 수 없다.

5 ① $\cos 30° \div \sin 60° = \dfrac{\sqrt{3}}{2} \div \dfrac{\sqrt{3}}{2} = 1$

② $\sin 30° + \cos 60° = \dfrac{1}{2} + \dfrac{1}{2} = 1$

③ $\sin 90° \times \cos 0° = 1 \times 1 = 1$

④ $\cos 90° \times \sin 0° = 0 \times 0 = 0$

⑤ $\tan 45° \times \sin 90° = 1 \times 1 = 1$

따라서 그 값이 나머지 넷과 다른 하나는 ④이다.

6 $\left(\cos 0° + \tan 60°\right)\left(\sin 90° - \dfrac{1}{\tan 30°}\right)$

$= (1 + \sqrt{3}) \times \left(1 - 1 \div \dfrac{\sqrt{3}}{3}\right)$

$= (1 + \sqrt{3}) \times (1 - \sqrt{3})$

$= 1^2 - (\sqrt{3})^2 = 1 - 3 = -2$

7 ㄱ. $\cos 45° = \dfrac{\sqrt{2}}{2}$ ㄴ. $\sin 30° = \dfrac{1}{2}$

ㄷ. $\tan 0° = 0$ ㄹ. $\sin 90° = 1$

따라서 삼각비의 값을 작은 것부터 차례로 나열하면
ㄷ—ㄴ—ㄱ—ㄹ이다.

8 ① $\sin 60° = \dfrac{\sqrt{3}}{2}$ ② $\sin 0° = 0$ ③ $\tan 45° = 1$

④ $\cos 90° = 0$ ⑤ $\cos 60° = \dfrac{1}{2}$

따라서 삼각비의 값이 가장 큰 것은 ③이다.

[9~12] 삼각비의 표
삼각비의 표에서 삼각비의 값은 각도의 가로줄과 삼각비의 세로줄이 만나는 칸에 있는 수이다.

9 $\sin 33° + \cos 35° - \tan 32° = 0.5446 + 0.8192 - 0.6249$
$= 0.7389$

10 ③ $\cos 13° - \sin 12° = 0.9744 - 0.2079 = 0.7665$

11 $\sin 28° = \dfrac{x}{10} = 0.4695$이므로 $x = 4.695$

$\cos 28° = \dfrac{y}{10} = 0.8829$이므로 $y = 8.829$

$\therefore x + y = 4.695 + 8.829 = 13.524$

12 (1) $\tan 26° = \dfrac{x}{5} = 0.4877$ $\therefore x = 2.4385$

(2) $\angle A = 180° - (63° + 90°) = 27°$이므로

$\sin 27° = \dfrac{x}{15} = 0.4540$ $\therefore x = 6.81$

1 ⑤   **2** $\dfrac{1}{3}$ **3** $4\sqrt{13}$ **4** ③

5 $\dfrac{2\sqrt{5}}{9}$ **6** $6\sqrt{2}$

7 (1) $\sin a$ (2) $\cos a$ (3) $\dfrac{1}{\tan a}$ **8** ②, ④

9 13.289

채점 기준	비율
(i) $\angle ABC = y$임을 설명하기	20 %
(ii) $\overline{BC}$의 길이 구하기	20 %
(iii) $\cos x,\ \cos y$의 값 구하기	40 %
(iv) $\cos x \times \cos y$의 값 구하기	20 %

---

1   ① $\sin A = \dfrac{\overline{BC}}{\overline{AC}} = \dfrac{15}{17}$

② $\cos A = \dfrac{\overline{AB}}{\overline{AC}} = \dfrac{8}{17}$

③ $\cos C = \dfrac{\overline{BC}}{\overline{AC}} = \dfrac{15}{17}$

④ $\sin C = \dfrac{\overline{AB}}{\overline{AC}} = \dfrac{8}{17}$

⑤ $\tan C = \dfrac{\overline{AB}}{\overline{BC}} = \dfrac{8}{15}$

따라서 옳은 것은 ⑤이다.

2 $\overline{BC} = \sqrt{(\sqrt{2})^2 + 4^2} = 3\sqrt{2}$이므로

$\cos B = \dfrac{\sqrt{2}}{3\sqrt{2}} = \dfrac{1}{3}$

3 $\tan A = \dfrac{12}{\overline{AB}} = \dfrac{3}{2}$이므로 $\overline{AB} = 8$

$\therefore \overline{AC} = \sqrt{8^2 + 12^2} = 4\sqrt{13}$

4 $\cos A = \dfrac{5}{7}$이므로 오른쪽 그림과 같은

직각삼각형 ABC를 생각할 수 있다.

$\overline{BC} = \sqrt{7^2 - 5^2} = 2\sqrt{6}$이므로

$\sin A = \dfrac{2\sqrt{6}}{7},\ \tan A = \dfrac{2\sqrt{6}}{5}$

$\therefore \sin A \times \tan A = \dfrac{2\sqrt{6}}{7} \times \dfrac{2\sqrt{6}}{5} = \dfrac{24}{35}$

5 $\triangle ABC \backsim \triangle EDC$ (AA 닮음)이므로

$\angle ABC = \angle EDC = y$ ··· (i)

$\triangle ABC$에서 $\overline{BC} = \sqrt{4^2 + (2\sqrt{5})^2} = 6$이므로   ··· (ii)

$\cos x = \dfrac{\overline{AC}}{\overline{BC}} = \dfrac{2\sqrt{5}}{6} = \dfrac{\sqrt{5}}{3}$,

$\cos y = \cos B = \dfrac{\overline{AB}}{\overline{BC}} = \dfrac{4}{6} = \dfrac{2}{3}$ ··· (iii)

$\therefore \cos x \times \cos y = \dfrac{\sqrt{5}}{3} \times \dfrac{2}{3} = \dfrac{2\sqrt{5}}{9}$ ··· (iv)

6 $\triangle ACD$에서

$\cos 30° = \dfrac{6\sqrt{3}}{\overline{AC}} = \dfrac{\sqrt{3}}{2}$ $\therefore \overline{AC} = 12$

$\triangle ABC$에서

$\sin 45° = \dfrac{\overline{BC}}{12} = \dfrac{\sqrt{2}}{2}$ $\therefore \overline{BC} = 6\sqrt{2}$

7 $\triangle AOB$에서 $\overline{OA} = 1$, $\angle OAB = a$

(1) $\overline{OB} = \dfrac{\overline{OB}}{1} = \dfrac{\overline{OB}}{\overline{OA}} = \sin a$

(2) $\overline{AB} = \dfrac{\overline{AB}}{1} = \dfrac{\overline{AB}}{\overline{OA}} = \cos a$

(3) $\overline{AB} /\!/ \overline{CD}$이므로

$\angle OCD = \angle OAB = a$ (동위각)

$\triangle COD$에서 $\overline{OD} = 1$이므로

$\tan a = \dfrac{\overline{OD}}{\overline{CD}} = \dfrac{1}{\overline{CD}}$

$\therefore \overline{CD} = \dfrac{1}{\tan a}$

8   ① $\tan 60° = \sqrt{3}$, $\sin 60° = \dfrac{\sqrt{3}}{2}$이므로

$2\sin 60° = 2 \times \dfrac{\sqrt{3}}{2} = \sqrt{3}$

$\therefore \tan 60° = 2\sin 60°$

② $\tan 45° - \sin 0° \times \cos 90° = 1 - 0 \times 0 = 1$

③ $\tan 0° + \sin 90° = 0 + 1 = 1$

④ $\cos 45° \div \sin 45° = \dfrac{\sqrt{2}}{2} \div \dfrac{\sqrt{2}}{2} = 1$

⑤ $\tan 30° = \dfrac{\sqrt{3}}{3}$, $\tan 60° = \sqrt{3}$이므로

$\dfrac{1}{\tan 60°} = \dfrac{1}{\sqrt{3}} = \dfrac{\sqrt{3}}{3}$

$\therefore \tan 30° = \dfrac{1}{\tan 60°}$

따라서 옳지 않은 것은 ②, ④이다.

9 $\angle B = 180° - (90° + 65°) = 25°$이므로

$\sin 25° = \dfrac{x}{10} = 0.4226$ $\therefore x = 4.226$

$\cos 25° = \dfrac{y}{10} = 0.9063$ $\therefore y = 9.063$

$\therefore x + y = 4.226 + 9.063 = 13.289$

1 길이 구하기

유형 1　　　　　　　　　　　　　P. 22

1 (1) 12, $12\cos 36°$　(2) $\dfrac{8}{\cos 42°}$, $8\tan 42°$

　(3) $\dfrac{6}{\sin 25°}$, $\dfrac{6}{\tan 25°}$

2 (1) $x=6.4$, $y=7.7$　(2) $x=31.1$, $y=23.8$

3 $\overline{AC}$, $\overline{AC}$, 5, 5, 11.8

2 (1) $x=10\sin 40°=10\times 0.6428=6.428$

따라서 x의 값을 반올림하여 소수점 아래 첫째 자리까지 구하면 6.4이다.

$y=10\cos 40°=10\times 0.7660=7.66$

따라서 y의 값을 반올림하여 소수점 아래 첫째 자리까지 구하면 7.7이다.

(2) $x=\dfrac{20}{\cos 50°}=\dfrac{20}{0.6428}=31.11\cdots$

따라서 x의 값을 반올림하여 소수점 아래 첫째 자리까지 구하면 31.1이다.

$y=20\tan 50°=20\times 1.1918=23.836$

따라서 y의 값을 반올림하여 소수점 아래 첫째 자리까지 구하면 23.8이다.

유형 2　　　　　　　　　　　　　P. 23

1 60, $4\sqrt 3$, 60, 4, 11, 11, 13

2 (1) $\sqrt 7$　(2) $\sqrt{21}$

3 45, $6\sqrt 2$, 60, 60, $4\sqrt 6$

4 (1) $6\sqrt 2$　(2) $3\sqrt 2$

1 ❷ △ABH에서

$\overline{AH}=8\sin\boxed{60}°=8\times\dfrac{\sqrt 3}{2}=\boxed{4\sqrt 3}$

$\overline{BH}=8\cos\boxed{60}°=8\times\dfrac{1}{2}=\boxed{4}$

❸ $\overline{CH}=\overline{BC}-\overline{BH}=15-4=\boxed{11}$

이므로 △AHC에서

$\overline{AC}=\sqrt{\boxed{11}^2+(4\sqrt 3)^2}=\boxed{13}$

2 (1) 오른쪽 그림과 같이 꼭짓점 A 에서 $\overline{BC}$에 내린 수선의 발을 H라고 하면 △AHC에서 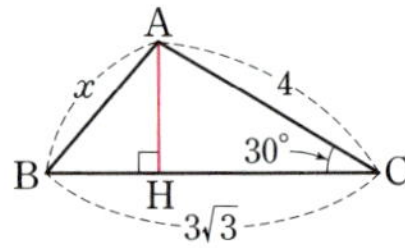

$\overline{AH}=4\sin 30°=4\times\dfrac{1}{2}=2$

$\overline{CH}=4\cos 30°=4\times\dfrac{\sqrt 3}{2}=2\sqrt 3$

∴ $\overline{BH}=\overline{BC}-\overline{CH}=3\sqrt 3-2\sqrt 3=\sqrt 3$

따라서 △ABH에서

$x=\sqrt{(\sqrt 3)^2+2^2}=\sqrt 7$

(2) 오른쪽 그림과 같이 꼭짓점 A에 서 $\overline{BC}$에 내린 수선의 발을 H라 고 하면 △ABH에서 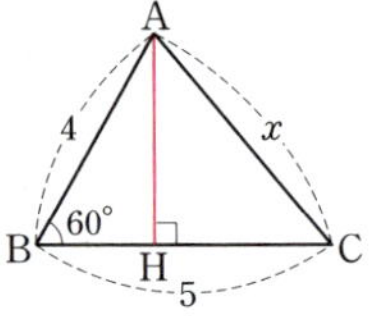

$\overline{AH}=4\sin 60°=4\times\dfrac{\sqrt 3}{2}=2\sqrt 3$

$\overline{BH}=4\cos 60°=4\times\dfrac{1}{2}=2$

∴ $\overline{CH}=\overline{BC}-\overline{BH}=5-2=3$

따라서 △AHC에서

$x=\sqrt{3^2+(2\sqrt 3)^2}=\sqrt{21}$

3 ❷ △BCH에서

$\overline{CH}=12\sin\boxed{45}°=12\times\dfrac{\sqrt 2}{2}=\boxed{6\sqrt 2}$

❸ $\angle A=180°-(45°+75°)=\boxed{60}°$이므로

△AHC에서

$\overline{AC}=\dfrac{\overline{CH}}{\sin\boxed{60}°}=6\sqrt 2\times\dfrac{2}{\sqrt 3}=\boxed{4\sqrt 6}$

4 (1) 오른쪽 그림과 같이 꼭짓점 C에서 $\overline{AB}$ 에 내린 수선의 발을 H라고 하면 △BCH에서 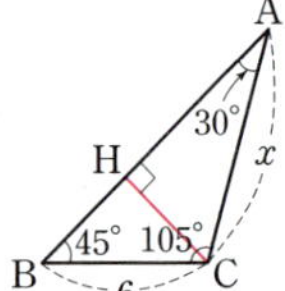

$\overline{CH}=6\sin 45°=6\times\dfrac{\sqrt 2}{2}=3\sqrt 2$

$\angle A=180°-(45°+105°)=30°$이므로

△AHC에서

$x=\dfrac{\overline{CH}}{\sin 30°}=3\sqrt 2\times 2=6\sqrt 2$

(2) 오른쪽 그림과 같이 꼭짓점 C에서 $\overline{AB}$에 내린 수선의 발을 H라고 하 면 △AHC에서 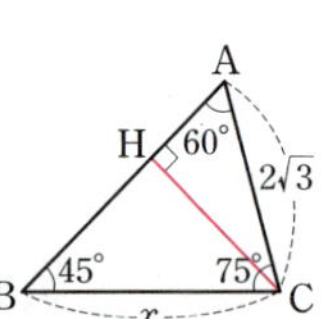

$\overline{CH}=2\sqrt 3\sin 60°=2\sqrt 3\times\dfrac{\sqrt 3}{2}=3$

$\angle B=180°-(60°+75°)=45°$이므로

△BCH에서

$x=\dfrac{\overline{CH}}{\sin 45°}=3\times\dfrac{2}{\sqrt 2}=3\sqrt 2$

1　60, $\dfrac{\sqrt{3}}{3}$, 45, $\dfrac{\sqrt{3}+3}{3}$, $20(3-\sqrt{3})$

2　(1) $5(\sqrt{3}-1)$　　(2) $15(3-\sqrt{3})$

3　30, $\sqrt{3}$, 60, $\dfrac{\sqrt{3}}{3}$, $\dfrac{2\sqrt{3}}{3}$, $5\sqrt{3}$

4　(1) $30(\sqrt{3}+1)$　　(2) $10(3+\sqrt{3})$

1　❶ $\triangle$ABH에서

$$\overline{\mathrm{BH}}=\frac{h}{\tan \boxed{60}^\circ}=\frac{h}{\sqrt{3}}=\boxed{\frac{\sqrt{3}}{3}}\,h$$

❷ $\triangle$AHC에서

$$\overline{\mathrm{CH}}=\frac{h}{\tan \boxed{45}^\circ}=h$$

❸ $\overline{\mathrm{BC}}=\overline{\mathrm{BH}}+\overline{\mathrm{CH}}$이므로

$$40=\frac{\sqrt{3}}{3}h+h,\ \ \text{즉}\ \ 40=\boxed{\frac{\sqrt{3}+3}{3}}\,h$$

$$\therefore\ h=40\times\frac{3}{\sqrt{3}+3}=\boxed{20(3-\sqrt{3})}$$

2　(1) $\triangle$ABH에서 $\overline{\mathrm{BH}}=\dfrac{h}{\tan 45^\circ}=h$

$\triangle$AHC에서 $\overline{\mathrm{CH}}=\dfrac{h}{\tan 30^\circ}=h\times\dfrac{3}{\sqrt{3}}=\sqrt{3}\,h$

$\overline{\mathrm{BC}}=\overline{\mathrm{BH}}+\overline{\mathrm{CH}}$이므로

$10=h+\sqrt{3}\,h,\ (1+\sqrt{3})h=10$

$\therefore\ h=\dfrac{10}{1+\sqrt{3}}=5(\sqrt{3}-1)$

(2) $\triangle$ABH에서 $\overline{\mathrm{BH}}=\dfrac{h}{\tan 45^\circ}=h$

$\triangle$AHC에서 $\overline{\mathrm{CH}}=\dfrac{h}{\tan 60^\circ}=\dfrac{h}{\sqrt{3}}=\dfrac{\sqrt{3}}{3}h$

$\overline{\mathrm{BC}}=\overline{\mathrm{BH}}+\overline{\mathrm{CH}}$이므로

$30=h+\dfrac{\sqrt{3}}{3}h,\ \dfrac{3+\sqrt{3}}{3}h=30$

$\therefore\ h=30\times\dfrac{3}{3+\sqrt{3}}=15(3-\sqrt{3})$

3　❶ $\triangle$ABH에서

$$\overline{\mathrm{BH}}=\frac{h}{\tan \boxed{30}^\circ}=h\times\frac{3}{\sqrt{3}}=\boxed{\sqrt{3}}\,h$$

❷ $\angle$ACH$=180^\circ-120^\circ=60^\circ$이므로

$\triangle$ACH에서

$$\overline{\mathrm{CH}}=\frac{h}{\tan \boxed{60}^\circ}=\frac{h}{\sqrt{3}}=\boxed{\frac{\sqrt{3}}{3}}\,h$$

❸ $\overline{\mathrm{BC}}=\overline{\mathrm{BH}}-\overline{\mathrm{CH}}$이므로

$$10=\sqrt{3}\,h-\frac{\sqrt{3}}{3}h,\ \ \text{즉}\ \ 10=\boxed{\frac{2\sqrt{3}}{3}}\,h$$

$$\therefore\ h=10\times\frac{3}{2\sqrt{3}}=\boxed{5\sqrt{3}}$$

4　(1) $\triangle$ABH에서 $\overline{\mathrm{BH}}=\dfrac{h}{\tan 30^\circ}=h\times\dfrac{3}{\sqrt{3}}=\sqrt{3}\,h$

$\angle$ACH$=180^\circ-135^\circ=45^\circ$이므로

$\triangle$ACH에서 $\overline{\mathrm{CH}}=\dfrac{h}{\tan 45^\circ}=h$

$\overline{\mathrm{BC}}=\overline{\mathrm{BH}}-\overline{\mathrm{CH}}$이므로

$60=\sqrt{3}\,h-h,\ (\sqrt{3}-1)h=60$

$\therefore\ h=\dfrac{60}{\sqrt{3}-1}=30(\sqrt{3}+1)$

(2) $\triangle$ABH에서 $\overline{\mathrm{BH}}=\dfrac{h}{\tan 45^\circ}=h$

$\triangle$ACH에서 $\overline{\mathrm{CH}}=\dfrac{h}{\tan 60^\circ}=\dfrac{h}{\sqrt{3}}=\dfrac{\sqrt{3}}{3}h$

$\overline{\mathrm{BC}}=\overline{\mathrm{BH}}-\overline{\mathrm{CH}}$이므로

$20=h-\dfrac{\sqrt{3}}{3}h,\ \dfrac{3-\sqrt{3}}{3}h=20$

$\therefore\ h=20\times\dfrac{3}{3-\sqrt{3}}=10(3+\sqrt{3})$

쌍둥이 기출문제　　　　　　　　　　**P. 25～26**

1　① 　　**2**　② 　　**3**　$5.26\,\mathrm{m}$ 　　**4**　$5.2\,\mathrm{m}$

5　$\sqrt{34}\,\mathrm{cm}$ 　　**6**　$3\sqrt{21}\,\mathrm{m}$ 　　**7**　⑤ 　　**8**　$40\sqrt{6}\,\mathrm{m}$

9　$3(\sqrt{3}-1)$ 　　**10**　② 　　**11**　$6(3+\sqrt{3})$

12　$2(\sqrt{3}+1)\,\mathrm{m}$

[1～4] 직각삼각형의 변의 길이

$\angle$B$=90^\circ$인 직각삼각형 ABC에서

(1) $\sin A=\dfrac{a}{b}\ \Rightarrow\ a=b\sin A,\ b=\dfrac{a}{\sin A}$

(2) $\cos A=\dfrac{c}{b}\ \Rightarrow\ c=b\cos A,\ b=\dfrac{c}{\cos A}$

(3) $\tan A=\dfrac{a}{c}\ \Rightarrow\ a=c\tan A,\ c=\dfrac{a}{\tan A}$

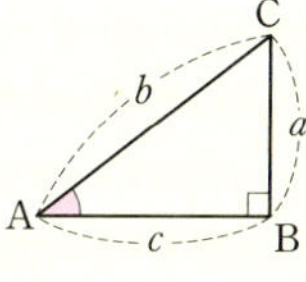

1　$\angle$A$=180^\circ-(40^\circ+90^\circ)=50^\circ$이므로

$$\overline{\mathrm{AB}}=\frac{16}{\sin 40^\circ}=\frac{16}{\cos 50^\circ}$$

$$\overline{\mathrm{BC}}=\frac{16}{\tan 40^\circ}=16\tan 50^\circ$$

따라서 옳은 것은 ①이다.

3　$\overline{\mathrm{AC}}=8\sin 28^\circ=8\times 0.47=3.76\,(\mathrm{m})$

$\therefore\ \overline{\mathrm{AD}}=\overline{\mathrm{AC}}+\overline{\mathrm{CD}}=3.76+1.5=5.26\,(\mathrm{m})$

4　$\overline{\mathrm{BC}}=10\tan 20^\circ=10\times 0.36=3.6\,(\mathrm{m})$

$\therefore\ (\text{나무의 높이})=\overline{\mathrm{BD}}=\overline{\mathrm{BC}}+\overline{\mathrm{CD}}=3.6+1.6=5.2\,(\mathrm{m})$

❶ 수선을 그어 구하는 변을 빗변으로 하는 직각삼각형을 만든다.
❷ 삼각비 또는 피타고라스 정리를 이용하여 변의 길이를 구한다.

5 오른쪽 그림과 같이 꼭짓점 A에서 $\overline{BC}$에 내린 수선의 발을 H라고 하면 △AHC에서

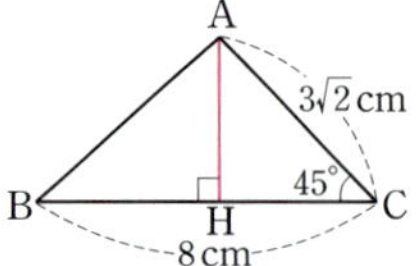

$$\overline{AH}=3\sqrt{2}\sin 45°$$
$$=3\sqrt{2}\times\frac{\sqrt{2}}{2}=3(\text{cm})$$
$$\overline{CH}=3\sqrt{2}\cos 45°=3\sqrt{2}\times\frac{\sqrt{2}}{2}=3(\text{cm})$$
$$\therefore\ \overline{BH}=\overline{BC}-\overline{CH}=8-3=5(\text{cm})$$

따라서 △ABH에서
$$\overline{AB}=\sqrt{5^2+3^2}=\sqrt{34}(\text{cm})$$

6 오른쪽 그림과 같이 꼭짓점 A에서 $\overline{BC}$에 내린 수선의 발을 H라고 하면 △ABH에서

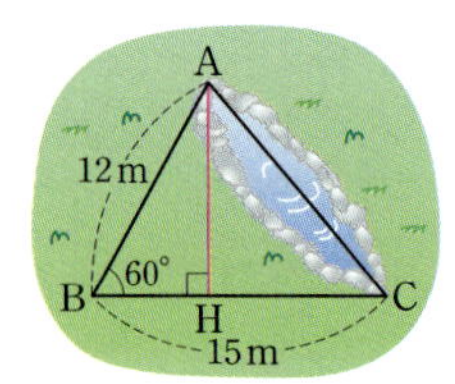

$$\overline{AH}=12\sin 60°$$
$$=12\times\frac{\sqrt{3}}{2}=6\sqrt{3}(\text{m})$$
$$\overline{BH}=12\cos 60°=12\times\frac{1}{2}=6(\text{m})$$
$$\therefore\ \overline{CH}=\overline{BC}-\overline{BH}=15-6=9(\text{m})$$

따라서 △AHC에서
$$\overline{AC}=\sqrt{9^2+(6\sqrt{3})^2}=3\sqrt{21}(\text{m})$$

7 오른쪽 그림과 같이 꼭짓점 B에서 $\overline{AC}$에 내린 수선의 발을 H라고 하면 △BCH에서

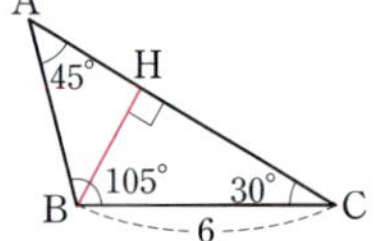

$$\overline{BH}=6\sin 30°=6\times\frac{1}{2}=3$$
$$\angle A=180°-(105°+30°)=45°$$이므로
△ABH에서 $\overline{AB}=\dfrac{3}{\sin 45°}=3\times\dfrac{2}{\sqrt{2}}=3\sqrt{2}$

8 오른쪽 그림과 같이 꼭짓점 A에서 $\overline{BC}$에 내린 수선의 발을 H라고 하면 △ABH에서

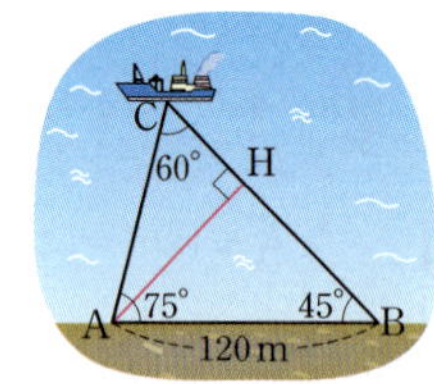

$$\overline{AH}=120\sin 45°$$
$$=120\times\frac{\sqrt{2}}{2}$$
$$=60\sqrt{2}(\text{m}) \qquad\cdots(\text{i})$$
$$\angle C=180°-(75°+45°)=60°$$이므로
△AHC에서 $\overline{AC}=\dfrac{60\sqrt{2}}{\sin 60°}=60\sqrt{2}\times\dfrac{2}{\sqrt{3}}=40\sqrt{6}(\text{m})$

따라서 두 지점 A, C 사이의 거리는 $40\sqrt{6}$ m이다. $\qquad\cdots(\text{ii})$

채점 기준	비율
(i) 꼭짓점 A에서 $\overline{BC}$에 내린 수선의 길이 구하기	50 %
(ii) 두 지점 A, C 사이의 거리 구하기	50 %

(1) 밑변의 양 끝 각이 모두 예각

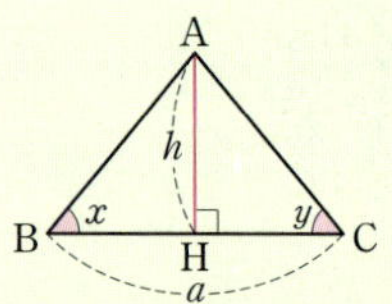

❶ $\overline{BH}=\dfrac{h}{\tan x},\ \overline{CH}=\dfrac{h}{\tan y}$
❷ $a=\overline{BH}+\overline{CH}$임을 이용하여 h 구하기

(2) 밑변의 양 끝 각 중 한 각이 둔각

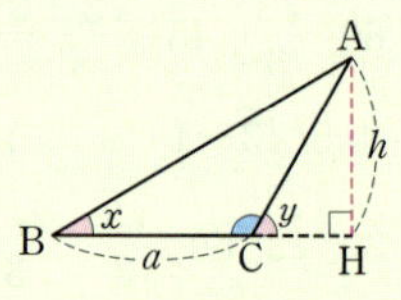

❶ $\overline{BH}=\dfrac{h}{\tan x},\ \overline{CH}=\dfrac{h}{\tan y}$
❷ $a=\overline{BH}-\overline{CH}$임을 이용하여 h 구하기

9 $\overline{AH}=h$라고 하면
△ABH에서 $\overline{BH}=\dfrac{h}{\tan 30°}=h\times\dfrac{3}{\sqrt{3}}=\sqrt{3}h$

△AHC에서 $\overline{CH}=\dfrac{h}{\tan 45°}=h$

$\overline{BC}=\overline{BH}+\overline{CH}$이므로
$$6=\sqrt{3}h+h,\ (\sqrt{3}+1)h=6$$
$$\therefore\ h=\frac{6}{\sqrt{3}+1}=3(\sqrt{3}-1)$$

따라서 $\overline{AH}$의 길이는 $3(\sqrt{3}-1)$이다.

10 오른쪽 그림과 같이 꼭짓점 C에서 $\overline{AB}$에 내린 수선의 발을 H라 하고 $\overline{CH}=h$ m라고 하면 △CAH에서

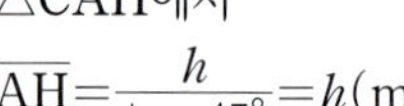

$$\overline{AH}=\frac{h}{\tan 45°}=h(\text{m})$$

△CHB에서
$$\overline{BH}=\frac{h}{\tan 60°}=\frac{h}{\sqrt{3}}=\frac{\sqrt{3}}{3}h(\text{m})$$

$\overline{AB}=\overline{AH}+\overline{BH}$이므로
$$20=h+\frac{\sqrt{3}}{3}h,\ \frac{3+\sqrt{3}}{3}h=20$$
$$\therefore\ h=20\times\frac{3}{3+\sqrt{3}}=10(3-\sqrt{3})$$

따라서 지면에서 열기구의 C 지점까지의 높이는 $10(3-\sqrt{3})$ m이다.

11 $\overline{AH}=h$라고 하면
△ABH에서 $\overline{BH}=\dfrac{h}{\tan 45°}=h$

$\angle ACH=180°-120°=60°$이므로

△ACH에서 $\overline{CH}=\dfrac{h}{\tan 60°}=\dfrac{h}{\sqrt{3}}=\dfrac{\sqrt{3}}{3}h$

$\overline{BC}=\overline{BH}-\overline{CH}$이므로
$$12=h-\frac{\sqrt{3}}{3}h,\ \frac{3-\sqrt{3}}{3}h=12$$
$$\therefore\ h=12\times\frac{3}{3-\sqrt{3}}=6(3+\sqrt{3})$$

따라서 $\overline{AH}$의 길이는 $6(3+\sqrt{3})$이다.

12 $\overline{\mathrm{CH}}=h$ m라고 하면

$\triangle\mathrm{CAH}$에서

$\overline{\mathrm{AH}}=\dfrac{h}{\tan 30^\circ}=h\times\dfrac{3}{\sqrt{3}}=\sqrt{3}h\,(\mathrm{m})$

$\triangle\mathrm{CBH}$에서

$\overline{\mathrm{BH}}=\dfrac{h}{\tan 45^\circ}=h\,(\mathrm{m})$

$\overline{\mathrm{AB}}=\overline{\mathrm{AH}}-\overline{\mathrm{BH}}$이므로

$4=\sqrt{3}h-h$, $(\sqrt{3}-1)h=4$

$\therefore\ h=\dfrac{4}{\sqrt{3}-1}=2(\sqrt{3}+1)$

따라서 가로등의 높이 $\overline{\mathrm{CH}}$는 $2(\sqrt{3}+1)$ m이다.

2 넓이 구하기

유형 4   P. 27

1 (1) $6\sqrt{2}$ (2) $3\sqrt{3}$ (3) $6\sqrt{6}$ (4) $\dfrac{35\sqrt{3}}{2}$ (5) 12 (6) 8

2 (1) 14 (2) 150° **3** (1) 7 (2) $\dfrac{23\sqrt{3}}{4}$

1 (1) $\triangle\mathrm{ABC}=\dfrac{1}{2}\times 4\times 6\times\sin 45^\circ$

$=\dfrac{1}{2}\times 4\times 6\times\dfrac{\sqrt{2}}{2}=6\sqrt{2}$

(2) $\triangle\mathrm{ABC}=\dfrac{1}{2}\times 3\times 4\times\sin 60^\circ$

$=\dfrac{1}{2}\times 3\times 4\times\dfrac{\sqrt{3}}{2}=3\sqrt{3}$

(3) $\triangle\mathrm{ABC}=\dfrac{1}{2}\times 6\sqrt{2}\times 4\sqrt{3}\times\sin 30^\circ$

$=\dfrac{1}{2}\times 6\sqrt{2}\times 4\sqrt{3}\times\dfrac{1}{2}=6\sqrt{6}$

(4) $\triangle\mathrm{ABC}=\dfrac{1}{2}\times 14\times 5\times\sin(180^\circ-120^\circ)$

$=\dfrac{1}{2}\times 14\times 5\times\dfrac{\sqrt{3}}{2}=\dfrac{35\sqrt{3}}{2}$

(5) $\triangle\mathrm{ABC}=\dfrac{1}{2}\times 8\times 6\times\sin(180^\circ-150^\circ)$

$=\dfrac{1}{2}\times 8\times 6\times\dfrac{1}{2}=12$

(6) $\triangle\mathrm{ABC}=\dfrac{1}{2}\times 2\sqrt{2}\times 8\times\sin(180^\circ-135^\circ)$

$=\dfrac{1}{2}\times 2\sqrt{2}\times 8\times\dfrac{\sqrt{2}}{2}=8$

2 (1) $\triangle\mathrm{ABC}=\dfrac{1}{2}\times 6\times\overline{\mathrm{BC}}\times\sin 45^\circ=21\sqrt{2}$에서

$\dfrac{1}{2}\times 6\times\overline{\mathrm{BC}}\times\dfrac{\sqrt{2}}{2}=21\sqrt{2}$, $\dfrac{3\sqrt{2}}{2}\overline{\mathrm{BC}}=21\sqrt{2}$

$\therefore\ \overline{\mathrm{BC}}=14$

(2) $\triangle\mathrm{ABC}=\dfrac{1}{2}\times 10\times 8\times\sin(180^\circ-B)=20$에서

$\sin(180^\circ-B)=\dfrac{1}{2}$

이때 $\sin 30^\circ=\dfrac{1}{2}$이므로 $180^\circ-\angle\mathrm{B}=30^\circ$

$\therefore\ \angle\mathrm{B}=150^\circ$

3 (1) 오른쪽 그림과 같이 $\overline{\mathrm{BD}}$를 그으면

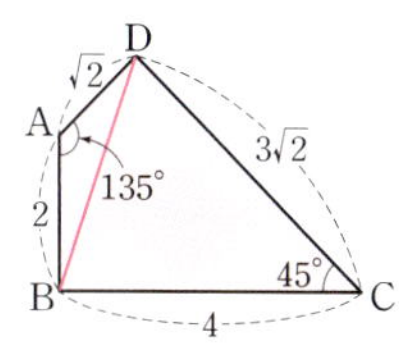

$\triangle\mathrm{ABD}$

$=\dfrac{1}{2}\times 2\times\sqrt{2}\times\sin(180^\circ-135^\circ)$

$=\dfrac{1}{2}\times 2\times\sqrt{2}\times\dfrac{\sqrt{2}}{2}=1$

$\triangle\mathrm{BCD}=\dfrac{1}{2}\times 3\sqrt{2}\times 4\times\sin 45^\circ$

$=\dfrac{1}{2}\times 3\sqrt{2}\times 4\times\dfrac{\sqrt{2}}{2}=6$

$\therefore\ \square\mathrm{ABCD}=\triangle\mathrm{ABD}+\triangle\mathrm{BCD}$

$=1+6=7$

(2) 오른쪽 그림과 같이 $\overline{\mathrm{AC}}$를 그으면

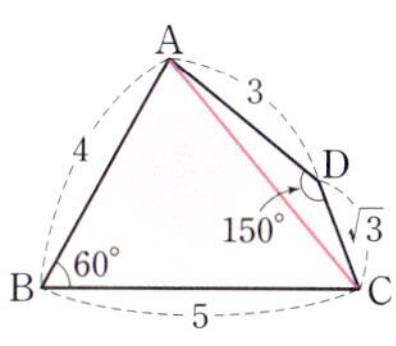

$\triangle\mathrm{ABC}=\dfrac{1}{2}\times 4\times 5\times\sin 60^\circ$

$=\dfrac{1}{2}\times 4\times 5\times\dfrac{\sqrt{3}}{2}=5\sqrt{3}$

$\triangle\mathrm{ACD}=\dfrac{1}{2}\times 3\times\sqrt{3}\times\sin(180^\circ-150^\circ)$

$=\dfrac{1}{2}\times 3\times\sqrt{3}\times\dfrac{1}{2}=\dfrac{3\sqrt{3}}{4}$

$\therefore\ \square\mathrm{ABCD}=\triangle\mathrm{ABC}+\triangle\mathrm{ACD}$

$=5\sqrt{3}+\dfrac{3\sqrt{3}}{4}=\dfrac{23\sqrt{3}}{4}$

유형 5   P. 28

1 (1) $12\sqrt{3}$ (2) $24\sqrt{2}$ (3) $24\sqrt{3}$

2 (1) $18\sqrt{3}$ (2) $5\sqrt{2}$ (3) 16

3 (1) 45° (2) $4\sqrt{2}$

1 (1) $\square\mathrm{ABCD}=4\times 6\times\sin 60^\circ=4\times 6\times\dfrac{\sqrt{3}}{2}=12\sqrt{3}$

(2) $\overline{\mathrm{AB}}=\overline{\mathrm{CD}}=6$이므로

$\square\mathrm{ABCD}=6\times 8\times\sin 45^\circ=6\times 8\times\dfrac{\sqrt{2}}{2}=24\sqrt{2}$

(3) $\overline{\mathrm{AD}}=\overline{\mathrm{BC}}=12$이므로

$\square\mathrm{ABCD}=4\times 12\times\sin(180^\circ-120^\circ)$

$=4\times 12\times\dfrac{\sqrt{3}}{2}=24\sqrt{3}$

다른 풀이

(3) $\angle\mathrm{B}=180^\circ-120^\circ=60^\circ$이므로

$\square\mathrm{ABCD}=4\times 12\times\sin 60^\circ=4\times 12\times\dfrac{\sqrt{3}}{2}=24\sqrt{3}$

2 (1) $\square ABCD=\dfrac{1}{2}\times 6\times 12\times\sin 60°$

$$=\dfrac{1}{2}\times 6\times 12\times\dfrac{\sqrt{3}}{2}=18\sqrt{3}$$

(2) $\square ABCD=\dfrac{1}{2}\times 5\times 4\times\sin(180°-135°)$

$$=\dfrac{1}{2}\times 5\times 4\times\dfrac{\sqrt{2}}{2}=5\sqrt{2}$$

(3) $\square ABCD=\dfrac{1}{2}\times 8\times 8\times\sin(180°-150°)$

$$=\dfrac{1}{2}\times 8\times 8\times\dfrac{1}{2}=16$$

3 (1) $\square ABCD=\dfrac{1}{2}\times 10\times 12\times\sin x=30\sqrt{2}$에서

$$\sin x=\dfrac{\sqrt{2}}{2}$$

이때 $0°<x<90°$이므로 $x=45°$

(2) 등변사다리꼴의 두 대각선의 길이는 같으므로
$\overline{AC}=\overline{BD}=x$라고 하면

$$\square ABCD=\dfrac{1}{2}\times x\times x\times\sin(180°-120°)=8\sqrt{3}$$에서

$$\dfrac{\sqrt{3}}{4}x^2=8\sqrt{3},\ x^2=32$$

이때 $x>0$이므로 $x=4\sqrt{2}$
따라서 $\overline{AC}$의 길이는 $4\sqrt{2}$이다.

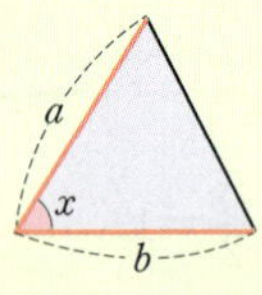

쌍둥이 기출문제　　　　　　　　　　　　　　P. 29

1 $10\sqrt{3}$	**2** $24\sqrt{2}\,\mathrm{cm}^2$	**3** $25\sqrt{3}\,\mathrm{cm}^2$
4 (1) $4\sqrt{3}\,\mathrm{cm}$ (2) $14\sqrt{3}\,\mathrm{cm}^2$		**5** $24\,\mathrm{cm}^2$
6 $6\sqrt{2}$	**7** $52\sqrt{2}$	**8** $60°$

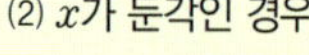
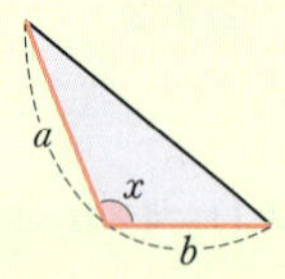

1 $\triangle ABC=\dfrac{1}{2}\times 5\times 8\times\sin 60°$

$$=\dfrac{1}{2}\times 5\times 8\times\dfrac{\sqrt{3}}{2}=10\sqrt{3}$$

2 $\triangle ABC=\dfrac{1}{2}\times 8\times 12\times\sin(180°-135°)$

$$=\dfrac{1}{2}\times 8\times 12\times\dfrac{\sqrt{2}}{2}=24\sqrt{2}\,(\mathrm{cm}^2)$$

---

3 오른쪽 그림과 같이 $\overline{BD}$를 그으면
$\triangle ABD$

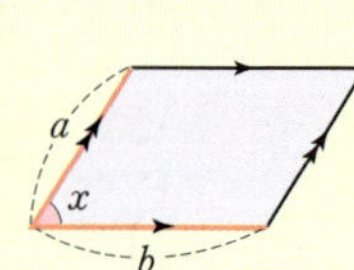

$$=\dfrac{1}{2}\times 5\times 5\times\sin(180°-120°)$$

$$=\dfrac{1}{2}\times 5\times 5\times\dfrac{\sqrt{3}}{2}$$

$$=\dfrac{25\sqrt{3}}{4}\,(\mathrm{cm}^2)\qquad\cdots\text{(i)}$$

$$\triangle BCD=\dfrac{1}{2}\times 5\sqrt{3}\times 5\sqrt{3}\times\sin 60°$$

$$=\dfrac{1}{2}\times 5\sqrt{3}\times 5\sqrt{3}\times\dfrac{\sqrt{3}}{2}=\dfrac{75\sqrt{3}}{4}\,(\mathrm{cm}^2)\qquad\cdots\text{(ii)}$$

$$\therefore\ \square ABCD=\triangle ABD+\triangle BCD$$

$$=\dfrac{25\sqrt{3}}{4}+\dfrac{75\sqrt{3}}{4}=25\sqrt{3}\,(\mathrm{cm}^2)\qquad\cdots\text{(iii)}$$

채점 기준	비율
(i) $\triangle ABD$의 넓이 구하기	40 %
(ii) $\triangle BCD$의 넓이 구하기	40 %
(iii) $\square ABCD$의 넓이 구하기	20 %

4 (1) $\triangle ABD$에서
$\overline{BD}=4\tan 60°=4\times\sqrt{3}=4\sqrt{3}\,(\mathrm{cm})$

(2) $\square ABCD=\triangle ABD+\triangle BCD$

$$=\dfrac{1}{2}\times 4\sqrt{3}\times 4+\dfrac{1}{2}\times 4\sqrt{3}\times 6\times\sin 30°$$

$$=8\sqrt{3}+\dfrac{1}{2}\times 4\sqrt{3}\times 6\times\dfrac{1}{2}$$

$$=8\sqrt{3}+6\sqrt{3}=14\sqrt{3}\,(\mathrm{cm}^2)$$

5 $\square ABCD=6\times 8\times\sin(180°-150°)$

$$=6\times 8\times\dfrac{1}{2}=24\,(\mathrm{cm}^2)$$

6 $\square ABCD=7\times\overline{BC}\times\sin 45°=42$에서

$$7\times\overline{BC}\times\dfrac{\sqrt{2}}{2}=42,\ \dfrac{7\sqrt{2}}{2}\overline{BC}=42\qquad\therefore\ \overline{BC}=6\sqrt{2}$$

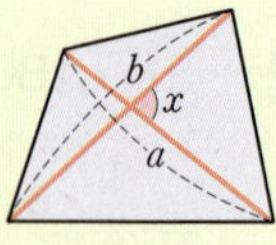

7 $\square ABCD = \dfrac{1}{2} \times 13 \times 16 \times \sin(180° - 135°)$

$= \dfrac{1}{2} \times 13 \times 16 \times \dfrac{\sqrt{2}}{2} = 52\sqrt{2}$

8 $\square ABCD = \dfrac{1}{2} \times 6 \times 8 \times \sin x = 12\sqrt{3}$에서

$\sin x = \dfrac{\sqrt{3}}{2}$

이때 $0° < x < 90°$이므로 $x = 60°$

단원 마무리 P. 30~31

1 ①, ④ **2** 2.882 m **3** $2\sqrt{7}$ **4** ⑤
5 $50\sqrt{3}$ m **6** ④ **7** $8\sqrt{3} + 6\sqrt{6}$
8 $18\sqrt{3}$ cm²

---

1 $\angle A = 180° - (37° + 90°) = 53°$이므로
$\overline{AC} = 5\sin 37° = 5\cos 53°$
따라서 $\overline{AC}$의 길이를 나타내는 것은 ①, ④이다.

2 $\overline{AB} = 1.8\tan 26° = 1.8 \times 0.49 = 0.882$ (m)
$\overline{AC} = \dfrac{1.8}{\cos 26°} = 1.8 \div 0.9 = 2$ (m)
따라서 부러지기 전의 나무의 높이는
$\overline{AB} + \overline{AC} = 0.882 + 2 = 2.882$ (m)

3 오른쪽 그림과 같이 꼭짓점 A에
서 $\overline{BC}$에 내린 수선의 발을 H라
고 하면
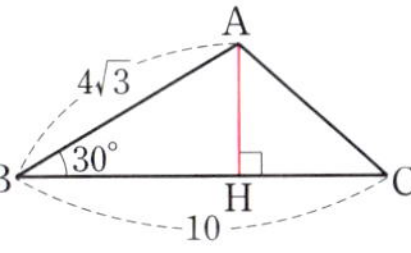
△ABH에서
$\overline{AH} = 4\sqrt{3}\sin 30° = 4\sqrt{3} \times \dfrac{1}{2} = 2\sqrt{3}$ … (i)

$\overline{BH} = 4\sqrt{3}\cos 30° = 4\sqrt{3} \times \dfrac{\sqrt{3}}{2} = 6$ … (ii)

$\therefore \overline{CH} = \overline{BC} - \overline{BH} = 10 - 6 = 4$ … (iii)
따라서 △AHC에서
$\overline{AC} = \sqrt{4^2 + (2\sqrt{3})^2} = 2\sqrt{7}$ … (iv)

채점 기준	비율
(i) $\overline{AH}$의 길이 구하기	30 %
(ii) $\overline{BH}$의 길이 구하기	30 %
(iii) $\overline{CH}$의 길이 구하기	10 %
(iv) $\overline{AC}$의 길이 구하기	30 %

4 오른쪽 그림과 같이 꼭짓점 C에서
$\overline{AB}$에 내린 수선의 발을 H라고 하면
△BCH에서
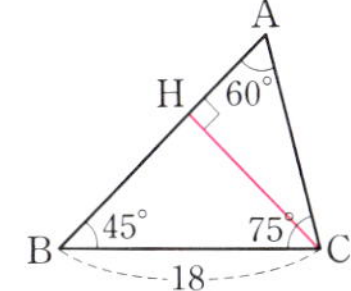
$\overline{CH} = 18\sin 45° = 18 \times \dfrac{\sqrt{2}}{2} = 9\sqrt{2}$
$\angle A = 180° - (45° + 75°) = 60°$이므로
△AHC에서 $\overline{AC} = \dfrac{9\sqrt{2}}{\sin 60°} = 9\sqrt{2} \times \dfrac{2}{\sqrt{3}} = 6\sqrt{6}$

5 $\overline{CH} = h$ m라고 하면
△AHC에서 $\overline{AH} = \dfrac{h}{\tan 30°} = h \times \dfrac{3}{\sqrt{3}} = \sqrt{3}h$ (m)

△BHC에서 $\overline{BH} = \dfrac{h}{\tan 60°} = \dfrac{h}{\sqrt{3}} = \dfrac{\sqrt{3}}{3}h$ (m)

$\overline{AB} = \overline{AH} - \overline{BH}$이므로
$100 = \sqrt{3}h - \dfrac{\sqrt{3}}{3}h$, $\dfrac{2\sqrt{3}}{3}h = 100$

$\therefore h = 100 \times \dfrac{3}{2\sqrt{3}} = 50\sqrt{3}$
따라서 드론의 높이 $\overline{CH}$는 $50\sqrt{3}$ m이다.

6 △ABC는 $\overline{AB} = \overline{AC}$인 이등변삼각형이므로
$\angle C = \angle B = 75°$
$\therefore \angle A = 180° - (75° + 75°) = 30°$

$\therefore \triangle ABC = \dfrac{1}{2} \times 4\sqrt{3} \times 4\sqrt{3} \times \sin 30°$

$= \dfrac{1}{2} \times 4\sqrt{3} \times 4\sqrt{3} \times \dfrac{1}{2} = 12$ (cm²)

7 △ABC에서
$\overline{AC} = 8\sin 60° = 8 \times \dfrac{\sqrt{3}}{2} = 4\sqrt{3}$ … (i)

이때 $\angle ACB = 180° - (60° + 90°) = 30°$이므로
$\triangle ABC = \dfrac{1}{2} \times 8 \times 4\sqrt{3} \times \sin 30°$

$= \dfrac{1}{2} \times 8 \times 4\sqrt{3} \times \dfrac{1}{2} = 8\sqrt{3}$ … (ii)

$\triangle ACD = \dfrac{1}{2} \times 4\sqrt{3} \times 6 \times \sin 45°$

$= \dfrac{1}{2} \times 4\sqrt{3} \times 6 \times \dfrac{\sqrt{2}}{2} = 6\sqrt{6}$ … (iii)

$\therefore \square ABCD = \triangle ABC + \triangle ACD$
$= 8\sqrt{3} + 6\sqrt{6}$ … (iv)

채점 기준	비율
(i) $\overline{AC}$의 길이 구하기	20 %
(ii) △ABC의 넓이 구하기	30 %
(iii) △ACD의 넓이 구하기	30 %
(iv) $\square ABCD$의 넓이 구하기	20 %

8 마름모는 평행사변형이고 $\overline{AD} = \overline{AB} = 6$ cm이므로
$\square ABCD = 6 \times 6 \times \sin(180° - 120°)$
$= 6 \times 6 \times \dfrac{\sqrt{3}}{2} = 18\sqrt{3}$ (cm²)

1 원의 현

유형 1   P. 34

1 (1) 5　　(2) 6　　(3) 14
2 (1) $\sqrt{13}$　(2) 9　(3) $4\sqrt{3}$　(4) 2
3 (1) 8　　(2) 5　　(3) 3

2 (1) $\overline{AM}=\dfrac{1}{2}\overline{AB}=\dfrac{1}{2}\times6=3$이므로
　　△OAM에서 $x=\sqrt{3^2+2^2}=\sqrt{13}$
(2) $\overline{AM}=\dfrac{1}{2}\overline{AB}=\dfrac{1}{2}\times24=12$이므로
　　△OAM에서 $x=\sqrt{15^2-12^2}=9$
(3) △OAM에서 $\overline{AM}=\sqrt{4^2-2^2}=2\sqrt{3}$이므로
　　$x=2\overline{AM}=2\times2\sqrt{3}=4\sqrt{3}$
(4) $\overline{AM}=\dfrac{1}{2}\overline{AB}=\dfrac{1}{2}\times8=4$이므로
　　△OAM에서 $x=\sqrt{(2\sqrt{5})^2-4^2}=2$

3 (1) $\overline{OB}=\overline{OD}=5$(원의 반지름)이므로 $\overline{OM}=5-2=3$
　　△ODM에서 $\overline{DM}=\sqrt{5^2-3^2}=4$
　　∴ $x=2\overline{DM}=2\times4=8$
(2) $\overline{AM}=\overline{BM}=3$
　　$\overline{OC}=\overline{OA}=x$(원의 반지름)이므로 $\overline{OM}=x-1$
　　△OAM에서 $3^2+(x-1)^2=x^2$
　　$2x=10$　　∴ $x=5$
(3) $\overline{BM}=\dfrac{1}{2}\overline{AB}=\dfrac{1}{2}\times2\sqrt{5}=\sqrt{5}$
　　$\overline{OC}=\overline{OB}=x$(원의 반지름)이므로 $\overline{OM}=x-1$
　　△OBM에서 $(\sqrt{5})^2+(x-1)^2=x^2$
　　$2x=6$　　∴ $x=3$

한 걸음 더 연습   P. 35

1 (1) $8\sqrt{3}$　　(2) $10\sqrt{3}$
2 $\overline{CM}$, $r-8$, 16, 13, 13
3 (1) 10　　(2) 6
4 (1) $4\sqrt{10}$　　(2) 5

1 (1) $\overline{OC}=\overline{OA}=8$(원의 반지름)이므로
　　$\overline{OM}=\dfrac{1}{2}\overline{OC}=\dfrac{1}{2}\times8=4$
　　△OAM에서 $\overline{AM}=\sqrt{8^2-4^2}=4\sqrt{3}$
　　∴ $\overline{AB}=2\overline{AM}=2\times4\sqrt{3}=8\sqrt{3}$

(2) 오른쪽 그림과 같이 $\overline{OA}$를 그으면
$\overline{OA}=\overline{OD}=\overline{OC}=10$(원의 반지름)
이므로 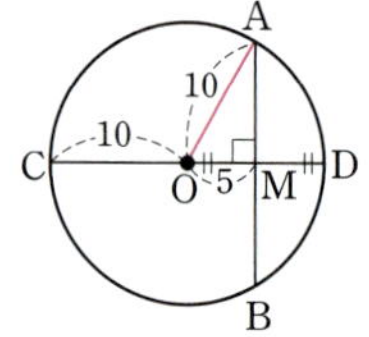
　$\overline{OM}=\dfrac{1}{2}\overline{OD}=\dfrac{1}{2}\times10=5$
△OMA에서 $\overline{AM}=\sqrt{10^2-5^2}=5\sqrt{3}$
∴ $\overline{AB}=2\overline{AM}=2\times5\sqrt{3}=10\sqrt{3}$

3 (1) 오른쪽 그림과 같이 원의 중심을
O라고 하면 $\overline{CM}$의 연장선은 점
O를 지난다. 원의 반지름의 길이 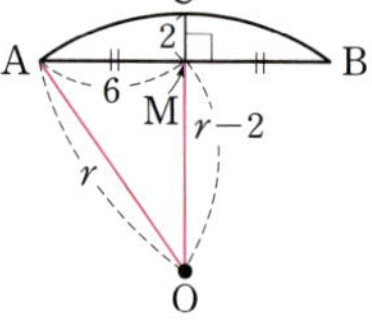
를 r라고 하면
　$\overline{OA}=r$, $\overline{OM}=r-2$이므로
△AOM에서 $6^2+(r-2)^2=r^2$
$4r=40$　　∴ $r=10$
따라서 원의 반지름의 길이는 10이다.

(2) 오른쪽 그림과 같이 원의 중심을
O라고 하면 $\overline{CM}$의 연장선은 점
O를 지난다. 원의 반지름의 길이 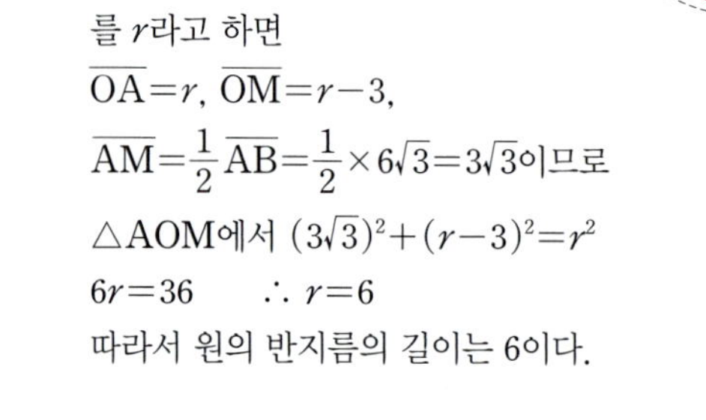
를 r라고 하면
　$\overline{OA}=r$, $\overline{OM}=r-3$,
　$\overline{AM}=\dfrac{1}{2}\overline{AB}=\dfrac{1}{2}\times6\sqrt{3}=3\sqrt{3}$이므로
△AOM에서 $(3\sqrt{3})^2+(r-3)^2=r^2$
$6r=36$　　∴ $r=6$
따라서 원의 반지름의 길이는 6이다.

4 (1) $\overline{AB}\perp\overline{OH}$이므로 △OAH에서
　　$\overline{AH}=\sqrt{7^2-3^2}=2\sqrt{10}$
　　∴ $x=2\overline{AH}=2\times2\sqrt{10}=4\sqrt{10}$
(2) $\overline{AB}\perp\overline{OH}$이므로
　　$\overline{AH}=\dfrac{1}{2}\overline{AB}=\dfrac{1}{2}\times24=12$
　　△OHA에서 $x=\sqrt{13^2-12^2}=5$

유형 2   P. 36

1 (1) 5　　(2) 2　　(3) 6　　(4) 4
2 (1) 12　　(2) $5\sqrt{2}$　　(3) 2
3 (1) 60°　　(2) 65°　　(3) 42°

1 (3) $x=\dfrac{1}{2}\overline{AB}=\dfrac{1}{2}\overline{AC}=\dfrac{1}{2}\times12=6$
(4) $\overline{CD}=2\times7=14$
　　따라서 $\overline{AB}=\overline{CD}$이므로 $x=4$

2

(1) $\triangle$AMO에서

$\overline{AM}=\sqrt{(3\sqrt5)^2-3^2}=6$

$\therefore x=\overline{AB}=2\overline{AM}=2\times6=12$

(2) $\overline{DN}=\dfrac{1}{2}\overline{CD}=\dfrac{1}{2}\overline{AB}=\dfrac{1}{2}\times10=5$

$\triangle$ODN에서

$x=\sqrt{5^2+5^2}=5\sqrt2$

(3) $\overline{DN}=\dfrac{1}{2}\overline{CD}=\dfrac{1}{2}\times6=3$

$\triangle$OND에서

$\overline{ON}=\sqrt{(\sqrt{13})^2-3^2}=2$

이때 $\overline{AB}=\overline{CD}$이므로 $x=\overline{ON}=2$

3

(1) $\overline{OM}=\overline{ON}$이므로 $\overline{AB}=\overline{AC}$

따라서 $\triangle$ABC는 이등변삼각형이므로

$\angle x=\angle$ABC$=60°$

(2) $\overline{OM}=\overline{ON}$이므로 $\overline{AB}=\overline{AC}$

따라서 $\triangle$ABC는 이등변삼각형이므로

$\angle x=\dfrac{1}{2}\times(180°-50°)=65°$

(3) $\overline{OM}=\overline{ON}$이므로 $\overline{AB}=\overline{AC}$

따라서 $\triangle$ABC는 이등변삼각형이므로

$\angle x=180°-(69°+69°)=42°$

3

$\overline{AM}=\dfrac{1}{2}\overline{AB}=\dfrac{1}{2}\times8=4$

$\overline{OA}=r$라고 하면 $\overline{OP}=\overline{OA}=r$(원의 반지름)이므로

$\overline{OM}=r-2$

$\triangle$OAM에서 $4^2+(r-2)^2=r^2$

$4r=20$ $\therefore r=5$

4

$\overline{BM}=\dfrac{1}{2}\overline{AB}=\dfrac{1}{2}\times10=5$

$\overline{OC}=\overline{OB}=x$(원의 반지름)이므로

$\overline{OM}=x-3$

$\triangle$OBM에서 $5^2+(x-3)^2=x^2$

$6x=34$ $\therefore x=\dfrac{17}{3}$

5 오른쪽 그림과 같이 원의 중심을 O 라고 하면 $\overline{CM}$의 연장선은 점 O를 지난다.

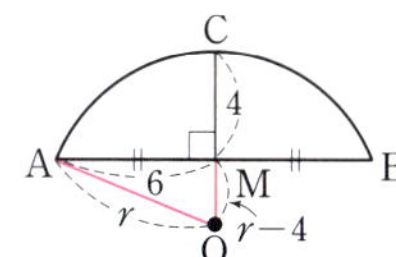

원의 반지름의 길이를 r라고 하면

$\overline{OA}=r$, $\overline{OM}=r-4$이므로 $\qquad\cdots$ (i)

$\triangle$AOM에서 $6^2+(r-4)^2=r^2$ $\qquad\cdots$ (ii)

$8r=52$ $\therefore r=\dfrac{13}{2}$

따라서 원의 반지름의 길이는 $\dfrac{13}{2}$이다. $\qquad\cdots$ (iii)

채점 기준	비율
(i) $\overline{OM}$의 길이를 r를 사용하여 나타내기	30 %
(ii) $\triangle$AOM에서 피타고라스 정리를 이용하여 식 세우기	40 %
(iii) 원의 반지름의 길이 구하기	30 %

6 오른쪽 그림과 같이 원래 토기의 중심을 O라고 하면 $\overline{CM}$의 연장선은 점 O를 지난다.

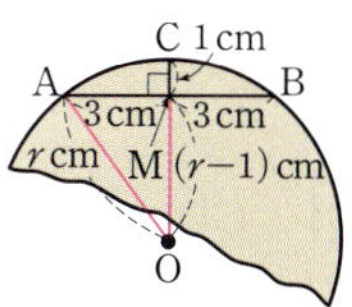

원래 토기의 반지름의 길이를 r cm라고 하면

$\overline{OA}=r$ cm, $\overline{OM}=(r-1)$ cm이므로

$\triangle$AOM에서 $3^2+(r-1)^2=r^2$

$2r=10$ $\therefore r=5$

따라서 원래 토기의 지름의 길이는

$2\times5=10$(cm)

7 오른쪽 그림과 같이 원의 중심 O에서 $\overline{AB}$에 내린 수선의 발을 H라 하고, $\overline{OH}$의 연장선과 원 O의 교점을 C라 고 하면

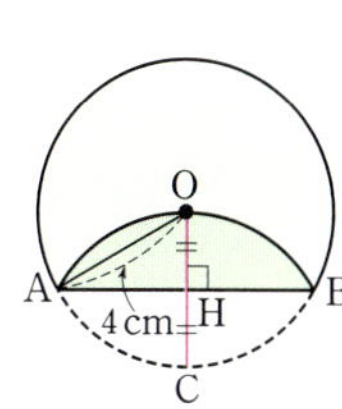

$\overline{OH}=\dfrac{1}{2}\overline{OC}=\dfrac{1}{2}\times4=2$(cm)

$\triangle$OAH에서

$\overline{AH}=\sqrt{4^2-2^2}=2\sqrt3$(cm)

$\therefore \overline{AB}=2\overline{AH}=2\times2\sqrt3=4\sqrt3$(cm)

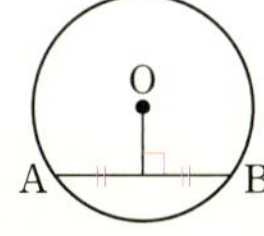 **기출문제** P. 37~39

1	③	**2**	③	**3**	5	**4**	$\dfrac{17}{3}$
5	$\dfrac{13}{2}$	**6**	⑤	**7**	②	**8**	$6\sqrt3$
9	$4\sqrt2$	**10**	②	**11**	④	**12**	$2\sqrt2$
13	7 cm	**14**	④	**15**	④	**16**	$44°$
17	8	**18**	18				

[1~10] 현의 수직이등분선

(1) 원에서 현의 수직이등분선은 그 원의 중심을 지 난다.

(2) 원의 중심에서 현에 내린 수선은 그 현을 수직 이등분한다.

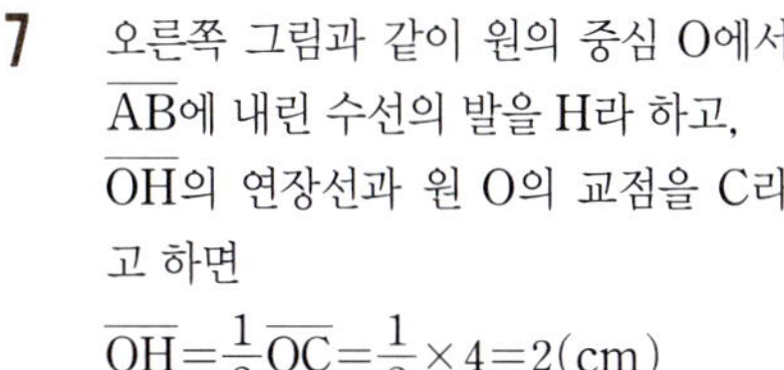

1

$\triangle$OAM에서 $\overline{AM}=\sqrt{8^2-6^2}=2\sqrt7$

$\therefore x=\overline{AM}=2\sqrt7$

2

$\overline{BC}=\dfrac{1}{2}\overline{AB}=\dfrac{1}{2}\times6\sqrt3=3\sqrt3$이므로

$\triangle$OCB에서 $\overline{OC}=\sqrt{6^2-(3\sqrt3)^2}=3$

8 오른쪽 그림과 같이 원의 중심 O에서 $\overline{AB}$에 내린 수선의 발을 H라 하고, $\overline{OH}$의 연장선과 원 O의 교점을 C라고 하면

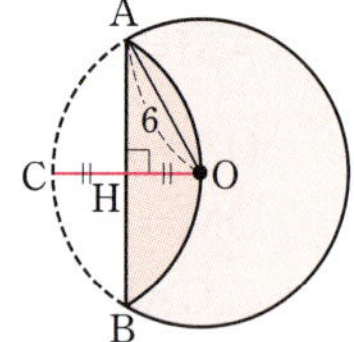

$$\overline{OH}=\frac{1}{2}\overline{OC}=\frac{1}{2}\times6=3$$

$\triangle OAH$에서

$$\overline{AH}=\sqrt{6^2-3^2}=3\sqrt{3}$$

$$\therefore \overline{AB}=2\overline{AH}=2\times3\sqrt{3}=6\sqrt{3}$$

9 오른쪽 그림과 같이 원의 중심 O에서 $\overline{AB}$에 내린 수선의 발을 H라고 하면

$$\overline{OA}=3, \overline{OH}=1$$

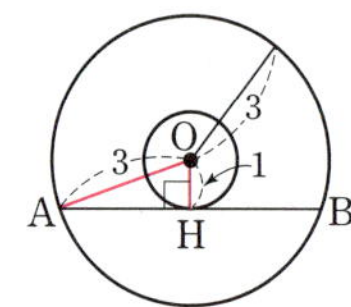

$\triangle OAH$에서

$$\overline{AH}=\sqrt{3^2-1^2}=2\sqrt{2}$$

$$\therefore \overline{AB}=2\overline{AH}=2\times2\sqrt{2}=4\sqrt{2}$$

10 오른쪽 그림과 같이 원의 중심 O에서 $\overline{AB}$에 내린 수선의 발을 H라고 하면

$$\overline{OA}=4\,cm, \overline{OH}=3\,cm$$

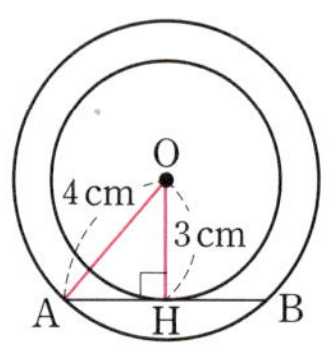

$\triangle OAH$에서

$$\overline{AH}=\sqrt{4^2-3^2}=\sqrt{7}\,(cm)$$

$$\therefore \overline{AB}=2\overline{AH}=2\sqrt{7}\,(cm)$$

[11~18] 현의 길이

한 원에서
(1) 중심으로부터 같은 거리에 있는 두 현의 길이는 같다.
(2) 길이가 같은 두 현은 원의 중심으로부터 같은 거리에 있다.

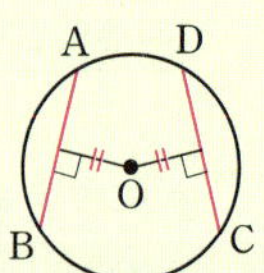

11 $\overline{CD}=\overline{AB}=2\overline{BM}=2\times5=10$

12 $\overline{CD}=\overline{AB}=4$이므로 $\overline{CN}=\frac{1}{2}\overline{CD}=\frac{1}{2}\times4=2$

따라서 $\triangle OCN$에서 $x=\sqrt{2^2+2^2}=2\sqrt{2}$

13 $\overline{CD}=2\overline{DN}=2\times8=16\,(cm)$

따라서 $\overline{AB}=\overline{CD}$이므로 $\overline{OM}=\overline{ON}=7\,cm$

14 $\overline{AM}=\overline{BM}=4$이므로

$\triangle AMO$에서 $\overline{OM}=\sqrt{5^2-4^2}=3$

따라서 $\overline{AB}=\overline{CD}$이므로 $x=\overline{OM}=3$

15 $\overline{OM}=\overline{ON}$이므로 $\overline{AB}=\overline{AC}$

따라서 $\triangle ABC$는 이등변삼각형이므로

$$\angle x=\frac{1}{2}\times(180°-70°)=55°$$

16 $\overline{OM}=\overline{ON}$이므로 $\overline{AB}=\overline{AC}$

따라서 $\triangle ABC$는 이등변삼각형이므로

$$\angle x=180°-(68°+68°)=44°$$

17 $\overline{OM}=\overline{ON}$이므로 $\overline{AB}=\overline{AC}$ $\qquad\cdots$ (i)

즉, $\triangle ABC$는 이등변삼각형이므로

$$\angle ABC=\angle ACB=\frac{1}{2}\times(180°-60°)=60°$$

따라서 $\triangle ABC$는 정삼각형이므로 $\qquad\cdots$ (ii)

$$\overline{BC}=\overline{AB}=2\overline{AM}=2\times4=8 \qquad\cdots\text{(iii)}$$

채점 기준	비율
(i) $\overline{AB}=\overline{AC}$임을 알기	20 %
(ii) $\triangle ABC$가 정삼각형임을 알기	50 %
(iii) $\overline{BC}$의 길이 구하기	30 %

18 $\square AMON$에서 $\angle MAN=360°-(90°+120°+90°)=60°$

$\overline{OM}=\overline{ON}$이므로 $\overline{AB}=\overline{AC}$

즉, $\triangle ABC$는 이등변삼각형이므로

$$\angle ABC=\angle ACB=\frac{1}{2}\times(180°-60°)=60°$$

따라서 $\triangle ABC$는 정삼각형이므로

$(\triangle ABC$의 둘레의 길이$)=3\overline{AC}=3\times6=18$

$\bigcirc 2$ 원의 접선

유형 3 $\qquad\qquad$ P. 40~41

1 (1) 30° (2) 140° **2** (1) $3\sqrt{5}$ (2) 3 (3) 4
3 (1) 8 (2) 13
4 (1) $x=12$, $y=12$ (2) $x=15$, $y=17$
5 (1) 67 (2) 19 (3) 4 **6** (1) 5 (2) 9 (3) 3
7 2, 6, 2, 8, 10, 10, 6, 8, 8 **8** $6\sqrt{5}$

1 (1) $\angle PAO=\angle PBO=90°$이므로

$\square APBO$에서

$$\angle x=360°-(90°+150°+90°)=30°$$

(2) $\angle PAO=\angle PBO=90°$이므로

$\square APBO$에서

$$\angle x=360°-(90°+40°+90°)=140°$$

2 (1) $\angle OTP=90°$이고 $\overline{OT}=\overline{OA}=2$이므로

$\triangle OTP$에서 $x=\sqrt{(2+5)^2-2^2}=3\sqrt{5}$

(2) $\angle PTO=90°$이고 $\overline{OT}=\overline{OA}=x$이므로

$\triangle OPT$에서 $4^2+x^2=(2+x)^2$

$4x=12 \qquad \therefore x=3$

(3) $\angle \text{OTP}=90°$이고 $\overline{\text{OA}}=\overline{\text{OT}}=6$

$\triangle \text{OTP}$에서 $\overline{\text{OP}}=\sqrt{8^2+6^2}=10$

$\therefore x=\overline{\text{OP}}-\overline{\text{OA}}=10-6=4$

4 (1) $\angle \text{PBO}=90°$이므로

$\triangle \text{PBO}$에서 $x=\sqrt{13^2-5^2}=12$

$\overline{\text{PA}}=\overline{\text{PB}}$이므로 $y=12$

(2) $\overline{\text{PA}}=\overline{\text{PB}}$이므로 $x=15$

$\angle \text{PAO}=90°$이므로

$\triangle \text{PAO}$에서 $y=\sqrt{15^2+8^2}=17$

5 (1) $\overline{\text{PA}}=\overline{\text{PB}}$이므로 $\triangle \text{PAB}$는 이등변삼각형이다.

따라서 $\angle \text{PBA}=\angle \text{PAB}=67°$이므로

$x=67$

(2) $\overline{\text{PA}}=\overline{\text{PB}}$이므로 $\triangle \text{PBA}$는 이등변삼각형이다.

$\therefore \angle \text{PAB}=\dfrac{1}{2}\times(180°-38°)=71°$

이때 $\angle \text{PAO}=90°$이므로

$\angle \text{OAB}=90°-71°=19°$

$\therefore x=19$

(3) $\overline{\text{PA}}=\overline{\text{PB}}$이므로 $\triangle \text{PAB}$는 이등변삼각형이다.

$\therefore \angle \text{PAB}=\angle \text{PBA}=\dfrac{1}{2}\times(180°-60°)=60°$

따라서 $\triangle \text{PAB}$는 정삼각형이므로

$x=\overline{\text{PB}}=4$

6 (1) $\overline{\text{PA}}+\overline{\text{AB}}+\overline{\text{BP}}=\overline{\text{PT}}+\overline{\text{PT}'}=2\overline{\text{PT}}$이므로

$5+x+6=2\times8$ $\therefore x=5$

$\overline{\text{PT}'}=\overline{\text{PT}}=8$이므로 $\overline{\text{BT}'}=2$, $\overline{\text{AT}}=3$

$\therefore x=\overline{\text{AC}}+\overline{\text{BC}}=\overline{\text{AT}}+\overline{\text{BT}'}=3+2=5$

(2) $\overline{\text{PA}}+\overline{\text{AB}}+\overline{\text{BP}}=\overline{\text{PT}}+\overline{\text{PT}'}=2\overline{\text{PT}}$이므로

$7+5+6=2x$, $2x=18$

$\therefore x=9$

(3) $\overline{\text{PA}}+\overline{\text{AB}}+\overline{\text{BP}}=\overline{\text{PT}}+\overline{\text{PT}'}=2\overline{\text{PT}}$이므로

$6+4+8=2(6+x)$, $2x=6$

$\therefore x=3$

8 오른쪽 그림과 같이 점 D에서 $\overline{\text{AC}}$에 내린 수선의 발을 H라고 하면

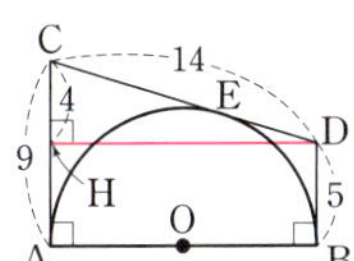

$\overline{\text{AH}}=\overline{\text{BD}}=5$이므로

$\overline{\text{CH}}=\overline{\text{AC}}-\overline{\text{AH}}=9-5=4$

$\overline{\text{CE}}=\overline{\text{CA}}=9$, $\overline{\text{DE}}=\overline{\text{DB}}=5$이므로

$\overline{\text{CD}}=\overline{\text{CE}}+\overline{\text{DE}}=9+5=14$

$\triangle \text{CHD}$에서 $\overline{\text{HD}}=\sqrt{14^2-4^2}=6\sqrt{5}$

$\therefore \overline{\text{AB}}=\overline{\text{HD}}=6\sqrt{5}$

1 $24\pi\,\text{cm}^2$	**2** ②	**3** $9\,\text{cm}$	**4** $4\sqrt{3}\,\text{cm}^2$
5 7	**6** ②	**7** 48	**8** $2\sqrt{13}$
9 $9\,\text{cm}$	**10** $4\,\text{cm}$	**11** $2\sqrt{21}$	**12** ⑤

[1~8] 접선의 성질

(1) $\angle \text{PAO}=\angle \text{PBO}=90°$

(2) $\triangle \text{PAO}\equiv\triangle \text{PBO}$(RHS 합동)

(3) $\overline{\text{PA}}=\overline{\text{PB}}$

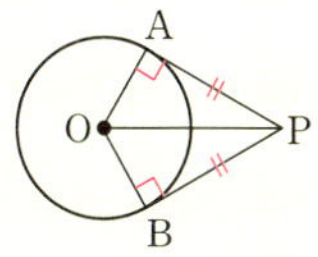

1 $\angle \text{PAO}=\angle \text{PBO}=90°$이므로

$\square \text{APBO}$에서

$\angle \text{AOB}=360°-(90°+45°+90°)=135°$

$\therefore$ (색칠한 부분의 넓이)$=\pi\times8^2\times\dfrac{135}{360}=24\pi\,(\text{cm}^2)$

2 $\angle \text{PTO}=\angle \text{PT}'\text{O}=90°$이므로

$\square \text{TPT}'\text{O}$에서

$\angle \text{TOT}'(\text{작은 각})=360°-(90°+100°+90°)=80°$

$\therefore \angle \text{TOT}'(\text{큰 각})=360°-80°=280°$

$\therefore$ (색칠한 부분의 넓이)$=\pi\times3^2\times\dfrac{280}{360}=7\pi\,(\text{cm}^2)$

3 $\triangle \text{PAO}\equiv\triangle \text{PBO}$(RHS 합동)이므로

$\angle \text{BOP}=\angle \text{AOP}=\dfrac{1}{2}\times120°=60°$

따라서 $\triangle \text{PBO}$에서

$\overline{\text{PB}}=\overline{\text{OB}}\tan 60°=3\sqrt{3}\times\sqrt{3}=9\,(\text{cm})$

4 오른쪽 그림과 같이 $\overline{\text{OP}}$를 그으면

$\triangle \text{PAO}\equiv\triangle \text{PBO}$ (RHS 합동)이므로

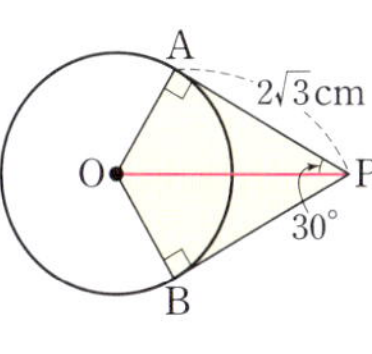

$\angle \text{APO}=\angle \text{BPO}$

$=\dfrac{1}{2}\times60°=30°$

$\triangle \text{PAO}$에서

$\overline{\text{OA}}=\overline{\text{PA}}\tan 30°=2\sqrt{3}\times\dfrac{\sqrt{3}}{3}=2\,(\text{cm})$

$\therefore \square \text{AOBP}=2\triangle \text{PAO}$

$=2\times\left(\dfrac{1}{2}\times2\sqrt{3}\times2\right)$

$=4\sqrt{3}\,(\text{cm}^2)$

5 $\overline{\text{PB}}=\overline{\text{PA}}=3$, $\overline{\text{QB}}=\overline{\text{QC}}=4$

$\therefore x=\overline{\text{PB}}+\overline{\text{QB}}=3+4=7$

6 $\overline{\text{PB}}=\overline{\text{PA}}=2$이므로

$\overline{\text{QB}}=\overline{\text{PQ}}-\overline{\text{PB}}=5-2=3$

$\therefore x=\overline{\text{QB}}=3$

7 $\angle$PBO$=90°$이므로

$\triangle$PBO에서 $\overline{PB}=\sqrt{25^2-7^2}=24$

따라서 $\overline{PA}=\overline{PB}=24$이므로

$\overline{PA}+\overline{PB}=24+24=48$

8 $\overline{PT}=\overline{PT'}=6$

이때 $\angle$PTO$=90°$이므로

$\triangle$PTO에서 $\overline{OP}=\sqrt{6^2+4^2}=2\sqrt{13}$

[9~10] 접선의 성질의 응용

(1) $\overline{PA}=\overline{PB}$, $\overline{CA}=\overline{CE}$, $\overline{DB}=\overline{DE}$

(2) ($\triangle$PDC의 둘레의 길이)
$=\overline{PC}+\overline{CD}+\overline{PD}$
$=\overline{PA}+\overline{PB}=2\overline{PA}=2\overline{PB}$

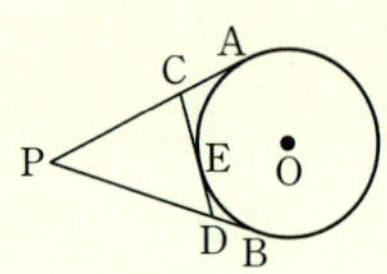

---

9 ($\triangle$PDC의 둘레의 길이)$=\overline{PC}+\overline{CD}+\overline{PD}$
$=\overline{PA}+\overline{PB}=2\overline{PA}$

이때 $\triangle$PDC의 둘레의 길이가 $18\,\text{cm}$이므로

$2\overline{PA}=18$ $\therefore \overline{PA}=9(\text{cm})$

10 $\overline{PC}+\overline{CD}+\overline{PD}=\overline{PA}+\overline{PB}=2\overline{PB}$이므로

$9+6+7=2\overline{PB}$ $\therefore \overline{PB}=11(\text{cm})$

$\therefore \overline{BD}=\overline{PB}-\overline{PD}=11-7=4(\text{cm})$

[11~12] 반원(원)에서의 접선의 길이

지름과 평행한 보조선을 그어 직각삼각형을 만든다.

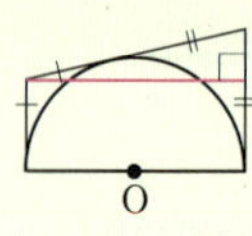 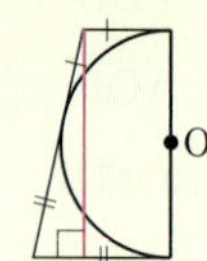

---

11 오른쪽 그림과 같이 점 D에서 $\overline{AC}$에 내린 수선의 발을 H라고 하면

$\overline{AH}=\overline{BD}=3$이므로

$\overline{CH}=\overline{AC}-\overline{AH}=7-3=4$

$\overline{CE}=\overline{CA}=7$, $\overline{DE}=\overline{DB}=3$이므로

$\overline{CD}=\overline{CE}+\overline{DE}=7+3=10$

$\triangle$CHD에서 $\overline{HD}=\sqrt{10^2-4^2}=2\sqrt{21}$

$\therefore \overline{AB}=\overline{HD}=2\sqrt{21}$

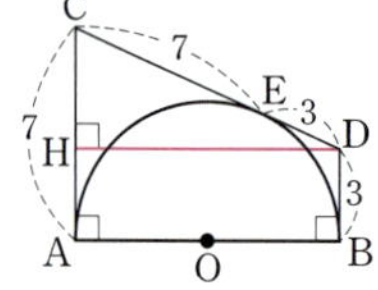

12 오른쪽 그림과 같이 점 C에서 $\overline{BD}$에 내린 수선의 발을 H라고 하면

$\overline{BH}=\overline{AC}=4\,\text{cm}$이므로

$\overline{DH}=\overline{BD}-\overline{BH}=8-4=4(\text{cm})$

$\overline{CP}=\overline{CA}=4\,\text{cm}$,

$\overline{DP}=\overline{DB}=8\,\text{cm}$이므로

$\overline{CD}=\overline{CP}+\overline{DP}=4+8=12(\text{cm})$

$\triangle$CHD에서 $\overline{CH}=\sqrt{12^2-4^2}=8\sqrt{2}(\text{cm})$

따라서 원 O의 지름의 길이는

$\overline{AB}=\overline{CH}=8\sqrt{2}\,\text{cm}$

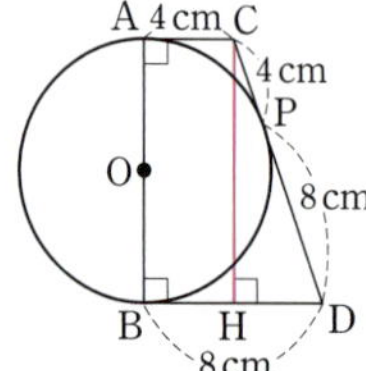

---

1 (1) 3   (2) 4   (3) 7

2 $10-x$, $12-x$, $10-x$, $12-x$, 7

3 (1) 5   (2) 6   **4** (1) 2 cm   (2) 2 cm

---

1 (1) $\overline{AF}=\overline{AD}=4$

$\therefore x=\overline{CF}=7-4=3$

(2) $\overline{BE}=\overline{BD}=5$

$\overline{CF}=\overline{CE}=13-5=8$

$\therefore x=\overline{AF}=12-8=4$

(3) $\overline{BE}=\overline{BD}=10-6=4$

$\overline{AF}=\overline{AD}=6$

$\overline{CE}=\overline{CF}=9-6=3$

$\therefore x=\overline{BE}+\overline{CE}=4+3=7$

3 (1) $\overline{CE}=\overline{CF}=x$이므로

$\overline{AD}=\overline{AF}=8-x$, $\overline{BD}=\overline{BE}=9-x$

$\overline{AB}=\overline{AD}+\overline{BD}$이므로 $7=(8-x)+(9-x)$

$2x=10$ $\therefore x=5$

(2) $\overline{AF}=\overline{AD}=x$이므로

$\overline{BE}=\overline{BD}=18-x$, $\overline{CE}=\overline{CF}=14-x$

$\overline{BC}=\overline{BE}+\overline{CE}$이므로 $20=(18-x)+(14-x)$

$2x=12$ $\therefore x=6$

4 원 O의 반지름의 길이를 $r\,\text{cm}$라고 하면

(1) $\triangle$ABC에서 $\overline{AB}=\sqrt{6^2+8^2}=10(\text{cm})$

오른쪽 그림과 같이 $\overline{OE}$, $\overline{OF}$를 그으면 $\square$OECF는 정사각형이므로

$\overline{CE}=\overline{CF}=r\,\text{cm}$,

$\overline{AD}=\overline{AF}=(8-r)\,\text{cm}$,

$\overline{BD}=\overline{BE}=(6-r)\,\text{cm}$

$\overline{AB}=\overline{AD}+\overline{BD}$이므로

$10=(8-r)+(6-r)$

$2r=4$ $\therefore r=2$

따라서 원 O의 반지름의 길이는 $2\,\text{cm}$이다.

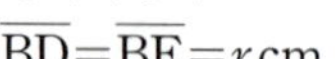

(2) $\triangle$ABC에서 $\overline{AB}=\sqrt{13^2-12^2}=5(\text{cm})$

오른쪽 그림과 같이 $\overline{OD}$, $\overline{OE}$를 그으면 $\square$DBEO는 정사각형이므로

$\overline{BD}=\overline{BE}=r\,\text{cm}$,

$\overline{AF}=\overline{AD}=(5-r)\,\text{cm}$,

$\overline{CF}=\overline{CE}=(12-r)\,\text{cm}$

$\overline{AC}=\overline{AF}+\overline{CF}$이므로 $13=(5-r)+(12-r)$

$2r=4$ $\therefore r=2$

따라서 원 O의 반지름의 길이는 $2\,\text{cm}$이다.

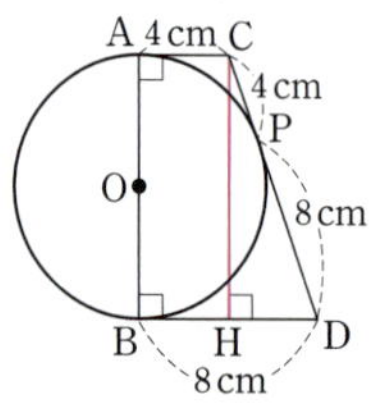

1 (1) × (2) ○ (3) × (4) × (5) ○ (6) ×
2 (1) $x=13$ (2) $x=3$ (3) $x=4, y=5$ (4) $x=3, y=9$
3 2   **4** (1) 7 (2) 6
5 (1) 3, 3 (2) 그림은 풀이 참조, 3   **6** (1) 10 (2) 30

2 (1) $15+x=8+20$ $\therefore x=13$
  (2) $8+(2+x)=6+7$ $\therefore x=3$
  (3) $x=3+1=4$
     $(3+5)+(1+y)=4+10$ $\therefore y=5$
  (4) $x=8-5=3$
     $6+8=(2+3)+y$ $\therefore y=9$

3 $x+11=y+13$
  $\therefore x-y=13-11=2$

4 (1) 오른쪽 그림과 같이 $\overline{OP}$를 그으면
    □PBQO는 정사각형이므로
    $\overline{BQ}=5$
    □ABCD에서
    $10+11=9+(5+x)$
    $\therefore x=7$
  (2) 오른쪽 그림과 같이 $\overline{OQ}$를 그으면
    □OQCR는 정사각형이므로
    $\overline{QC}=x$
    □ABCD에서
    $14+9=8+(9+x)$
    $\therefore x=6$

5 (1) △ABE에서
    $\overline{BE}=\sqrt{5^2-4^2}=3$
  (2) $\overline{CD}=\overline{AB}=4$
    $\overline{AD}=\overline{BC}=\overline{BE}+\overline{CE}=x+3$
    □AECD에서
    $5+4=(x+3)+x,\ 2x=6$
    $\therefore x=3$

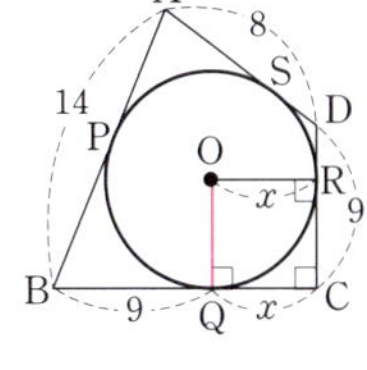

6 (1) $\overline{AB}=\overline{CD}=12$
    △DEC에서 $\overline{CE}=\sqrt{13^2-12^2}=5$
    $\overline{AD}=\overline{BC}=\overline{BE}+\overline{CE}=x+5$
    □ABED에서 $12+13=(x+5)+x$
    $2x=20$ $\therefore x=10$
  (2) $\overline{CD}=\overline{AB}=20$
    △DEC에서 $\overline{CE}=\sqrt{25^2-20^2}=15$
    $\overline{BE}=\overline{BC}-\overline{CE}=\overline{AD}-\overline{CE}=x-15$
    □ABED에서 $20+25=x+(x-15)$
    $2x=60$ $\therefore x=30$

---

1 ④   **2** 6   **3** 6   **4** 2
5 1   **6** ③   **7** ②   **8** 28
9 5 cm   **10** 4 cm   **11** 18 cm   **12** 12 cm

[1~4] 삼각형의 내접원
(1) $\overline{AD}=\overline{AF}=x$, $\overline{BD}=\overline{BE}=y$,
   $\overline{CE}=\overline{CF}=z$
(2) (△ABC의 둘레의 길이)
   $=\overline{AB}+\overline{BC}+\overline{CA}$
   $=2(x+y+z)$

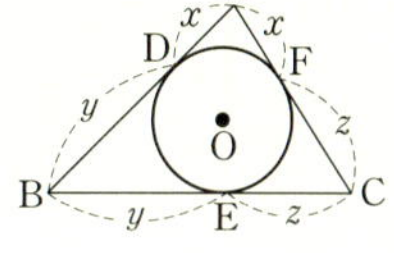

1 $\overline{AF}=\overline{AD}=5$, $\overline{BE}=\overline{BD}=9-5=4$, $\overline{CE}=\overline{CF}=8-5=3$
  $\therefore \overline{BC}=\overline{BE}+\overline{CE}=4+3=7$

2 $\overline{AF}=\overline{AD}=4$, $\overline{BE}=\overline{BD}=5$, $\overline{CF}=\overline{CE}=7-5=2$
  $\therefore \overline{AC}=\overline{AF}+\overline{CF}=4+2=6$

3 $\overline{BE}=x$라고 하면
  $\overline{BD}=\overline{BE}=x$,
  $\overline{AF}=\overline{AD}=9-x$,
  $\overline{CF}=\overline{CE}=10-x$ … (i)
  $\overline{AC}=\overline{AF}+\overline{CF}$이므로
  $7=(9-x)+(10-x)$
  $2x=12$ $\therefore x=6$
  따라서 $\overline{BE}$의 길이는 6이다.   … (ii)

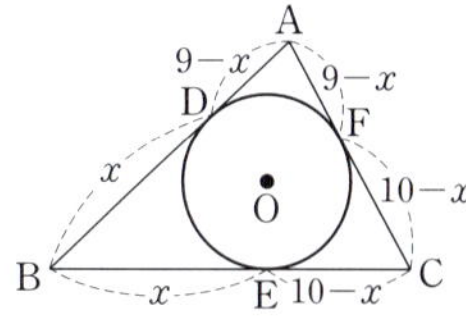

채점 기준	비율
(i) $\overline{AF}$, $\overline{CF}$의 길이를 x를 사용하여 나타내기	60 %
(ii) $\overline{BE}$의 길이 구하기	40 %

4 $\overline{AD}=x$라고 하면
  $\overline{AF}=\overline{AD}=x$,
  $\overline{BE}=\overline{BD}=7-x$,
  $\overline{CE}=\overline{CF}=4-x$
  $\overline{BC}=\overline{BE}+\overline{CE}$이므로
  $7=(7-x)+(4-x)$
  $2x=4$ $\therefore x=2$
  따라서 $\overline{AD}$의 길이는 2이다.

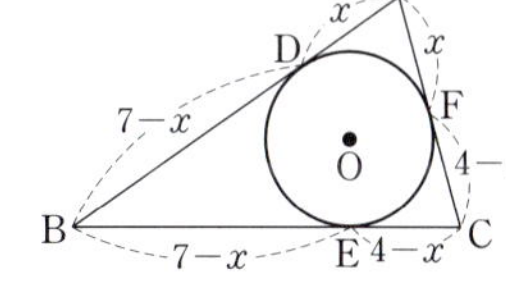

[5~6] 직각삼각형의 내접원
□ADOF는 정사각형이므로
$\overline{AD}=$(내접원 O의 반지름의 길이)
  $=r$

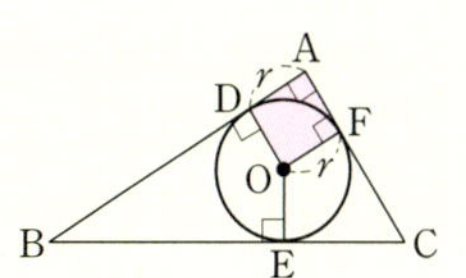

5 △ABC에서 $\overline{BC}=\sqrt{5^2-3^2}=4$

오른쪽 그림과 같이 $\overline{OE}$, $\overline{OF}$를
긋고 원 O의 반지름의 길이를
r라고 하면 □OECF는 정사
각형이므로

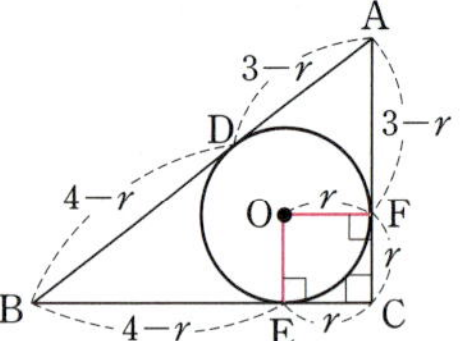

$\overline{CE}=\overline{CF}=r$,

$\overline{AD}=\overline{AF}=3-r$,

$\overline{BD}=\overline{BE}=4-r$

$\overline{AB}=\overline{AD}+\overline{BD}$이므로 $5=(3-r)+(4-r)$

$2r=2$ $\quad\therefore r=1$

따라서 원 O의 반지름의 길이는 1이다.

6 △ABC에서 $\overline{AB}=\sqrt{8^2+15^2}=17$

오른쪽 그림과 같이 $\overline{OE}$, $\overline{OF}$를 긋고
원 O의 반지름의 길이를 r라고 하면
□OECF는 정사각형이므로

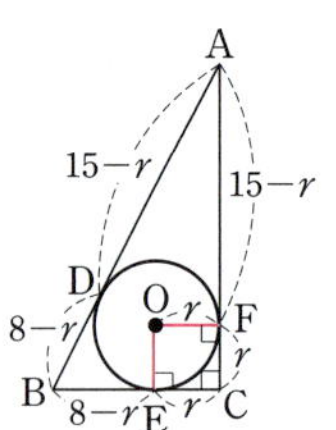

$\overline{CE}=\overline{CF}=r$,

$\overline{AD}=\overline{AF}=15-r$,

$\overline{BD}=\overline{BE}=8-r$

$\overline{AB}=\overline{AD}+\overline{BD}$이므로 $17=(15-r)+(8-r)$

$2r=6$ $\quad\therefore r=3$

따라서 원 O의 반지름의 길이는 3이다.

[7~12] 원에 외접하는 사각형의 성질
원에 외접하는 사각형에서 두 쌍의 대변의 길이의
합은 같다.
$\Rightarrow \overline{AB}+\overline{CD}=\overline{AD}+\overline{BC}$

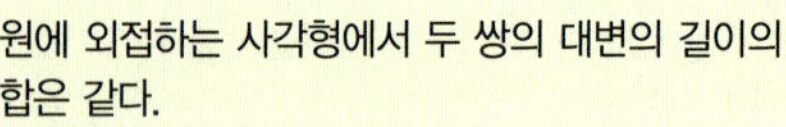

7 $\overline{AB}+\overline{CD}=\overline{AD}+\overline{BC}$이므로
$6+\overline{CD}=4+9$ $\quad\therefore \overline{CD}=7$

8 $\overline{AB}+\overline{CD}=\overline{AD}+\overline{BC}$이므로
(□ABCD의 둘레의 길이)
$=\overline{AB}+\overline{CD}+\overline{AD}+\overline{BC}$
$=2(\overline{AD}+\overline{BC})=2\times(6+8)=28$

9 오른쪽 그림과 같이 $\overline{OP}$를 그으면
□PBQO는 정사각형이므로
$\overline{PB}=6\,cm$
□ABCD에서
$(\overline{AP}+6)+14=10+15$
$\quad\therefore \overline{AP}=5(cm)$

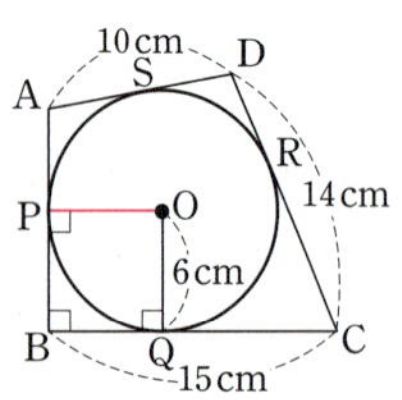

10 오른쪽 그림과 같이 $\overline{OS}$를 그으면
□SQCD는 직사각형이므로
$\overline{CD}=2\overline{OQ}=2\times3=6(cm)$
□ABCD에서 $10+6=\overline{AD}+12$
$\quad\therefore \overline{AD}=4(cm)$

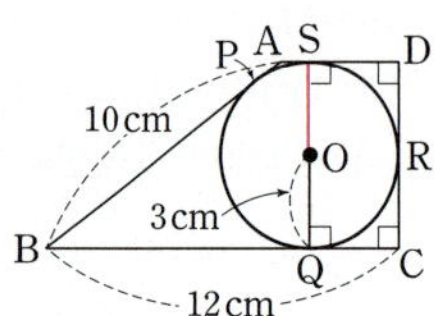

11 $\overline{AB}=\overline{CD}=12\,cm$

△DEC에서 $\overline{CE}=\sqrt{15^2-12^2}=9(cm)$

$\overline{AD}=x\,cm$라고 하면 $\overline{BC}=\overline{AD}=x\,cm$이므로

$\overline{BE}=\overline{BC}-\overline{CE}=x-9(cm)$

□ABED에서 $\overline{AB}+\overline{DE}=\overline{AD}+\overline{BE}$이므로

$12+15=x+(x-9)$

$2x=36$ $\quad\therefore x=18$

따라서 $\overline{AD}$의 길이는 18 cm이다.

12 $\overline{CD}=\overline{AB}=15\,cm$

△DEC에서 $\overline{CE}=\sqrt{17^2-15^2}=8(cm)$

$\overline{BE}=x\,cm$라고 하면

$\overline{AD}=\overline{BC}=\overline{BE}+\overline{CE}=x+8(cm)$

□ABED에서 $\overline{AB}+\overline{DE}=\overline{AD}+\overline{BE}$이므로

$15+17=(x+8)+x$

$2x=24$ $\quad\therefore x=12$

따라서 $\overline{BE}$의 길이는 12 cm이다.

단원 마무리

P. 49~51

1 ⑤	**2** $\dfrac{29}{4}\,cm$	**3** $\dfrac{29}{3}\,m$	**4** ⑤
5 $7\sqrt{2}\,cm$	**6** $4\sqrt{3}\,cm^2$		
7 (1) $120°$ (2) $3\,cm$ (3) $3\pi\,cm^2$		**8** ①	
9 $38\,cm$	**10** 5	**11** $11\,cm$	**12** $12\,cm$

1 △OAM에서
$\overline{AM}=\sqrt{6^2-2^2}=4\sqrt{2}(cm)$
$\therefore \overline{AB}=2\overline{AM}=2\times4\sqrt{2}=8\sqrt{2}(cm)$

2 $\overline{BM}=\overline{AM}=5\,cm$
$\overline{OB}=x\,cm$라고 하면
$\overline{OM}=(x-2)\,cm$
△OMB에서
$5^2+(x-2)^2=x^2$, $4x=29$ $\quad\therefore x=\dfrac{29}{4}$

따라서 $\overline{OB}$의 길이는 $\dfrac{29}{4}\,cm$이다.

3 오른쪽 그림과 같이 원의 중심을 O
라고 하면 $\overline{CM}$의 연장선은 점 O를
지난다. 원의 반지름의 길이를 $r\,m$
라고 하면
$\overline{OA}=r\,m$, $\overline{OM}=(r-3)\,m$

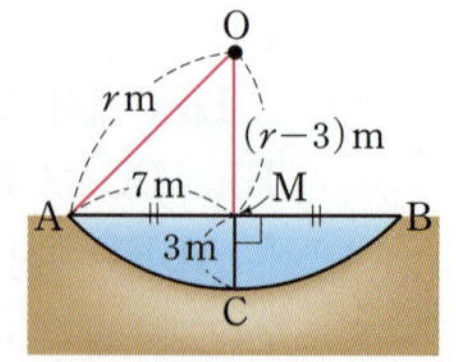

$\overline{AM}=\dfrac{1}{2}\overline{AB}=\dfrac{1}{2}\times14=7\,(m)$이므로

$\triangle OAM$에서 $7^2+(r-3)^2=r^2$

$6r=58$ $\qquad \therefore r=\dfrac{29}{3}$

따라서 원의 반지름의 길이는 $\dfrac{29}{3}\,m$이다.

4 오른쪽 그림과 같이 원의 중심 O에서 $\overline{AB}$에 내린 수선의 발을 H라고 하면

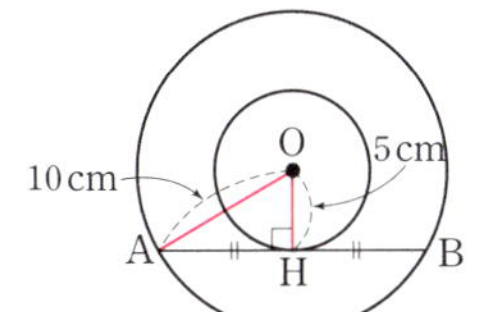

$\overline{OA}=10\,cm$, $\overline{OH}=5\,cm$

$\triangle OAH$에서

$\overline{AH}=\sqrt{10^2-5^2}=5\sqrt{3}\,(cm)$

$\therefore \overline{AB}=2\overline{AH}=2\times5\sqrt{3}=10\sqrt{3}\,(cm)$

5 $\overline{OM}=\overline{ON}$이므로

$\overline{CD}=\overline{AB}=14\,cm$ $\qquad \cdots$(i)

$\overline{CD}\perp\overline{ON}$이므로

$\overline{CN}=\dfrac{1}{2}\overline{CD}=\dfrac{1}{2}\times14=7\,(cm)$ $\qquad \cdots$(ii)

따라서 $\triangle CON$에서

$\overline{OC}=\sqrt{7^2+7^2}=7\sqrt{2}\,(cm)$ $\qquad \cdots$(iii)

채점 기준	비율
(i) $\overline{CD}$의 길이 구하기	30 %
(ii) $\overline{CN}$의 길이 구하기	30 %
(iii) $\overline{OC}$의 길이 구하기	40 %

6 $\overline{OD}=\overline{OE}$이므로 $\overline{AB}=\overline{BC}$

즉, $\triangle ABC$는 이등변삼각형이므로

$\angle BAC=\angle ACB=60°$

$\angle ABC=180°-(60°+60°)=60°$

따라서 $\triangle ABC$는 정삼각형이므로

$\overline{AB}=\overline{BC}=2\overline{AD}=2\times2=4\,(cm)$

$\therefore \triangle ABC=\dfrac{1}{2}\times4\times4\times\sin 60°$

$\qquad\qquad =\dfrac{1}{2}\times4\times4\times\dfrac{\sqrt{3}}{2}=4\sqrt{3}\,(cm^2)$

7 (1) $\angle PAO=\angle PBO=90°$이므로

$\square APBO$에서

$\angle AOB=360°-(90°+60°+90°)=120°$

(2) 오른쪽 그림과 같이 $\overline{OP}$를 그으면

$\triangle PAO\equiv\triangle PBO\,(RHS\ 합동)$

이므로

$\angle APO=\angle BPO$

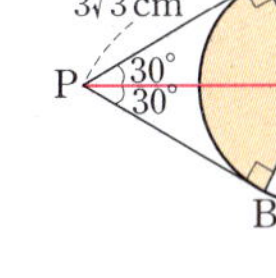

$\qquad =\dfrac{1}{2}\times60°=30°$

$\triangle PAO$에서 $\overline{OA}=\overline{PA}\tan 30°=3\sqrt{3}\times\dfrac{\sqrt{3}}{3}=3\,(cm)$

(3) (색칠한 부분의 넓이)$=\pi\times3^2\times\dfrac{120}{360}=3\pi\,(cm^2)$

8 $\overline{OQ}=\overline{OA}=3$(원의 반지름)이므로

$\overline{OP}=3+7=10$

$\angle PAO=90°$이므로

$\triangle PAO$에서 $\overline{PA}=\sqrt{10^2-3^2}=\sqrt{91}$

$\therefore \overline{PB}=\overline{PA}=\sqrt{91}$

9 오른쪽 그림과 같이 점 C에서 $\overline{AD}$에 내린 수선의 발을 H라고 하면

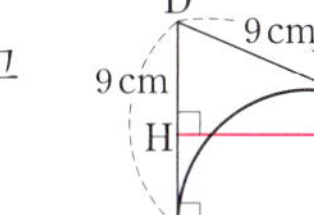

$\overline{AH}=\overline{BC}=4\,cm$이므로

$\overline{DH}=9-4=5\,(cm)$ $\qquad \cdots$(i)

$\overline{CE}=\overline{CB}=4\,cm$,

$\overline{DE}=\overline{DA}=9\,cm$이므로

$\overline{CD}=\overline{CE}+\overline{DE}=4+9=13\,(cm)$ $\qquad \cdots$(ii)

$\triangle DHC$에서

$\overline{HC}=\sqrt{13^2-5^2}=12\,(cm)$

$\therefore \overline{AB}=\overline{HC}=12\,cm$ $\qquad \cdots$(iii)

$\therefore$ ($\square ABCD$의 둘레의 길이)

$\quad =\overline{AB}+\overline{BC}+\overline{CD}+\overline{DA}$

$\quad =12+4+13+9=38\,(cm)$ $\qquad \cdots$(iv)

채점 기준	비율
(i) $\overline{DH}$의 길이 구하기	20 %
(ii) $\overline{CD}$의 길이 구하기	30 %
(iii) $\overline{AB}$의 길이 구하기	30 %
(iv) $\square ABCD$의 둘레의 길이 구하기	20 %

10 $\overline{AD}=x$라고 하면

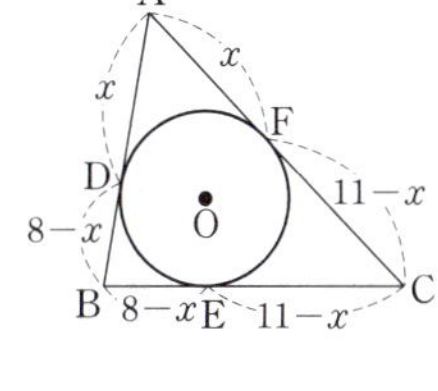

$\overline{AF}=\overline{AD}=x$,

$\overline{BE}=\overline{BD}=8-x$,

$\overline{CE}=\overline{CF}=11-x$

$\overline{BC}=\overline{BE}+\overline{CE}$이므로

$9=(8-x)+(11-x)$

$2x=10$ $\qquad \therefore x=5$

따라서 $\overline{AD}$의 길이는 5이다.

11 $\square ABCD$의 둘레의 길이가 $52\,cm$이므로

$\overline{AB}+\overline{CD}=\overline{AD}+\overline{BC}=\dfrac{1}{2}\times52=26\,(cm)$

따라서 $15+\overline{CD}=26$이므로

$\overline{CD}=26-15=11\,(cm)$

12 $\triangle DEC$에서 $\overline{CE}=\sqrt{10^2-8^2}=6\,(cm)$

$\overline{AD}=x\,cm$라고 하면 $\overline{BC}=\overline{AD}=x\,cm$이므로

$\overline{BE}=\overline{BC}-\overline{CE}=x-6\,(cm)$

$\overline{AB}=\overline{CD}=8\,cm$

$\square ABED$에서 $\overline{AB}+\overline{DE}=\overline{AD}+\overline{BE}$이므로

$8+10=x+(x-6)$, $2x=24$ $\qquad \therefore x=12$

따라서 $\overline{AD}$의 길이는 $12\,cm$이다.

1 원주각

유형 1
P. 54

1 (1) $65°$　(2) $140°$　(3) $27°$　(4) $70°$
2 (1) $70°$　(2) $260°$　(3) $160°$　(4) $126°$
3 (1) $\angle x=35°$, $\angle y=35°$　(2) $\angle x=40°$, $\angle y=60°$
4 (1) $60°$　(2) $50°$　(3) $71°$

1 $\angle APB=\dfrac{1}{2}\angle AOB$, $\angle AOB=2\angle APB$이므로

(1) $\angle x=\dfrac{1}{2}\times130°=65°$

(2) $\angle x=2\times70°=140°$

(3) $\angle x=\dfrac{1}{2}\times54°=27°$

(4) $\angle x=2\times35°=70°$

2 (1) $\angle x=\dfrac{1}{2}\angle AOB=\dfrac{1}{2}\times(360°-220°)=70°$

(2) $\angle AOB=2\angle APB=2\times50°=100°$이므로
$\angle x=360°-100°=260°$

(3) $\angle x=360°-2\times100°=160°$

(4) $\angle x=\dfrac{1}{2}\times(360°-108°)=126°$

3 (1) $\angle x=\dfrac{1}{2}\angle AOB=\dfrac{1}{2}\times70°=35°$
$\triangle OPA$는 $\overline{OP}=\overline{OA}$인 이등변삼각형이므로
$\angle y=\angle x=35°$

(2) $\angle x=2\angle APB=2\times20°=40°$
$\angle y=2\angle BQC=2\times30°=60°$

4 (1) $\angle PAO=\angle PBO=90°$이므로
□AOBP에서
$\angle AOB=360°-(90°+60°+90°)=120°$
$\therefore \angle x=\dfrac{1}{2}\angle AOB=\dfrac{1}{2}\times120°=60°$

(2) $\angle AOB$(큰 각)$=2\times115°=230°$이므로
$\angle AOB$(작은 각)$=360°-230°=130°$
이때 $\angle PAO=\angle PBO=90°$이므로
□APBO에서
$\angle x=360°-(90°+130°+90°)=50°$

(3) 오른쪽 그림과 같이 $\overline{OA}$,
$\overline{OB}$를 그으면
$\angle PAO=\angle PBO=90°$
이므로 □APBO에서
$\angle AOB=360°-(90°+38°+90°)=142°$
$\therefore \angle x=\dfrac{1}{2}\angle AOB=\dfrac{1}{2}\times142°=71°$

유형 2
P. 55

1 (1) $\angle x=56°$, $\angle y=32°$　(2) $\angle x=40°$, $\angle y=90°$
(3) $\angle x=20°$, $\angle y=50°$　(4) $\angle x=32°$, $\angle y=64°$
(5) $\angle x=30°$, $\angle y=50°$　(6) $\angle x=60°$, $\angle y=120°$
2 (1) 90, $50°$　(2) $45°$　(3) $56°$　(4) $30°$　(5) $45°$　(6) $75°$

1 (1) $\angle x=\angle CBD=56°$
$\angle y=\angle ADB=32°$

(2) $\angle x=\angle ADB=40°$
$\angle y=50°+\angle x=50°+40°=90°$

(3) $\angle x=\angle CAD=20°$
$\angle y=70°-\angle x=70°-20°=50°$

(4) $\angle x=\angle BDC=32°$
$\angle y=2\angle x=2\times32°=64°$

> **다른 풀이**
> $\angle x=\angle BDC=32°$
> $\triangle ABO$는 $\overline{OA}=\overline{OB}$인 이등변삼각형이므로
> $\angle ABO=\angle x=32°$
> $\therefore \angle y=32°+32°=64°$

(5) $\angle x=\angle APB=30°$
$\angle y=\angle BRC=50°$

(6) 오른쪽 그림과 같이 $\overline{BQ}$를 그으면
$\angle x=\angle AQB+\angle BQC$
$\quad=\angle APB+\angle BRC$
$\quad=14°+46°=60°$
$\angle y=2\angle x=2\times60°=120°$

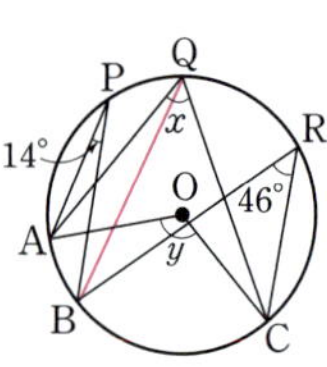

2 (2) $\angle ACB=90°$이고
$\triangle ABC$는 $\overline{AC}=\overline{BC}$인 이등변삼각형이므로
$\angle x=\dfrac{1}{2}\times(180°-90°)=45°$

(3) $\angle ACB=90°$이므로
$\angle x=90°-34°=56°$

(4) $\angle ABD=\angle ACD=60°$
$\angle ADB=90°$이므로
$\triangle ADB$에서
$\angle x=180°-(90°+60°)=30°$

(5) $\angle AQR=\angle APR=45°$
$\angle AQB=90°$이므로
$\angle x=90°-45°=45°$

(6) $\angle ACB=90°$이므로
$\triangle ACB$에서
$\angle ABC=180°-(90°+15°)=75°$
$\therefore \angle x=\angle ABC=75°$

1 (1) 7 (2) 40 (3) 72 (4) 12 (5) 45 (6) 42
2 (1) 20 (2) 2π
3 (1) 풀이 참조 (2) $\angle x=90°$, $\angle y=60°$, $\angle z=30°$

1
(1) $\angle APB=\angle CQD$이므로 $x=\overset{\frown}{AB}=7$

(2) $\overset{\frown}{AB}=\overset{\frown}{CD}$이므로

$(\overset{\frown}{AB}$에 대한 원주각의 크기$)=\angle CPD=20°$

$\therefore \angle AOB=2\times20°=40°$

$\therefore x=40$

(3) $\overset{\frown}{AC}=\overset{\frown}{BD}$이므로 $\angle BCD=\angle ABC=36°$

$\triangle PCB$에서

$\angle APC=36°+36°=72°$ $\therefore x=72$

(4) $4:x=27°:81°$, $4:x=1:3$ $\therefore x=12$

(5) $\angle PCB=90°$이므로

$\triangle PBC$에서

$\angle PBC=180°-(90°+25°)=65°$

$\overset{\frown}{AB}:\overset{\frown}{CP}=\angle APB:\angle PBC$이므로

$9:13=x°:65°$ $\therefore x=45$

(6) $12:4=63°:(\overset{\frown}{CD}$에 대한 원주각의 크기$)$

$3:1=63°:(\overset{\frown}{CD}$에 대한 원주각의 크기$)$

따라서 $(\overset{\frown}{CD}$에 대한 원주각의 크기$)=21°$이므로

$\angle COD=2\times21°=42°$ $\therefore x=42$

2 한 원에서 모든 호에 대한 원주각의 크기의 합은 $180°$이므로

(1) $\angle APB=180°\times\dfrac{1}{9}=20°$ $\therefore x=20$

(2) $\overset{\frown}{AB}:($원의 둘레의 길이$)=\angle APB:180°$에서

$x:6\pi=60°:180°$, $x:6\pi=1:3$

$\therefore x=2\pi$

3
(1) $\overset{\frown}{AB}:\overset{\frown}{BC}:\overset{\frown}{CA}=\angle z:\angle x:\angle y=1:2:2$이므로

$\angle x=180°\times\dfrac{\boxed{2}}{\boxed{5}}=\color{red}{72°}$

$\angle y=180°\times\dfrac{\boxed{2}}{\boxed{5}}=\color{red}{72°}$

$\angle z=180°\times\dfrac{\boxed{1}}{\boxed{5}}=\color{red}{36°}$

(2) $\overset{\frown}{AB}:\overset{\frown}{BC}:\overset{\frown}{CA}=\angle z:\angle x:\angle y=1:3:2$이므로

$\angle x=180°\times\dfrac{3}{6}=90°$

$\angle y=180°\times\dfrac{2}{6}=60°$

$\angle z=180°\times\dfrac{1}{6}=30°$

---

1 $50°$ **2** ① **3** ③ **4** $60°$ **5** ①
6 ② **7** ② **8** $44°$ **9** ① **10** $96°$
11 (1) $90°$ (2) $27°$ (3) $54°$ **12** $71°$
13 (1) $36°$ (2) $7\pi\,cm$ **14** $3\pi\,cm$ **15** $72°$ **16** ⑤
17 $50°$ **18** $45°$

[1~4] 원주각과 중심각의 크기

$($원주각의 크기$)=\dfrac{1}{2}\times($중심각의 크기$)$

$\Rightarrow \angle APB=\dfrac{1}{2}\angle AOB$

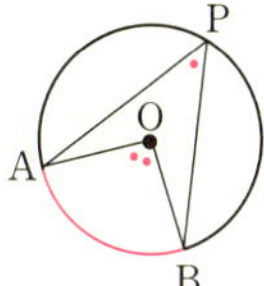

1 $\angle x=\dfrac{1}{2}\angle AOB=\dfrac{1}{2}\times100°=50°$

2 $\angle x=\dfrac{1}{2}\times(360°-130°)=115°$

3 $\angle PAO=\angle PBO=90°$이므로

$\square AOBP$에서

$\angle AOB=360°-(90°+44°+90°)=136°$

$\therefore \angle x=\dfrac{1}{2}\angle AOB=\dfrac{1}{2}\times136°=68°$

4 $\angle AOB($큰 각$)=2\angle ACB=2\times120°=240°$

$\angle AOB($작은 각$)=360°-240°=120°$

이때 $\angle PAO=\angle PBO=90°$이므로

$\square APBO$에서

$\angle x=360°-(90°+120°+90°)=60°$

[5~8] 한 호에 대한 원주각의 성질

원에서 한 호에 대한 원주각의 크기는 모두 같다.

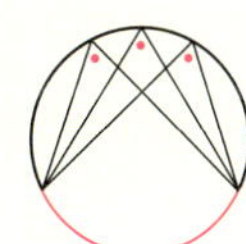

5 $\angle CAD=\angle CBD=30°$이므로

$\triangle APD$에서

$\angle APB=30°+40°=70°$

6 $\angle x=\angle BDC=50°$이므로

$\triangle ABP$에서

$\angle y=50°+30°=80°$

$\angle z=\angle ABD=30°$

$\therefore \angle x+\angle y-\angle z=50°+80°-30°=100°$

7 오른쪽 그림과 같이 $\overline{CE}$를 그으면

$\angle CED = \dfrac{1}{2}\angle COD = \dfrac{1}{2}\times 80^\circ = 40^\circ$

이므로

$\angle BEC = \angle BED - \angle CED$

$\qquad = 65^\circ - 40^\circ = 25^\circ$

$\therefore \ \angle x = \angle BEC = 25^\circ$

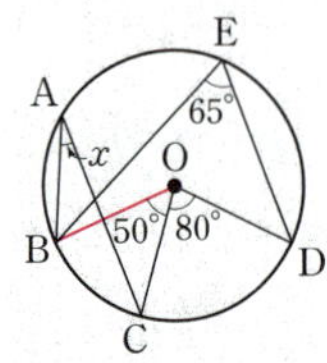

오른쪽 그림과 같이 $\overline{OB}$를 그으면

$\angle BOD = 2\angle BED = 2\times 65^\circ = 130^\circ$

이므로 $\angle BOC = 130^\circ - 80^\circ = 50^\circ$

$\therefore \ \angle x = \dfrac{1}{2}\angle BOC = \dfrac{1}{2}\times 50^\circ = 25^\circ$

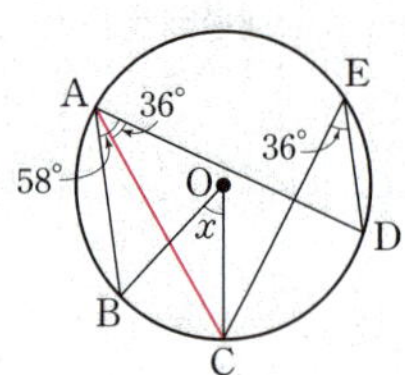

8 오른쪽 그림과 같이 $\overline{AC}$를 그으면

$\angle CAD = \angle CED = 36^\circ$이므로

$\angle BAC = \angle BAD - \angle CAD$

$\qquad = 58^\circ - 36^\circ = 22^\circ$

$\therefore \ \angle x = 2\angle BAC = 2\times 22^\circ = 44^\circ$

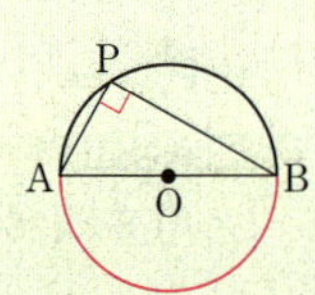

9 $\angle CBD = 90^\circ$이고 $\angle ABC = \angle ADC = 25^\circ$이므로

$\angle ABD = 90^\circ - 25^\circ = 65^\circ$

10 $\angle ADB = 90^\circ$이므로 $\angle ADC = 90^\circ - 38^\circ = 52^\circ$

$\angle ABC = \angle ADC = 52^\circ$이므로

$\triangle PCB$에서 $\angle BPC = 180^\circ - (32^\circ + 52^\circ) = 96^\circ$

11 (1) $\overline{AB}$가 반원 O의 지름이므로 $\angle ADB = 90^\circ$

(2) $\triangle PAD$에서 $\angle PAD = 180^\circ - (63^\circ + 90^\circ) = 27^\circ$

(3) $\angle COD = 2\angle CAD = 2\times 27^\circ = 54^\circ$

12 오른쪽 그림과 같이 $\overline{AD}$를 그으면

$\angle CAD = \dfrac{1}{2}\angle COD$

$\qquad = \dfrac{1}{2}\times 38^\circ = 19^\circ \quad \cdots \text{(i)}$

$\overline{AB}$가 반원 O의 지름이므로 $\angle ADB = 90^\circ \quad \cdots \text{(ii)}$

따라서 $\triangle PAD$에서

$\angle x = 180^\circ - (19^\circ + 90^\circ) = 71^\circ \quad \cdots \text{(iii)}$

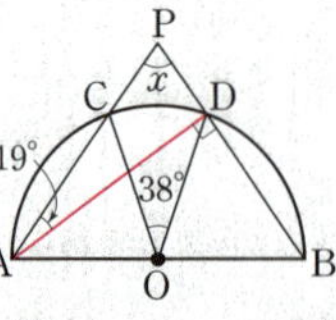

채점 기준	비율
(i) $\angle CAD$의 크기 구하기	40 %
(ii) $\angle ADB$의 크기 구하기	30 %
(iii) $\angle x$의 크기 구하기	30 %

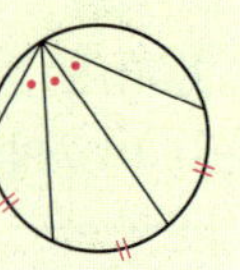

13 (1) $\triangle ACP$에서 $\angle CAP + 21^\circ = 57^\circ$ $\quad \therefore \ \angle CAP = 36^\circ$

(2) $\widehat{AD} : 12\pi = 21^\circ : 36^\circ$

$\widehat{AD} : 12\pi = 7 : 12$ $\quad \therefore \ \widehat{AD} = 7\pi \,(\text{cm})$

14 $\triangle ACP$에서 $\angle CAP + 18^\circ = 66^\circ$ $\quad \therefore \ \angle CAP = 48^\circ$

$\widehat{AD} : 8\pi = 18^\circ : 48^\circ$

$\widehat{AD} : 8\pi = 3 : 8$ $\quad \therefore \ \widehat{AD} = 3\pi \,(\text{cm})$

15 호의 길이는 그 호에 대한 원주각의 크기에 정비례하므로

$\angle ACB : \angle BAC : \angle CBA = \widehat{AB} : \widehat{BC} : \widehat{CA}$

$\qquad\qquad\qquad\qquad\qquad = 5 : 6 : 4 \quad \cdots \text{(i)}$

$\therefore \ \angle x = 180^\circ \times \dfrac{6}{5+6+4} = 72^\circ \quad \cdots \text{(ii)}$

채점 기준	비율
(i) $\angle ACB : \angle BAC : \angle CBA$ 구하기	50 %
(ii) $\angle x$의 크기 구하기	50 %

16 호의 길이는 그 호에 대한 원주각의 크기에 정비례하므로

$\angle ACB : \angle BAC : \angle CBA = \widehat{AB} : \widehat{BC} : \widehat{CA}$

$\qquad\qquad\qquad\qquad\qquad = 3 : 4 : 5$

$\therefore \ \angle x = 180^\circ \times \dfrac{5}{3+4+5} = 75^\circ$

17 $\widehat{AB}$의 길이는 원의 둘레의 길이의 $\dfrac{1}{6}$이므로

$\angle ACB = 180^\circ \times \dfrac{1}{6} = 30^\circ$

$\widehat{CD}$의 길이는 원의 둘레의 길이의 $\dfrac{1}{9}$이므로

$\angle CBD = 180^\circ \times \dfrac{1}{9} = 20^\circ$

따라서 $\triangle PBC$에서 $\angle x = 20^\circ + 30^\circ = 50^\circ$

18 오른쪽 그림과 같이 $\overline{AD}$를 그으면

$\widehat{AB}$의 길이는 원의 둘레의 길이의

$\dfrac{1}{12}$이므로

$\angle ADB = 180^\circ \times \dfrac{1}{12} = 15^\circ$

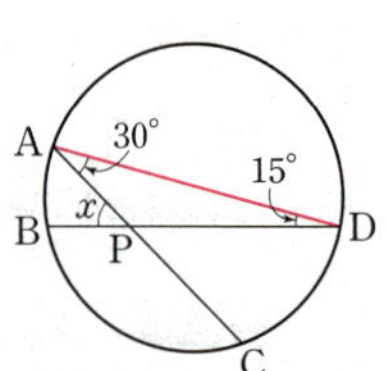

$\widehat{CD}$의 길이는 원의 둘레의 길이의 $\dfrac{1}{6}$이므로

$\angle CAD = 180^\circ \times \dfrac{1}{6} = 30^\circ$

따라서 $\triangle APD$에서 $\angle x = 30^\circ + 15^\circ = 45^\circ$

2 원주각의 여러 성질

유형 **4**　　P. 60

1 (1) ○　(2) ×　(3) ○　(4) ×　(5) ×　(6) ○

2 (1) $35°$　(2) $98°$　(3) $110°$　(4) $90°$　(5) $80°$　(6) $60°$

1 (2) $\angle ABD \neq \angle ACD$이므로 네 점 A, B, C, D는 한 원 위에 있지 않다.

(3) $\angle BDC + 70° = 100°$　∴ $\angle BDC = 30°$

즉, $\angle BAC = \angle BDC$이므로 네 점 A, B, C, D는 한 원 위에 있다.

(4) $\triangle ACD$에서 $\angle ACD = 180° - (58° + 82°) = 40°$

즉, $\angle ABD \neq \angle ACD$이므로 네 점 A, B, C, D는 한 원 위에 있지 않다.

(5) $\angle DBC = 180° - (35° + 100°) = 45°$

즉, $\angle DAC \neq \angle DBC$이므로 네 점 A, B, C, D는 한 원 위에 있지 않다.

(6) $\triangle ACD$에서 $\angle DAC = 180° - (40° + 25° + 50°) = 65°$

즉, $\angle DAC = \angle DBC$이므로 네 점 A, B, C, D는 한 원 위에 있다.

2 (2) $\angle ABD = \angle ACD = 40°$이어야 하므로

$\triangle ABD$에서 $\angle x = 180° - (40° + 42°) = 98°$

(3) $\angle BDC = \angle BAC = 70°$이어야 하므로

$\triangle DPC$에서 $\angle x = 70° + 40° = 110°$

(4) $\angle BAC = \angle BDC = 50°$이어야 하므로

$\triangle ABP$에서 $\angle x = 50° + 40° = 90°$

(5) $\angle ADB = \angle ACB = 50°$이어야 하므로

$\triangle DPB$에서 $\angle x = 50° + 30° = 80°$

(6) $\angle ADB = \angle ACB = 20°$이어야 하므로

$\triangle DPB$에서 $20° + \angle x = 80°$　∴ $\angle x = 60°$

유형 **5**　　P. 61

1 (1) $\angle x = 130°$, $\angle y = 75°$　(2) $\angle x = 100°$, $\angle y = 108°$

(3) $\angle x = 70°$, $\angle y = 110°$　(4) $\angle x = 60°$, $\angle y = 120°$

(5) $\angle x = 70°$, $\angle y = 140°$　(6) $\angle x = 100°$, $\angle y = 80°$

2 (1) $107°$　(2) $35°$　(3) $78°$　(4) $200°$

1 (3) $\triangle ABD$에서 $\angle x = 180° - (35° + 75°) = 70°$

$\square ABCD$가 원에 내접하므로

$70° + \angle y = 180°$　∴ $\angle y = 110°$

(4) $\overline{BC}$가 원 O의 지름이므로 $\angle BDC = 90°$

$\triangle BCD$에서 $\angle x = 180° - (30° + 90°) = 60°$

$\square ABCD$가 원에 내접하므로

$\angle y + 60° = 180°$　∴ $\angle y = 120°$

(5) $\square ABCD$가 원에 내접하므로

$\angle x + 110° = 180°$　∴ $\angle x = 70°$

∴ $\angle y = 2 \times 70° = 140°$

(6) $\angle x = \dfrac{1}{2} \times 200° = 100°$

$\square ABCD$가 원에 내접하므로

$100° + \angle y = 180°$　∴ $\angle y = 80°$

2 (2) $\square ABCD$가 원에 내접하므로

$\angle x + 75° = 110°$　∴ $\angle x = 35°$

(3) $\triangle BCD$에서 $\angle BCD = 180° - (47° + 55°) = 78°$

$\square ABCD$가 원에 내접하므로

$\angle x = \angle BCD = 78°$

(4) $\square ABCD$가 원에 내접하므로

$\angle ADC = \angle ABE = 100°$

∴ $\angle x = 2\angle ADC = 2 \times 100° = 200°$

한 걸음 **더** 연습　　P. 62

1 (1) $\angle CDQ$　(2) $\angle x + 22°$　(3) $70°$

2 (1) $62°$　(2) $59°$

3 (1) 80, 40, 40, 75, 75, 105　(2) $38°$

4 (1) ① $94°$　② $86°$　(2) $103°$

1 (1) $\square ABCD$가 원 O에 내접하므로

$\angle CDQ = \angle ABC = \angle x$

(2) $\triangle PBC$에서

$\angle PCQ = \angle x + 22°$

∴ $\angle DCQ = \angle PCQ = \angle x + 22°$

(3) $\triangle DCQ$에서

$\angle x + (\angle x + 22°) + 18° = 180°$

$2\angle x = 140°$　∴ $\angle x = 70°$

2 (1) $\square ABCD$가 원 O에 내접하므로

$\angle QBC = \angle ADC = \angle x$

$\triangle PCD$에서

$\angle PCQ = \angle x + 26°$

$\triangle BQC$에서

$\angle x + 30° + (\angle x + 26°) = 180°$

$2\angle x = 124°$　∴ $\angle x = 62°$

(2) $\square ABCD$가 원 O에 내접하므로

$\angle CDQ = \angle ABC = \angle x$

$\triangle PBC$에서

$\angle PCQ = \angle x + 27°$

$\triangle DCQ$에서

$\angle x + (\angle x + 27°) + 35° = 180°$

$2\angle x = 118°$　∴ $\angle x = 59°$

3 (1) $\angle BDC = \dfrac{1}{2}\angle BOC = \dfrac{1}{2} \times \boxed{80}\,^\circ = \boxed{40}\,^\circ$

$\angle BDE = 115^\circ - \boxed{40}\,^\circ = \boxed{75}\,^\circ$

□ABDE가 원 O에 내접하므로

$\angle x + \angle BDE = 180^\circ$

$\therefore \angle x = 180^\circ - \angle BDE = 180^\circ - \boxed{75}\,^\circ = \boxed{105}\,^\circ$

(2) 오른쪽 그림과 같이 $\overline{BD}$를 그으면

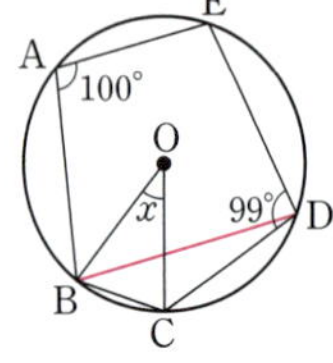

□ABDE가 원 O에 내접하므로

$100^\circ + \angle BDE = 180^\circ$

$\therefore \angle BDE = 80^\circ$

$\angle BDC = 99^\circ - 80^\circ = 19^\circ$이므로

$\angle x = 2\angle BDC = 2 \times 19^\circ = 38^\circ$

4 (1) ① □ABQP가 원 O에 내접하므로

$\angle PQC = \angle PAB = 94^\circ$

② □PQCD가 원 O′에 내접하므로

$\angle PQC + \angle x = 180^\circ$

$\therefore \angle x = 180^\circ - \angle PQC = 180^\circ - 94^\circ = 86^\circ$

(2) □ABQP가 원 O에 내접하므로

$\angle DPQ = \angle ABQ = 77^\circ$

□PQCD가 원 O′에 내접하므로

$\angle DPQ + \angle x = 180^\circ$

$\therefore \angle x = 180^\circ - \angle DPQ = 180^\circ - 77^\circ = 103^\circ$

유형 6 · P. 63

1 (1) × (2) ○ (3) × (4) × (5) ○ (6) ○

2 (1) $\angle x = 76^\circ$, $\angle y = 94^\circ$ (2) $\angle x = 70^\circ$, $\angle y = 100^\circ$

(3) $\angle x = 30^\circ$, $\angle y = 40^\circ$

3 ①, ②, ④

---

1 (1) $\angle B + \angle D = 85^\circ + 105^\circ = 190^\circ \neq 180^\circ$

따라서 □ABCD는 원에 내접하지 않는다.

(2) $\angle ABE = \angle D = 100^\circ$

따라서 □ABCD는 원에 내접한다.

(3) $\angle A + \angle C = 100^\circ + 82^\circ = 182^\circ \neq 180^\circ$

따라서 □ABCD는 원에 내접하지 않는다.

(4) △ABC에서 $\angle ABC = 180^\circ - (60^\circ + 60^\circ) = 60^\circ$

$\angle B + \angle D = 60^\circ + 100^\circ = 160^\circ \neq 180^\circ$

따라서 □ABCD는 원에 내접하지 않는다.

(5) △CDB에서 $\angle CDB = 180^\circ - (75^\circ + 45^\circ) = 60^\circ$

$\therefore \angle CDB = \angle CAB = 60^\circ$

따라서 □ABCD는 원에 내접한다.

(6) △ABD에서 $\angle A = 180^\circ - (32^\circ + 25^\circ) = 123^\circ$

$\therefore \angle A = \angle DCE = 123^\circ$

따라서 □ABCD는 원에 내접한다.

2 (1) $\angle x = 180^\circ - 104^\circ = 76^\circ$

$\angle y = 180^\circ - 86^\circ = 94^\circ$

(2) $\angle x = \angle BDC = 70^\circ$이어야 하므로

△ABC에서 $\angle y = 30^\circ + 70^\circ = 100^\circ$

(3) $\angle x = \angle BDC = 30^\circ$

□ABCD에서

$(50^\circ + 60^\circ) + (\angle y + 30^\circ) = 180^\circ$이어야 하므로

$\angle y = 40^\circ$

3 ①, ②, ④ 마주 보는 두 각의 크기의 합이 180°이므로 항상 원에 내접한다.

쌍둥이 기출문제 · P. 64~66

1	35°	**2**	40°	**3**	④	**4**	③	**5**	85°
6	40°	**7**	$\angle x = 36^\circ$, $\angle y = 87^\circ$			**8**	49°		
9	105°	**10**	75°	**11**	110°	**12**	88°	**13**	62°
14	①	**15**	75°	**16**	①	**17**	①, ③	**18**	④

[1~2] 네 점이 한 원 위에 있을 조건

두 점 C, D가 직선 AB에 대하여 같은 쪽에 있을 때

$\angle ACB = \angle ADB$이면

⇨ 네 점 A, B, C, D는 한 원 위에 있다.

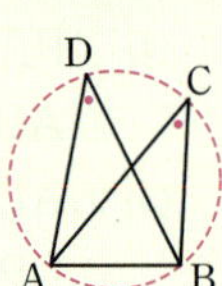

1 $\angle x = \angle ACB = 35^\circ$

2 $\angle BAC = \angle BDC = 50^\circ$이어야 하므로

△ABE에서

$\angle x + 50^\circ = 90^\circ$ $\therefore \angle x = 40^\circ$

[3~14] 원에 내접하는 사각형의 성질

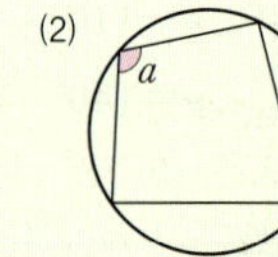

(1) $\bullet + \times = 180^\circ$

(대각의 크기의 합) = 180°

(2) $\angle a = \angle b$

3 □ABCD가 원 O에 내접하므로

$\angle x + 110^\circ = 180^\circ$

$\therefore \angle x = 70^\circ$

$80^\circ + \angle y = 180^\circ$

$\therefore \angle y = 100^\circ$

$\therefore 2\angle x - \angle y = 2 \times 70^\circ - 100^\circ = 40^\circ$

4
① $\angle ABC = 180° - 70° = 110°$

② $\angle ADC = \angle ABE = 70°$

③ $\angle BAC$의 크기는 알 수 없다.

④ $\angle BAD + \angle BCD = 180°$이므로

$\angle BAD = 180° - \angle BCD = 180° - 90° = 90°$

⑤ $\angle BCD = 90°$이므로 $\overline{BD}$는 원 O의 지름이다.

$\therefore \angle BOD = 180°$

따라서 옳지 않은 것은 ③이다.

5
$\triangle BCD$에서

$\angle BCD = 180° - (40° + 45°) = 95°$

$\square ABCD$가 원에 내접하므로

$\angle x + 95° = 180°$　　$\therefore \angle x = 85°$

6
$\square ABCD$가 원에 내접하므로

$\angle ABC + 105° = 180°$　　$\therefore \angle ABC = 75°$

$\triangle ABC$에서

$\angle x = 180° - (65° + 75°) = 40°$

7
$\angle x = \angle BDC = 36°$

$\square ABCD$가 원에 내접하므로

$\angle y = \angle BAD = 36° + 51° = 87°$

8
$\angle CAD = \angle CBD = 35°$

$\square ABCD$가 원에 내접하므로

$\angle BAD = 84°$

즉, $\angle x + 35° = 84°$　　$\therefore \angle x = 49°$

9
$\overline{BD}$가 원 O의 지름이므로 $\angle BCD = 90°$

$\triangle BCD$에서

$\angle BDC = 180° - (90° + 40°) = 50°$

$\square ABCD$가 원 O에 내접하므로

$\angle ABE = \angle ADC = 55° + 50° = 105°$

10
$\overline{AD}$가 원 O의 지름이므로 $\angle ACD = 90°$

$\triangle ACD$에서

$\angle ADC = 180° - (90° + 20°) = 70°$

$\square ABCD$가 원 O에 내접하므로

$\angle x + 70° = 180°$　　$\therefore \angle x = 110°$

또 $\angle BAD = \angle DCE$에서

$\angle y + 20° = 55°$　　$\therefore \angle y = 35°$

$\therefore \angle x - \angle y = 110° - 35° = 75°$

11
오른쪽 그림과 같이 $\overline{CE}$를 그으면

$\angle CED = \dfrac{1}{2}\angle COD = \dfrac{1}{2} \times 70° = 35°$

이므로 $\angle AEC = 105° - 35° = 70°$

$\square ABCE$가 원 O에 내접하므로

$\angle ABC + \angle AEC = 180°$

$\therefore \angle ABC = 180° - \angle AEC = 180° - 70° = 110°$

12
오른쪽 그림과 같이 $\overline{BD}$를 그으면

$\square ABDE$가 원 O에 내접하므로

$84° + \angle BDE = 180°$

$\therefore \angle BDE = 96°$

$\angle BDC = 140° - 96° = 44°$

$\therefore \angle x = 2\angle BDC = 2 \times 44° = 88°$

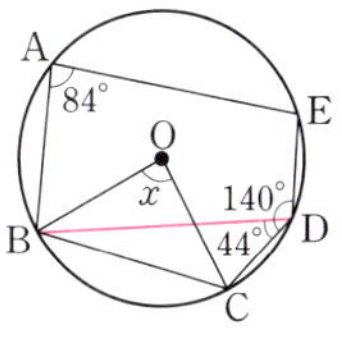

13
$\square ABCD$가 원 O에 내접하므로

$\angle CDQ = \angle ABC = \angle x$　　　　… (i)

$\triangle PBC$에서

$\angle PCQ = \angle x + 23°$　　　　… (ii)

$\triangle DCQ$에서

$\angle x + (\angle x + 23°) + 33° = 180°$

$2\angle x = 124°$　　$\therefore \angle x = 62°$　　… (iii)

채점 기준	비율
(i) $\angle CDQ$의 크기를 $\angle x$를 사용하여 나타내기	40 %
(ii) $\angle PCQ$의 크기를 $\angle x$를 사용하여 나타내기	40 %
(iii) $\angle x$의 크기 구하기	20 %

14
$\square ABCD$가 원 O에 내접하므로

$\angle QAB = \angle DCB = \angle x$

$\triangle PBC$에서 $\angle PBQ = \angle x + 30°$

$\triangle AQB$에서 $\angle x + 36° + (\angle x + 30°) = 180°$

$2\angle x = 114°$　　$\therefore \angle x = 57°$

[15~16] 두 원에서 원에 내접하는 사각형의 성질의 응용
⇨ 각각의 원에서 내접하는 사각형의 성질을 이용한다.

15
$\square ABQP$가 원 O에 내접하므로

$\angle PQC = \angle PAB = 105°$

$\square PQCD$가 원 O'에 내접하므로

$\angle PQC + \angle CDP = 180°$

$\therefore \angle CDP = 180° - \angle PQC = 180° - 105° = 75°$

16
오른쪽 그림과 같이 $\overline{PQ}$를 그으면

$\square ABQP$가 원 O에 내접하므로

$80° + \angle APQ = 180°$

$\therefore \angle APQ = 100°$

$\square PQCD$가 원 O'에 내접하므로

$\angle x = \angle APQ = 100°$

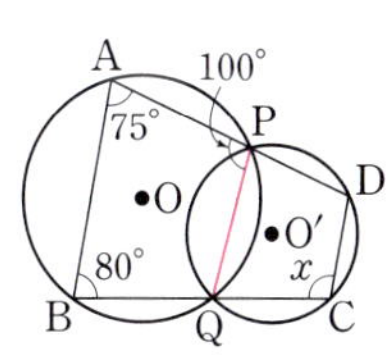

[17~18] 사각형이 원에 내접하기 위한 조건

(1) $\angle x + \angle y = 180°$　　(2) $\angle x = \angle y$　　(3) $\angle x = \angle y$

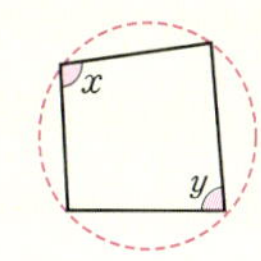 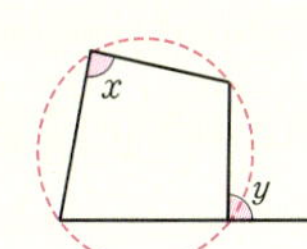 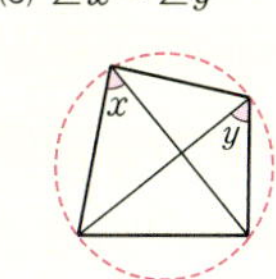

17 ① $\angle BAC = \angle BDC = 45°$이므로 □ABCD는 원에 내접한다.

② $\angle DCE \ne \angle A$이므로 □ABCD는 원에 내접하지 않는다.

③ $\angle DCE = \angle A = 105°$이므로 □ABCD는 원에 내접한다.

④ $\angle CAD \ne \angle CBD$이므로 □ABCD는 원에 내접하지 않는다.

⑤ $\angle B + \angle D = 170° \ne 180°$이므로 □ABCD는 원에 내접하지 않는다.

따라서 □ABCD가 원에 내접하는 것은 ①, ③이다.

18 ① $\angle BAC = \angle BDC = 60°$이므로 □ABCD는 원에 내접한다.

② $\angle ABD = \angle ACD = 70°$이므로 □ABCD는 원에 내접한다.

③ △ACD에서 $\angle D = 180° - (50° + 30°) = 100°$

즉, $\angle B + \angle D = 180°$이므로 □ABCD는 원에 내접한다.

④ $\angle ADC = 180° - 120° = 60°$

즉, $\angle ABE \ne \angle ADC$이므로 □ABCD는 원에 내접하지 않는다.

⑤ $\angle DCE = \angle A = 120°$이므로 □ABCD는 원에 내접한다.

따라서 □ABCD가 원에 내접하지 않는 것은 ④이다.

⌒3 원의 접선과 현이 이루는 각

유형 7   P. 67~68

1 (1) 60° (2) 130° (3) 80° (4) 20° (5) 70° (6) 65°
2 (1) $\angle x = 50°$, $\angle y = 100°$ (2) $\angle x = 60°$, $\angle y = 60°$
3 (1) $\angle x = 45°$, $\angle y = 55°$ (2) $\angle x = 41°$, $\angle y = 83°$
4 90, 72, 90, 72, 18, 18, 54
5 (1) $\angle x = 35°$, $\angle y = 20°$ (2) $\angle x = 25°$, $\angle y = 40°$
    (3) $\angle x = 60°$, $\angle y = 30°$ (4) $\angle x = 115°$, $\angle y = 40°$

1 (2) $\angle BTP = \angle BAT = 50°$이므로

$\angle x = 180° - 50° = 130°$

(3) $\angle ABT = 40°$이므로

△ATB에서 $\angle x = 180° - (40° + 60°) = 80°$

(4) $\angle BAT = 110°$이므로

△ATB에서

$\angle x = 180° - (110° + 50°) = 20°$

(5) △ATB에서 $\angle BAT = 180° - (70° + 40°) = 70°$

$\therefore \angle x = \angle BAT = 70°$

(6) $\angle BAT = 50°$이고

△ATB는 $\overline{AB} = \overline{AT}$인 이등변삼각형이므로

$\angle x = \dfrac{1}{2} \times (180° - 50°) = 65°$

2 (1) $\angle x = \angle ATP = 50°$

$\angle y = 2 \angle x = 2 \times 50° = 100°$

(2) $\angle x = \dfrac{1}{2} \angle AOT = \dfrac{1}{2} \times 120° = 60°$

$\angle y = \angle x = 60°$

3 (1) $\angle x = \angle BCT = 45°$이고

□ABTC가 원에 내접하므로

$100° + \angle BTC = 180°$ $\therefore \angle BTC = 80°$

$\therefore \angle y = 180° - (45° + 80°) = 55°$

(2) $\angle x = 41°$이므로

△BTC에서

$\angle BTC = 180° - (41° + 42°) = 97°$

□ABTC가 원에 내접하므로

$\angle y + 97° = 180°$ $\therefore \angle y = 83°$

5 (1) 오른쪽 그림과 같이 $\overline{AT}$를 그으면 $\overline{AB}$가 원 O의 지름이므로

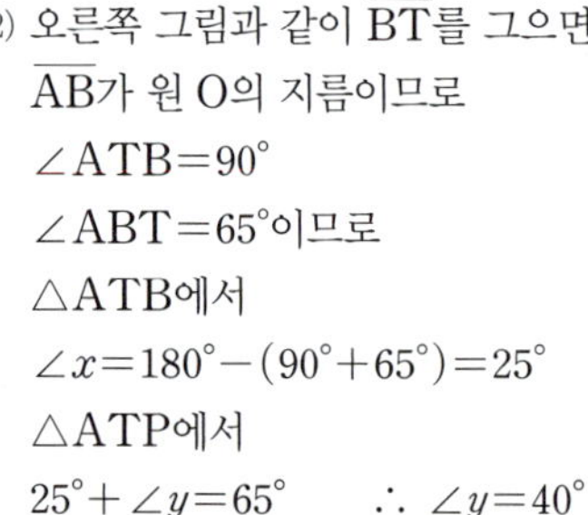

$\angle ATB = 90°$

$\angle BAT = 55°$이므로

△ATB에서

$\angle x = 180° - (90° + 55°) = 35°$

△BPT에서

$\angle y + 35° = 55°$ $\therefore \angle y = 20°$

(2) 오른쪽 그림과 같이 $\overline{BT}$를 그으면 $\overline{AB}$가 원 O의 지름이므로

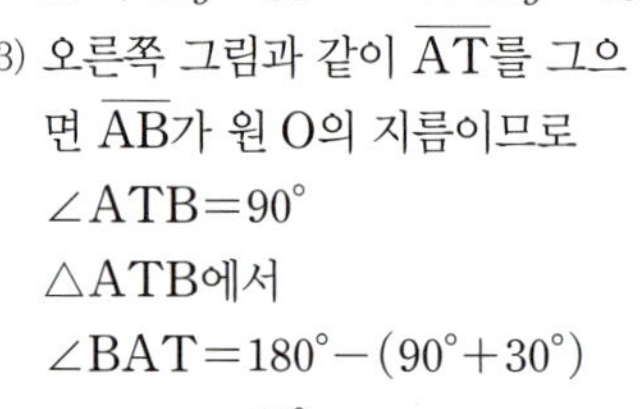

$\angle ATB = 90°$

$\angle ABT = 65°$이므로

△ATB에서

$\angle x = 180° - (90° + 65°) = 25°$

△ATP에서

$25° + \angle y = 65°$ $\therefore \angle y = 40°$

(3) 오른쪽 그림과 같이 $\overline{AT}$를 그으면 $\overline{AB}$가 원 O의 지름이므로

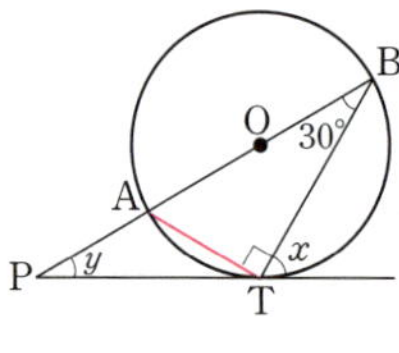

$\angle ATB = 90°$

△ATB에서

$\angle BAT = 180° - (90° + 30°)$
$= 60°$

$\therefore \angle x = \angle BAT = 60°$

△BPT에서

$\angle y + 30° = 60°$ $\therefore \angle y = 30°$

(4) 오른쪽 그림과 같이 $\overline{BT}$를 그으면 $\overline{AB}$가 원 O의 지름이므로

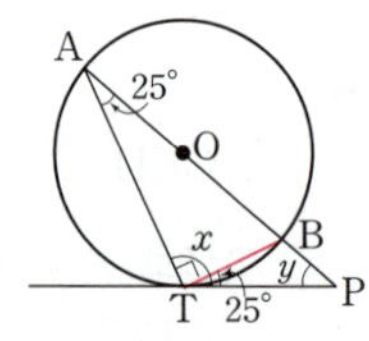

$\angle ATB = 90°$

$\angle BTP = \angle BAT = 25°$이므로

$\angle x = 90° + 25° = 115°$

△ATP에서

$\angle y = 180° - (25° + 115°) = 40°$

1 (1) $55°$ (2) $60°$ (3) $65°$

2 (1) $70°$ (2) $65°$ (3) $45°$

3 (1) $60°$ (2) $65°$ (3) $70°$ (4) $55°$

---

1 (1) $\angle BTQ = \angle BAT = 55°$

   (2) $\angle CTQ = \angle CDT = 60°$

   (3) $\angle x = 180° - (55° + 60°) = 65°$

2 (1) $\angle BTQ = \angle BAT = 70°$

   (2) $\angle DTP = \angle DCT = 180° - 115° = 65°$

   (3) $\angle x = 180° - (65° + 70°) = 45°$

3 (1) $\angle x = \angle BTQ = \angle DTP = \angle DCT = 60°$

   (2) $\triangle DTC$에서 $\angle CDT = 180° - (50° + 65°) = 65°$

     $\therefore \ \angle x = \angle ATP = \angle CTQ = \angle CDT = 65°$

   (3) $\angle x = \angle BTQ = \angle CDT = 70°$

   (4) $\angle ATP = \angle ABT = 50°$

     $\angle CTQ = \angle CDT = 180° - 105° = 75°$

     $\therefore \ \angle x = 180° - (50° + 75°) = 55°$

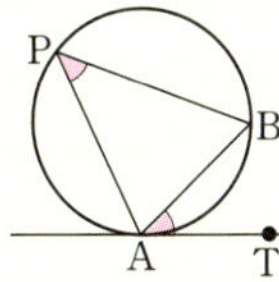 쌍둥이 **기출문제**   P. 70~71

1 ③	**2** $108°$	**3** $90°$	**4** $66°$	**5** $30°$
6 ①	**7** $40°$	**8** $30°$	**9** ④	**10** $30°$
11 ②	**12** $60°$			

[1~8] 접선과 현이 이루는 각

$\angle BAT = \angle BPA$

1 $\angle x = \angle ABC = 33°$

   $\angle y = \angle ACB = 102°$

   $\therefore \ \angle y - \angle x = 102° - 33° = 69°$

2 $\angle BCA = \angle BAT = 54°$

   $\therefore \ \angle x = 2\angle BCA = 2 \times 54° = 108°$

3 $\triangle BTP$는 $\overline{BT} = \overline{BP}$인 이등변삼각형이므로

   $\angle BTP = \angle BPT = 30°$

   $\angle BAT = \angle BTP = 30°$이므로

   $\triangle ATP$에서

   $30° + (\angle ATB + 30°) + 30° = 180°$

   $\therefore \ \angle ATB = 90°$

---

4 $\triangle APT$는 $\overline{AT} = \overline{PT}$인 이등변삼각형이므로

   $\angle PAT = \angle APT = 38°$

   $\angle BTP = \angle BAT = 38°$이므로

   $\triangle APT$에서

   $38° + (38° + \angle ATB) + 38° = 180°$

   $\therefore \ \angle ATB = 66°$

5 $\angle DBC = \angle DCT = 50°$

   $\square ABCD$가 원 O에 내접하므로

   $80° + \angle BCD = 180° \quad \therefore \ \angle BCD = 100°$

   따라서 $\triangle BCD$에서

   $\angle BDC = 180° - (50° + 100°) = 30°$

6 $\square ABCD$가 원 O에 내접하므로

   $110° + \angle BCD = 180° \quad \therefore \ \angle BCD = 70°$

   $\angle BCP = \angle BDC = 50°$

   $\therefore \ \angle x = 180° - (50° + 70°) = 60°$

7 $\angle ABP = \angle ADB = 40°$

   $\square ABCD$가 원 O에 내접하므로

   $\angle BAD + 100° = 180° \quad \therefore \ \angle BAD = 80°$

   따라서 $\triangle APB$에서

   $\angle x + 40° = 80° \quad \therefore \ \angle x = 40°$

다른 풀이

   $\angle DBP = \angle DCB = 100°$이므로

   $\triangle DPB$에서

   $\angle x = 180° - (40° + 100°) = 40°$

8 $\square ABCD$가 원에 내접하므로

   $\angle ABC + 85° = 180° \quad \therefore \ \angle ABC = 95°$

   $\triangle BPC$에서

   $40° + \angle BCP = 95° \quad \therefore \ \angle BCP = 55°$

   $\therefore \ \angle BAC = \angle BCP = 55°$

   따라서 $\triangle ABC$에서

   $\angle x = 180° - (55° + 95°) = 30°$

[9~10] 접선과 지름의 연장선이 이루는 각

⇨ 보조선을 그어 반원에 대한 원주각의 크기가 $90°$임을 이용한다.

9 오른쪽 그림과 같이 $\overline{BT}$를 그으면 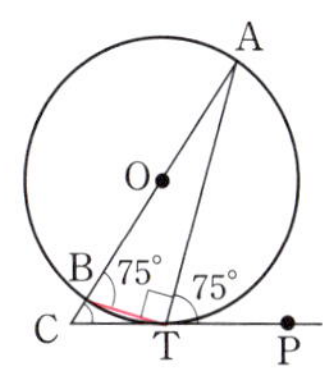

   $\overline{AB}$가 원 O의 지름이므로

   $\angle ATB = 90°$

   $\angle ABT = \angle ATP = 75°$이므로

   $\triangle ABT$에서

   $\angle BAT = 180° - (90° + 75°) = 15°$

   따라서 $\triangle ACT$에서

   $\angle C + 15° = 75° \quad \therefore \ \angle C = 60°$

10 오른쪽 그림과 같이 $\overline{\text{AD}}$를 그으면
$\overline{\text{BD}}$가 원 O의 지름이므로

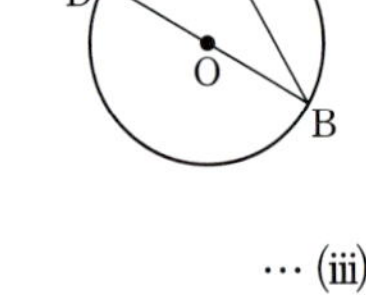

$\angle\text{BAD}=90°$ ··· (i)

$\angle\text{BDA}=\angle\text{BAT}=60°$ ··· (ii)

$\triangle\text{ADB}$에서

$\angle\text{ABD}=180°-(90°+60°)=30°$ ··· (iii)

따라서 $\triangle\text{ACB}$에서

$\angle x+30°=60°$ $\therefore \angle x=30°$ ··· (iv)

채점 기준	비율
(i) $\angle\text{BAD}$의 크기 구하기	25 %
(ii) $\angle\text{BDA}$의 크기 구하기	25 %
(iii) $\angle\text{ABD}$의 크기 구하기	25 %
(iv) $\angle x$의 크기 구하기	25 %

[11~12] 두 원에서 접선과 현이 이루는 각

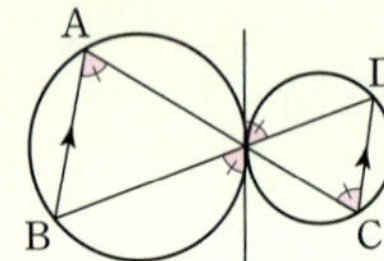

$\angle\text{BAC}=\angle\text{ACD}$

11 $\angle\text{DCT}=\angle\text{DTP}$(접선과 현이 이루는 각)

$\quad=\angle\text{BTQ}$(맞꼭지각)

$\quad=\angle\text{BAT}$(접선과 현이 이루는 각)

$\quad=40°$

12 $\angle\text{BTQ}=\angle\text{BAT}=48°$

$\angle\text{CTQ}=\angle\text{CDT}=72°$

$\therefore \angle x=180°-(48°+72°)=60°$

단원 마무리   P. 72~73

1 36°	**2** ④	**3** ⑤	**4** 90°
5 $5\sqrt{3}\,\text{cm}^2$	**6** 200°	**7** 85°	**8** 26°

1 오른쪽 그림과 같이 $\overline{\text{OA}}$, $\overline{\text{OB}}$를
그으면

$\angle\text{PAO}=\angle\text{PBO}=90°$

$\angle\text{AOB}=2\angle\text{ACB}$

$\qquad=2\times72°=144°$

따라서 $\square\text{APBO}$에서

$\angle x=360°-(90°+144°+90°)=36°$

2 $\overline{\text{BD}}$가 원 O의 지름이므로

$\angle\text{BAD}=90°$

$\triangle\text{ABD}$에서 $\angle\text{ADB}=180°-(90°+52°)=38°$

$\therefore \angle x=\angle\text{ADB}=38°$

다른 풀이

오른쪽 그림과 같이 $\overline{\text{CD}}$를 그으면

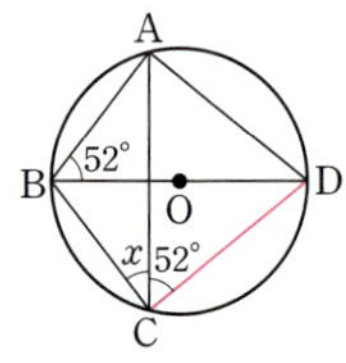

$\angle\text{ACD}=\angle\text{ABD}=52°$

이때 $\angle\text{BCD}=90°$이므로

$\angle x=90°-52°=38°$

3 $\triangle\text{ABP}$에서 $\angle\text{ABP}+30°=70°$ $\therefore \angle\text{ABP}=40°$

원의 둘레의 길이를 x라고 하면

$8:x=40°:180°$, $8:x=2:9$ $\therefore x=36$

4 오른쪽 그림과 같이 $\overline{\text{BC}}$를 그으면

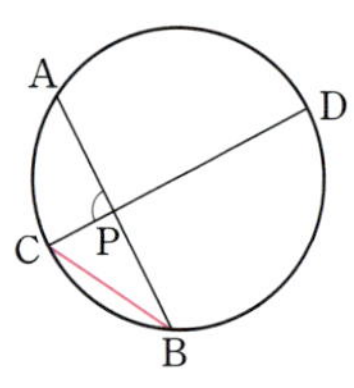

$\angle\text{ABC}=180°\times\dfrac{1}{6}=30°$

$\angle\text{ABC}:\angle\text{BCD}=\overset{\frown}{\text{AC}}:\overset{\frown}{\text{BD}}=1:2$

이므로

$\angle\text{BCD}=2\angle\text{ABC}=2\times30°=60°$

따라서 $\triangle\text{PCB}$에서 $\angle\text{APC}=30°+60°=90°$

5 $\square\text{ABCD}$가 원에 내접하므로

$120°+\angle\text{ADC}=180°$ $\therefore \angle\text{ADC}=60°$

$\therefore \triangle\text{ACD}=\dfrac{1}{2}\times4\times5\times\sin60°$

$\qquad=\dfrac{1}{2}\times4\times5\times\dfrac{\sqrt{3}}{2}=5\sqrt{3}\,(\text{cm}^2)$

6 오른쪽 그림과 같이 $\overline{\text{BD}}$를 그으면

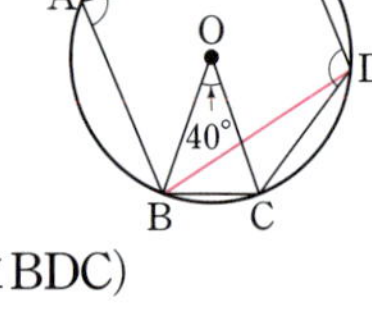

$\angle\text{BDC}=\dfrac{1}{2}\angle\text{BOC}=\dfrac{1}{2}\times40°=20°$

$\square\text{ABDE}$가 원 O에 내접하므로

$\angle\text{A}+\angle\text{BDE}=180°$

$\therefore \angle\text{A}+\angle\text{D}=\angle\text{A}+(\angle\text{BDE}+\angle\text{BDC})$

$\qquad=(\angle\text{A}+\angle\text{BDE})+\angle\text{BDC}$

$\qquad=180°+20°=200°$

7 $\angle\text{ADQ}=\angle\text{ACD}=35°$이므로   ··· (i)

$\angle\text{CDA}=180°-(50°+35°)=95°$ ··· (ii)

$\square\text{ABCD}$가 원에 내접하므로

$\angle x+95°=180°$ $\therefore \angle x=85°$ ··· (iii)

채점 기준	비율
(i) $\angle\text{ADQ}$의 크기 구하기	30 %
(ii) $\angle\text{CDA}$의 크기 구하기	30 %
(iii) $\angle x$의 크기 구하기	40 %

8 오른쪽 그림과 같이 $\overline{\text{AC}}$를 그으
면 $\overline{\text{BC}}$가 원 O의 지름이므로

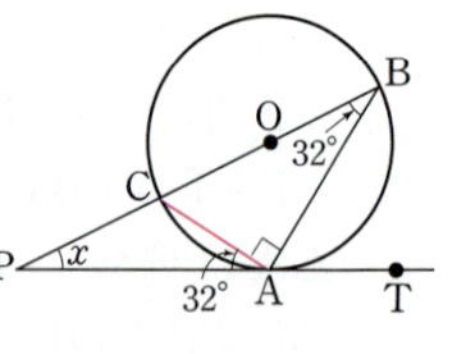

$\angle\text{CAB}=90°$

$\angle\text{CAP}=\angle\text{CBA}=32°$

따라서 $\triangle\text{BPA}$에서

$\angle x=180°-(32°+90°+32°)=26°$

1 대푯값

유형 1 P. 76

1 (1) 4 (2) 11　　**2** 30회　　**3** 18초
4 7.5시간　　**5** (1) 10 (2) 14 (3) 32
6 5

1 (1) $(\text{평균})=\dfrac{2+3+3+5+7}{5}=\dfrac{20}{5}=4$

(2) $(\text{평균})=\dfrac{10+8+11+15+13+9}{6}=\dfrac{66}{6}=11$

2 $(\text{평균})=\dfrac{26+36+34+25+29}{5}=\dfrac{150}{5}=30(\text{회})$

3 $(\text{평균})=\dfrac{1+7+12+16+18+20+23+25+29+29}{10}$

$=\dfrac{180}{10}=18(\text{초})$

4 $(\text{평균})=\dfrac{6\times4+7\times5+8\times8+9\times3}{20}=\dfrac{150}{20}=7.5(\text{시간})$

5 (1) 평균이 9이므로

$\dfrac{8+5+x+13}{4}=9$, $x+26=36$　　$\therefore x=10$

(2) 평균이 12이므로

$\dfrac{16+x+11+10+9}{5}=12$, $x+46=60$　　$\therefore x=14$

(3) 평균이 25이므로

$\dfrac{31+22+x+17+20+28}{6}=25$

$x+118=150$　　$\therefore x=32$

6 평균이 5개이므로

$\dfrac{a+2+9+10+2+7+4+1}{8}=5$

$a+35=40$　　$\therefore a=5$

유형 2 P. 77~78

1 (1) 7 (2) 5 (3) 17 (4) 15.5
2 (1) 8 (2) 240 (3) 9, 11 (4) 배　　**3** O형
4 중앙값: 3회, 최빈값: 3회
5 중앙값: 19.5점, 최빈값: 22점
6 (1) 11 (2) 15 (3) 7 (4) 12
7 (1) 4 (2) 3시간 (3) 4시간　　**8** 36세
9 최빈값, 90호
10 (1) 64 mm (2) 36 mm (3) 중앙값

1 (1) 변량을 작은 값부터 크기순으로 나열하면

3, 3, ⑦, 8, 9이므로

(중앙값)=7

(2) 변량을 작은 값부터 크기순으로 나열하면

1, 2, ④, ⑥, 10, 11이므로

$(\text{중앙값})=\dfrac{4+6}{2}=5$

(3) 변량을 작은 값부터 크기순으로 나열하면

12, 12, 13, ⑰, 17, 19, 25이므로

(중앙값)=17

(4) 변량을 작은 값부터 크기순으로 나열하면

9, 14, 15, ⑮, ⑯, 19, 20, 23이므로

$(\text{중앙값})=\dfrac{15+16}{2}=15.5$

2 (1) 8이 세 번으로 가장 많이 나타나므로

(최빈값)=8

(2) 240이 두 번으로 가장 많이 나타나므로

(최빈값)=240

(3) 9, 11이 각각 세 번으로 가장 많이 나타나므로

(최빈값)=9, 11

(4) 배가 세 번으로 가장 많이 나타나므로 최빈값은 배이다.

> **참고** 평균과 중앙값은 하나로 정해지지만 최빈값은 자료의 변량
> 중에서 가장 많이 나타난 값이므로 2개 이상일 수도 있다.
> 또 최빈값은 숫자로 나타낼 수 없는 자료의 경우에도 구할
> 수 있다.

3 O형이 8명으로 가장 많으므로 최빈값은 O형이다.

4 중앙값은 변량을 작은 값부터 크기순으로 나열할 때,
8번째 변량이므로 (중앙값)=3회
3회가 5명으로 가장 많으므로
(최빈값)=3회

5 중앙값은 변량을 작은 값부터 크기순으로 나열할 때,
4번째와 5번째 변량의 평균이므로

$(\text{중앙값})=\dfrac{19+20}{2}=19.5(\text{점})$

22점이 두 번으로 가장 많이 나타나므로
(최빈값)=22점

6 (1) 중앙값이 9이므로

$\dfrac{7+x}{2}=9$, $7+x=18$　　$\therefore x=11$

(2) 중앙값이 16이므로

$\dfrac{x+17}{2}=16$, $x+17=32$　　$\therefore x=15$

(3) 중앙값이 6이므로
$$\frac{5+x}{2}=6,\ 5+x=12 \qquad \therefore x=7$$
(4) 중앙값이 10.5이므로
$$\frac{9+x}{2}=10.5,\ 9+x=21 \qquad \therefore x=12$$

7 (1) 평균이 3시간이므로
$$\frac{1+x+3+2+3+4+4}{7}=3$$
$$x+17=21 \qquad \therefore x=4$$
(2) 변량을 작은 값부터 크기순으로 나열하면
1, 2, 3, ③, 4, 4, 4이므로
(중앙값)=3시간
(3) 4시간이 세 번으로 가장 많이 나타나므로
(최빈값)=4시간

8 최빈값이 38세이므로 $a=8$
따라서 중앙값은 변량을 작은 값부터 크기순으로 나열할 때,
10번째와 11번째 변량의 평균이므로
$$(중앙값)=\frac{34+38}{2}=36(세)$$

9 가장 많이 준비해야 할 옷의 크기를 정할 때는 판매된 옷의
크기 중에서 가장 많이 판매된 것을 선택해야 하므로 대푯
값으로 가장 적절한 것은 최빈값이다.
이때 90호의 옷이 4개로 가장 많이 판매되었으므로
(최빈값)=90호

10 (1) $(평균)=\dfrac{24+20+35+38+37+230}{6}$
$$=\frac{384}{6}=64(mm)$$
(2) 변량을 작은 값부터 크기순으로 나열하면
20, 24, 35, 37, 38, 230이므로
$$(중앙값)=\frac{35+37}{2}=36(mm)$$
(3) 230 mm와 같이 극단적인 값이 있으므로 평균보다 중앙
값이 대푯값으로 더 적절하다.

쌍둥이 **기출문제**   P. 79~80

1 ①		**2** 16		**3** ②	
4 중앙값: 9 Brix, 최빈값: 7 Brix					
5 11		**6** (1) 250 (2) 250		**7** 3	
8 ④		**9** 중앙값	**10** ㄷ		

[1~8] 평균, 중앙값, 최빈값 구하기
(1) $(평균)=\dfrac{(변량의\ 총합)}{(변량의\ 개수)}$
(2) 중앙값: 변량을 작은 값부터 크기순으로 나열할 때,
변량의 개수가
① 홀수이면 ⇨ 한가운데 있는 값
② 짝수이면 ⇨ 한가운데 있는 두 값의 평균
(3) 최빈값: 자료의 변량 중에서 가장 많이 나타난 값

1 $(평균)=\dfrac{5+3+8+7+3+4+2+10+2+3+8}{11}$
$$=\frac{55}{11}=5(편)$$
$$\therefore a=5$$
변량을 작은 값부터 크기순으로 나열하면
2, 2, 3, 3, 3, ④, 5, 7, 8, 8, 10이므로
(중앙값)=4편
$$\therefore b=4$$
3편이 세 번으로 가장 많이 나타나므로
(최빈값)=3편
$$\therefore c=3$$
$$\therefore a>b>c$$

2 (평균)
$$=\frac{4+6+12+14+14+19+21+22+22+25+35}{12}$$
$$=\frac{216}{12}=18(개)$$
$$\therefore a=18$$
중앙값은 변량을 작은 값부터 크기순으로 나열할 때,
6번째와 7번째 변량의 평균이므로
$$(중앙값)=\frac{19+21}{2}=20(개)$$
$$\therefore b=20$$
22개가 세 번으로 가장 많이 나타나므로
(최빈값)=22개
$$\therefore c=22$$
$$\therefore a+b-c=18+20-22=16$$

3 평균이 8시간이므로
$$\frac{6+7+x+1+13+6+12+13}{8}=8$$
$$x+58=64 \qquad \therefore x=6$$
변량을 작은 값부터 크기순으로 나열하면
1, 6, 6, 6, 7, 12, 13, 13이므로
$$(중앙값)=\frac{6+7}{2}=6.5(시간)$$
6시간이 세 번으로 가장 많이 나타나므로
(최빈값)=6시간

4 평균이 9 Brix이므로

$$\frac{5+12+x+9+10+13+7}{7}=9$$

$x+56=63$ $\quad\therefore x=7$ $\qquad\cdots$ (i)

변량을 작은 값부터 크기순으로 나열하면

5, 7, 7, ⑨, 10, 12, 13이므로

(중앙값)$=9$ Brix $\qquad\qquad\cdots$ (ii)

7 Brix가 두 번으로 가장 많이 나타나므로

(최빈값)$=7$ Brix $\qquad\qquad\cdots$ (iii)

채점 기준	비율
(i) x의 값 구하기	40 %
(ii) 중앙값 구하기	30 %
(iii) 최빈값 구하기	30 %

5 중앙값이 12이므로

$$\frac{x+13}{2}=12,\ x+13=24 \qquad \therefore x=11$$

6 (1) 중앙값이 248이므로

$$\frac{246+x}{2}=248,\ 246+x=496 \qquad \therefore x=250$$

(2) 250이 두 번으로 가장 많이 나타나므로

(최빈값)$=250$

7 x의 값에 관계없이 6점이 가장 많이 나타나므로 최빈값은 6점이다.

이때 평균과 최빈값이 서로 같으므로 평균도 6점이다.

즉, $\dfrac{6+7+x+6+9+5+6}{7}=6$

$x+39=42 \qquad \therefore x=3$

8 중앙값은 3번째 변량인 8이다.

이때 평균과 중앙값이 서로 같으므로 평균도 8이다.

즉, $\dfrac{4+5+8+x+12}{5}=8$

$x+29=40 \qquad \therefore x=11$

[9~10] 적절한 대푯값 찾기

(1) 평균: 대푯값으로 가장 많이 쓰이며, 자료에 극단적인 값이 있으면 그 값에 영향을 받는다.

(2) 중앙값: 자료에 극단적인 값이 있는 경우에는 평균보다 자료의 중심 경향을 더 잘 나타낼 수 있다.

(3) 최빈값: 선호도를 조사할 때 주로 쓰이며, 숫자로 나타낼 수 없는 자료의 경우에도 구할 수 있다.

9 326과 같이 극단적인 값이 있으므로 평균은 주어진 자료의 대푯값으로 적절하지 않다. 또 각 변량이 모두 한 번씩 나타나므로 최빈값은 주어진 자료의 대푯값으로 적절하지 않다.

따라서 주어진 자료의 대푯값으로 가장 적절한 것은 중앙값이다.

10 지은이네 반 학생들이 가장 좋아하는 가수를 알아보려면 지은이네 반 학생들이 좋아하는 가수의 최빈값을 구하면 된다.

따라서 이용해야 하는 것은 ㄷ이다.

2 산포도

유형 3 P. 81

1 (1) -1, 2, 3, -4, 0 (2) 3, 7, -4, 0, -1, -5

2 (1) 8시간 (2) 0시간, 2시간, 1시간, -2시간, -1시간

3 ① **4** 3

5 (1) 20 (2) 180 g **6** (1) 4 (2) 16개

2 (1) (평균)$=\dfrac{8+10+9+6+7}{5}=\dfrac{40}{5}=8$(시간)

(2) 각 독서 시간의 편차는

$8-8=0$(시간), $10-8=2$(시간), $9-8=1$(시간),

$6-8=-2$(시간), $7-8=-1$(시간)

3 (평균)$=\dfrac{2+1+5+4+3}{5}=\dfrac{15}{5}=3$(권)

각 문제집 수의 편차는

$2-3=-1$(권), $1-3=-2$(권), $5-3=2$(권),

$4-3=1$(권), $3-3=0$(권)

따라서 문제집 수의 편차가 될 수 없는 것은 ①이다.

4 편차의 총합은 0이므로

$-4+x+(-7)+3+2+3x+(-6)=0$

$4x-12=0 \qquad \therefore x=3$

5 (1) 편차의 총합은 0이므로

$-20+5+10+x+(-15)=0$

$\therefore x=20$

(2) (편차)$=$(변량)$-$(평균)이므로

$-20=($A의 무게$)-200$

$\therefore ($A의 무게$)=-20+200=180$(g)

6 (1) 편차의 총합은 0이므로

$2+(-3)+x+1+(-4)=0$

$\therefore x=4$

(2) (편차)$=$(변량)$-$(평균)이므로

$4=($C의 홈런 수$)-12$

$\therefore ($C의 홈런 수$)=4+12=16$(개)

1 (1) 2   (2) $2\sqrt{2}$분

2 (1) ❶ 13   ❷ 풀이 참조   ❸ 140   ❹ 28   ❺ $2\sqrt{7}$

    (2) ❶ 19   ❷ 풀이 참조   ❸ 50   ❹ 10   ❺ $\sqrt{10}$

3 $\dfrac{4\sqrt{7}}{7}$점   **4** $\dfrac{8\sqrt{7}}{7}$켤레

5 (1) 6   (2) 20

---

1 (1) 편차의 총합은 0이므로

$$-5+x+1+(-1)+3=0$$
$$\therefore x=2$$

(2) (분산)$=\dfrac{(-5)^2+2^2+1^2+(-1)^2+3^2}{5}=\dfrac{40}{5}=8$

$$\therefore \text{(표준편차)}=\sqrt{8}=2\sqrt{2}\text{(분)}$$

2 (1) ❶ (평균)$=\dfrac{8+16+10+22+9}{5}=\dfrac{65}{5}=13$

❷
변량	8	16	10	22	9
편차	-5	3	-3	9	-4
(편차)²	25	9	9	81	16

❸ {(편차)²의 총합}$=25+9+9+81+16=140$

❹ (분산)$=\dfrac{140}{5}=28$

❺ (표준편차)$=\sqrt{28}=2\sqrt{7}$

(2) ❶ (평균)$=\dfrac{20+23+21+17+14}{5}=\dfrac{95}{5}=19$

❷
변량	20	23	21	17	14
편차	1	4	2	-2	-5
(편차)²	1	16	4	4	25

❸ {(편차)²의 총합}$=1+16+4+4+25=50$

❹ (분산)$=\dfrac{50}{5}=10$

❺ (표준편차)$=\sqrt{10}$

3 (평균)$=\dfrac{5+9+9+8+8+10+7}{7}=\dfrac{56}{7}=8$(점)

(분산)$=\dfrac{(-3)^2+1^2+1^2+0^2+0^2+2^2+(-1)^2}{7}=\dfrac{16}{7}$

$$\therefore \text{(표준편차)}=\sqrt{\dfrac{16}{7}}=\dfrac{4\sqrt{7}}{7}\text{(점)}$$

4 (평균)$=\dfrac{13+18+15+12+11+20+16}{7}$

$$=\dfrac{105}{7}=15\text{(켤레)}$$

(분산)$=\dfrac{(-2)^2+3^2+0^2+(-3)^2+(-4)^2+5^2+1^2}{7}$

$$=\dfrac{64}{7}$$

$$\therefore \text{(표준편차)}=\sqrt{\dfrac{64}{7}}=\dfrac{8\sqrt{7}}{7}\text{(켤레)}$$

---

5 (1) 평균이 5이므로

$$\dfrac{8+x+5+6+y}{5}=5\text{에서 } x+y+19=25$$
$$\therefore x+y=6 \qquad\qquad \cdots \text{㉠}$$

(2) 분산이 4이므로

$$\dfrac{3^2+(x-5)^2+0^2+1^2+(y-5)^2}{5}=4\text{에서}$$
$$(x-5)^2+(y-5)^2+10=20$$
$$\therefore x^2+y^2-10(x+y)+60=20 \qquad \cdots \text{㉡}$$

㉡에 ㉠을 대입하면

$$x^2+y^2-10\times6+60=20 \qquad \therefore x^2+y^2=20$$

1 ㄷ   **2** 은지

3 (1) 선수 A의 평균: 17점, 선수 B의 평균: 17점

    (2) 선수 A의 분산: $\dfrac{526}{5}$, 선수 B의 분산: 8

    (3) 선수 B

4 (1) 1반의 분산: $\dfrac{5}{9}$, 2반의 분산: $\dfrac{8}{9}$ (2) 1반

5 A, B, C

---

1 ㄱ, ㄴ. A, B 두 반의 평균이 같으므로 어느 반의 성적이 더
    우수하다고 말할 수 없다.

    ㄷ, ㄹ. A반의 표준편차가 B반의 표준편차보다 작으므로
    A반의 성적이 B반의 성적보다 더 고르다.

    따라서 옳은 것은 ㄷ이다.

2 서준, 은지, 현아, 민수의 수면 시간의 표준편차는 각각
$2=\sqrt{4}$(시간), $4=\sqrt{16}$(시간), $\sqrt{15}$시간, $\sqrt{7}$시간이므로
은지의 표준편차가 가장 크다.
따라서 은지의 수면 시간의 변화가 가장 크다.

3 (1) (선수 A의 평균)$=\dfrac{9+15+32+25+4}{5}=\dfrac{85}{5}=17$(점)

    (선수 B의 평균)$=\dfrac{17+21+19+15+13}{5}=\dfrac{85}{5}=17$(점)

(2) (선수 A의 분산)$=\dfrac{(-8)^2+(-2)^2+15^2+8^2+(-13)^2}{5}$

$$=\dfrac{526}{5}$$

    (선수 B의 분산)$=\dfrac{0^2+4^2+2^2+(-2)^2+(-4)^2}{5}$

$$=\dfrac{40}{5}=8$$

(3) 선수 B의 분산이 선수 A의 분산보다 작으므로 선수 B의
    점수가 선수 A의 점수보다 더 고르다.
    따라서 선수 B를 선발해야 한다.

4 ⑴ (1반의 평균)$=\dfrac{1\times1+2\times2+3\times11+4\times4}{18}$

$\qquad\qquad\quad=\dfrac{54}{18}=3$(개)

$\quad\therefore$ (1반의 분산)

$\qquad=\dfrac{(-2)^2\times1+(-1)^2\times2+0^2\times11+1^2\times4}{18}$

$\qquad=\dfrac{10}{18}=\dfrac{5}{9}$

$\quad$ (2반의 평균)$=\dfrac{1\times7+2\times5+3\times5+4\times1}{18}$

$\qquad\qquad\quad=\dfrac{36}{18}=2$(개)

$\quad\therefore$ (2반의 분산)$=\dfrac{(-1)^2\times7+0^2\times5+1^2\times5+2^2\times1}{18}$

$\qquad\qquad\qquad\quad=\dfrac{16}{18}=\dfrac{8}{9}$

⑵ 1반의 분산이 2반의 분산보다 작으므로 1반의 학생들이 갖고 있는 가방의 개수가 2반의 학생들이 갖고 있는 가방의 개수보다 더 고르게 나타났다.

5 세 자료 A, B, C의 평균은 5로 모두 같다.

(자료 A의 분산)$=\dfrac{0^2+0^2+0^2+0^2+0^2}{5}=0$

(자료 B의 분산)$=\dfrac{(-1)^2+(-1)^2+0^2+1^2+1^2}{5}=\dfrac{4}{5}$

(자료 C의 분산)$=\dfrac{(-4)^2+(-2)^2+0^2+2^2+4^2}{5}=\dfrac{40}{5}=8$

따라서 분산이 작을수록 표준편차도 작으므로 표준편차가 작은 것부터 차례로 나열하면 A, B, C이다.

다른 풀이

세 자료 A, B, C의 평균은 5로 모두 같다.

이때 변량들이 평균 가까이에 모여 있을수록 표준편차가 작으므로 변량들이 평균인 5 가까이에 가장 많이 모여 있는 것부터 차례로 나열하면 A, B, C이다.

참고 자료의 변량이 모두 같으면 분산은 0이다.

[1~2] 대푯값과 산포도의 이해

⑴ 대푯값: 평균, 중앙값, 최빈값 등

⑵ 산포도: 분산, 표준편차 등

⑶ (편차)＝(변량)－(평균)

⑷ 분산: 편차의 제곱의 평균

⑸ (표준편차)$=\sqrt{(분산)}$

⑹ 분산 또는 표준편차가 작을수록 자료의 분포 상태가 고르다.

1 ② (편차)＝(변량)－(평균)이다.

2 ㄴ. 분산은 산포도 중 하나이다.

$\quad$ ㄷ. 분산이 작을수록 표준편차도 작다.

$\quad$ ㅁ. 표준편차가 작을수록 자료는 고르게 분포되어 있다.

$\quad$ 따라서 옳은 것은 ㄱ, ㄹ이다.

[3~4] 편차를 이용하여 변량 구하기

(편차)＝(변량)－(평균)

3 선희의 통학 시간의 편차를 x분이라고 하면 편차의 총합은 0이므로

$-3+x+1+4+(-10)=0\qquad\therefore x=8$

(편차)＝(변량)－(평균)이므로

$8=$(선희의 통학 시간)-15

$\therefore$ (선희의 통학 시간)$=8+15=23$(분)

4 D팀이 얻은 점수의 편차를 x점이라고 하면 편차의 총합은 0이므로

$-3+(-2)+7+x=0\qquad\therefore x=-2\qquad\cdots$(i)

(편차)＝(변량)－(평균)이므로

$-2=$(D팀이 얻은 점수)-77

$\therefore$ (D팀이 얻은 점수)$=-2+77=75$(점)$\qquad\cdots$(ii)

채점 기준	비율
(i) D팀이 얻은 점수의 편차 구하기	50 %
(ii) D팀이 얻은 점수 구하기	50 %

[5~10] 분산과 표준편차 구하기

⑴ (분산)$=\dfrac{\{(편차)^2의\ 총합\}}{(변량의\ 개수)}$

⑵ (표준편차)$=\sqrt{(분산)}$

5 학생 E의 몸무게의 편차를 $x\,\mathrm{kg}$이라고 하면 편차의 총합은 0이므로

$-1+2+3+(-2)+x=0$

$\therefore x=-2$

(분산)$=\dfrac{(-1)^2+2^2+3^2+(-2)^2+(-2)^2}{5}=\dfrac{22}{5}$

$\therefore$ (표준편차)$=\sqrt{\dfrac{22}{5}}=\dfrac{\sqrt{110}}{5}$(kg)

쌍둥이 기출문제 $\qquad\qquad$ P. 84~85

1 ②	**2** ㄱ, ㄹ	**3** 23분
4 75점	**5** $\dfrac{\sqrt{110}}{5}$ kg	**6** 1, $\dfrac{2\sqrt{30}}{3}$

7 분산: 8, 표준편차: $2\sqrt{2}$회

8 평균: 42분, 분산: $\dfrac{169}{3}$, 표준편차: $\dfrac{13\sqrt{3}}{3}$분

9 ②	**10** ④	**11** ②

12 ①, ⑤

6 편차의 총합은 0이므로

$$2x+4+(-5)+3+(-5)+x=0$$

$$3x-3=0 \quad \therefore x=1$$

$$(\text{분산})=\frac{2^2+4^2+(-5)^2+3^2+(-5)^2+1^2}{6}$$

$$=\frac{80}{6}=\frac{40}{3}$$

$$\therefore (\text{표준편차})=\sqrt{\frac{40}{3}}=\frac{2\sqrt{30}}{3}$$

7 $(\text{평균})=\dfrac{12+18+16+14+20}{5}=\dfrac{80}{5}=16(\text{회})$

$$(\text{분산})=\frac{(-4)^2+2^2+0^2+(-2)^2+4^2}{5}$$

$$=\frac{40}{5}=8$$

$$(\text{표준편차})=\sqrt{8}=2\sqrt{2}(\text{회})$$

8 $(\text{평균})=\dfrac{30+36+40+45+50+51}{6}=\dfrac{252}{6}=42(\text{분})$

$$(\text{분산})=\frac{(-12)^2+(-6)^2+(-2)^2+3^2+8^2+9^2}{6}$$

$$=\frac{338}{6}=\frac{169}{3}$$

$$(\text{표준편차})=\sqrt{\frac{169}{3}}=\frac{13\sqrt{3}}{3}(\text{분})$$

9 평균이 4이므로

$$\frac{3+x+y+1}{4}=4 \text{에서 } x+y+4=16$$

$$\therefore x+y=12 \qquad \cdots \text{㉠}$$

분산이 6.5이므로

$$\frac{(-1)^2+(x-4)^2+(y-4)^2+(-3)^2}{4}=6.5\text{에서}$$

$$(x-4)^2+(y-4)^2+10=26$$

$$\therefore x^2+y^2-8(x+y)+42=26 \qquad \cdots \text{㉡}$$

㉡에 ㉠을 대입하면

$$x^2+y^2-8\times12+42=26, \ x^2+y^2-54=26$$

$$\therefore x^2+y^2=80$$

10 평균이 6이므로

$$\frac{6+4+7+x+y}{5}=6\text{에서 } 17+x+y=30$$

$$\therefore x+y=13 \qquad \cdots \text{㉠}$$

표준편차가 $\sqrt{2}$이므로 → 분산은 $(\sqrt{2})^2$

$$\frac{0^2+(-2)^2+1^2+(x-6)^2+(y-6)^2}{5}=(\sqrt{2})^2$$

$$5+(x-6)^2+(y-6)^2=10$$

$$\therefore x^2+y^2-12(x+y)+77=10 \qquad \cdots \text{㉡}$$

㉡에 ㉠을 대입하면

$$x^2+y^2-12\times13+77=10, \ x^2+y^2-79=10$$

$$\therefore x^2+y^2=89$$

11 표준편차가 작을수록 사과들의 무게가 고르므로 사과들의 무게가 가장 고른 상자는 표준편차가 가장 작은 B 상자이다.

12 ① A반과 B반의 성적의 평균이 같으므로 어느 반의 성적이 더 좋다고 말할 수 없다.

② C반의 성적의 평균이 가장 높으므로 성적이 가장 좋다.

③ C반의 성적의 표준편차가 A반의 성적의 표준편차보다 작으므로 C반의 성적이 A반의 성적보다 더 고르다.

④ B반의 성적의 표준편차가 가장 작으므로 B반의 성적이 가장 고르다.

⑤ 평균과 표준편차만으로는 90점 이상의 고득점자의 수를 알 수 없다.

따라서 옳지 않은 것은 ①, ⑤이다.

단원 마무리   P. 86~87

1	⑤	2	5회	3	85	4	중앙값, 25시간

5 ②, ④   **6** ⑤   **7** $\dfrac{2\sqrt{21}}{3}$회

8 (1) 학생 A의 평균: 7점, 학생 A의 분산: $\dfrac{2}{5}$,

학생 B의 평균: 7점, 학생 B의 분산: $\dfrac{32}{5}$

(2) 학생 A

1 $(\text{평균})=\dfrac{6+9+12+14+14+17+20+25+27+36}{10}$

$$=\frac{180}{10}=18(\text{시간})$$

$$\therefore a=18$$

중앙값은 변량을 작은 값부터 크기순으로 나열할 때,

5번째와 6번째 변량의 평균이므로

$$(\text{중앙값})=\frac{14+17}{2}=15.5(\text{시간})$$

$$\therefore b=15.5$$

14시간이 두 번으로 가장 많이 나타나므로

$$(\text{최빈값})=14\text{시간}$$

$$\therefore c=14$$

$$\therefore c<b<a$$

2 평균이 6회이므로

$$\frac{12+3+x+9+2+6}{6}=6, \ x+32=36$$

$$\therefore x=4$$

변량을 작은 값부터 크기순으로 나열하면

2, 3, 4, 6, 9, 12

$$\therefore (중앙값)=\frac{4+6}{2}=5(회)$$

3 x를 제외한 서로 다른 4개의 변량이 모두 한 번씩 나타나므로 x는 4개의 변량 중 하나와 같다.

즉, 최빈값은 x점이고 평균과 최빈값이 서로 같으므로 평균도 x점이다. $\cdots$ (i)

$$\frac{88+74+85+93+x}{5}=x \text{에서} \qquad \cdots \text{(ii)}$$

$$340+x=5x, \ 4x=340$$

$$\therefore x=85 \qquad \cdots \text{(iii)}$$

채점 기준	비율
(i) 최빈값과 평균이 x점임을 알기	50 %
(ii) 평균이 x점임을 이용하여 식 세우기	30 %
(iii) x의 값 구하기	20 %

4 105와 같이 극단적인 값이 있으므로 평균은 주어진 자료의 대푯값으로 적절하지 않다. 또 각 변량이 모두 한 번씩 나타나므로 최빈값은 주어진 자료의 대푯값으로 적절하지 않다. 따라서 주어진 자료의 대푯값으로 가장 적절한 것은 중앙값이다.

변량을 작은 값부터 크기순으로 나열하면

17, 18, 20, 22, 24, 26, 27, 29, 30, 105이므로

$$(중앙값)=\frac{24+26}{2}=25(시간)$$

5 ② (편차)=(변량)−(평균)이므로 변량이 평균보다 크면 그 편차는 양수이다.

④ 편차의 제곱의 평균을 분산이라고 한다.

6 ① 편차의 총합은 0이므로

$$1.4+(-1.6)+0.4+x+(-2.6)=0$$

$$\therefore x=2.4$$

② 학생 D의 평점의 편차가 양수이므로 학생 D의 평점은 평균보다 높다.

③ $-1.6=(학생 B의 평점)-7.6$

$\qquad \therefore (학생 B의 평점)=-1.6+7.6=6(점)$

④ 학생 D의 평점의 편차가 가장 크므로 학생 D의 평점이 가장 높다.

⑤ 평점을 낮게 매긴 학생부터 차례로 나열하면

E, B, C, A, D이므로

중앙값은 학생 C의 평점과 같다.

따라서 옳은 것은 ⑤이다.

7 편차의 총합은 0이므로

$$4+(-2)+1+3+(-5)+x=0$$

$$\therefore x=-1 \qquad \cdots \text{(i)}$$

$$(분산)=\frac{4^2+(-2)^2+1^2+3^2+(-5)^2+(-1)^2}{6}$$

$$=\frac{56}{6}=\frac{28}{3} \qquad \cdots \text{(ii)}$$

$$\therefore (표준편차)=\sqrt{\frac{28}{3}}=\frac{2\sqrt{21}}{3}(회) \qquad \cdots \text{(iii)}$$

채점 기준	비율
(i) x의 값 구하기	40 %
(ii) 분산 구하기	40 %
(iii) 표준편차 구하기	20 %

8 (1) $(학생\ A의\ 평균)=\dfrac{7+6+7+8+7}{5}$

$$=\frac{35}{5}=7(점)$$

$(학생\ A의\ 분산)=\dfrac{0^2+(-1)^2+0^2+1^2+0^2}{5}$

$$=\frac{2}{5}$$

$(학생\ B의\ 평균)=\dfrac{5+9+9+3+9}{5}$

$$=\frac{35}{5}=7(점)$$

$(학생\ B의\ 분산)=\dfrac{(-2)^2+2^2+2^2+(-4)^2+2^2}{5}$

$$=\frac{32}{5}$$

(2) 학생 A의 분산이 학생 B의 분산보다 작으므로 학생 A의 점수가 학생 B의 점수보다 더 고르다.

1 산점도와 상관관계

유형 1 P. 90

1 (1) 스마트폰: 2시간, 수면: 10시간 (2) 8시간 (3) 2시간
   (4) 3명 (5) 4명 (6) 4명
2 (1) 3명 (2) 4명 (3) 20%
3 (1) 5명 (2) $\dfrac{1}{2}$ (3) 8점

1 (2) 스마트폰 사용 시간이 가장 짧은 학생의 스마트폰 사용
   시간은 1시간이고, 이 학생의 수면 시간은 8시간이다.
   (3) 수면 시간이 두 번째로 긴 학생의 수면 시간은 9시간이고,
   이 학생의 스마트폰 사용 시간은 2시간이다.
   (4) 스마트폰 사용 시간이 5시간
   이상인 학생은 오른쪽 그림에
   서 색칠한 부분(경계선 포함)
   에 속하므로 3명이다.

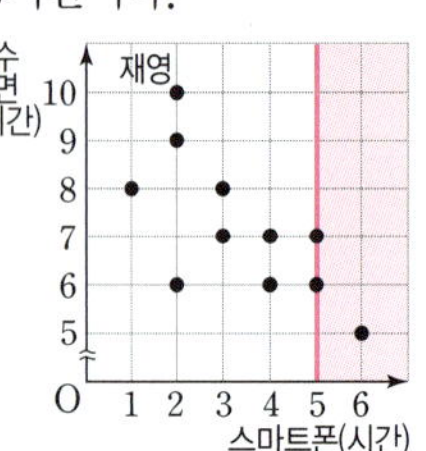

   (5) 수면 시간이 7시간 미만인 학
   생은 오른쪽 그림에서 색칠
   한 부분(경계선 제외)에 속하
   므로 4명이다.

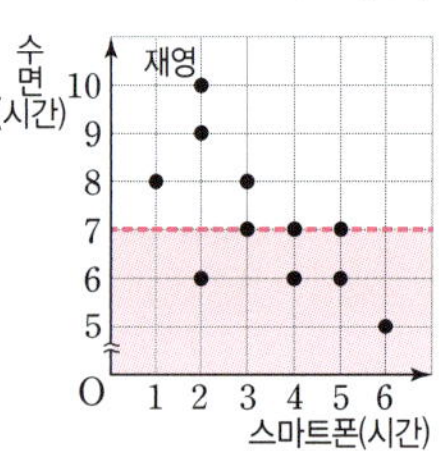

   (6) 스마트폰 사용 시간이 3시간
   이하이고 수면 시간이 8시간
   이상인 학생은 오른쪽 그림에
   서 색칠한 부분(경계선 포함)
   에 속하므로 4명이다.

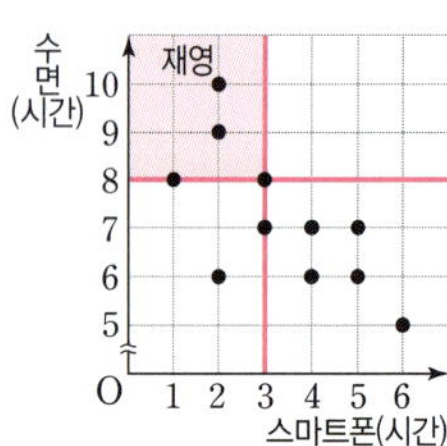

2 (1) 국어 성적과 수학 성적이 같은
   학생은 오른쪽 그림에서 대각
   선 위에 있으므로 3명이다.

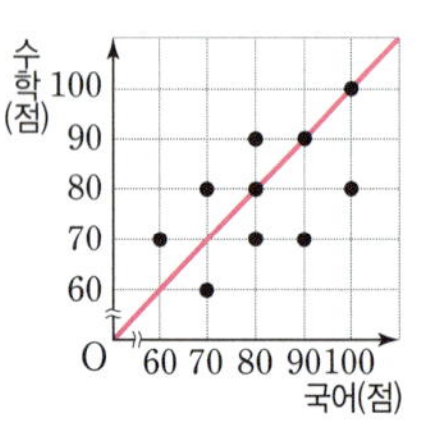

   (2) 국어 성적이 수학 성적보다 우
   수한 학생은 오른쪽 그림에서
   색칠한 부분(경계선 제외)에 속
   하므로 4명이다.

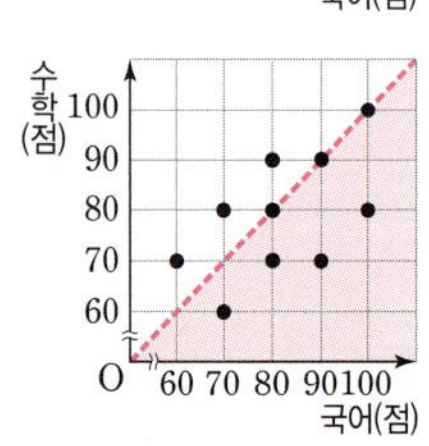

   (3) 국어 성적과 수학 성적이 모두
   90점 이상인 학생은 오른쪽 그
   림에서 색칠한 부분(경계선 포
   함)에 속하므로 2명이다.
   $$\therefore \dfrac{2}{10}\times100=20(\%)$$

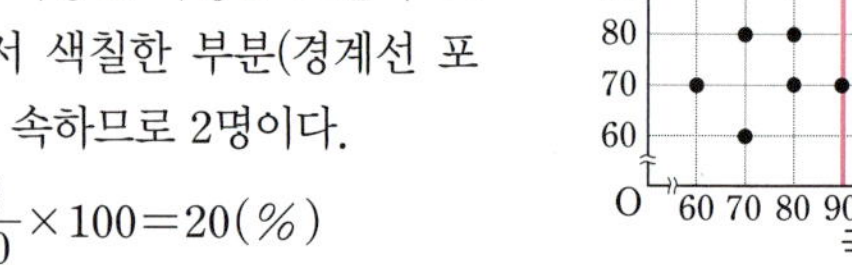

3 (1) 2차 점수가 1차 점수보다 높은
   선수는 오른쪽 그림에서 색칠한
   부분(경계선 제외)에 속하므로 5명
   이다.

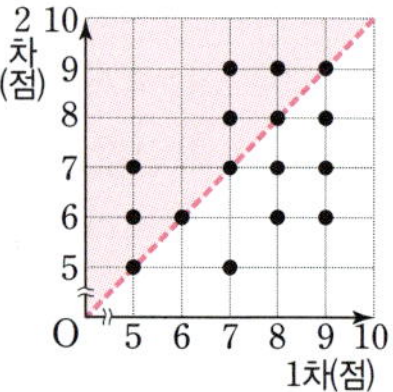

   (2) 1차 점수가 8점 이상인 선수는
   오른쪽 그림에서 색칠한 부분(경
   계선 포함)에 속하므로 8명이다.
   따라서 그 비율은 $\dfrac{8}{16}=\dfrac{1}{2}$이다.

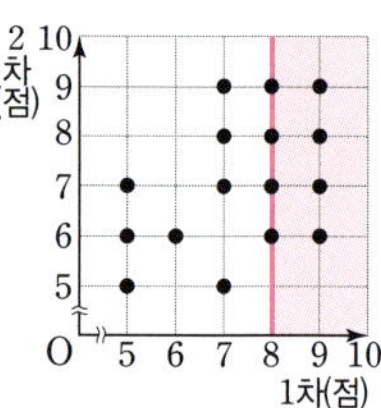

   (3) 2차 점수가 8점인 선수는 오른
   쪽 그림에서 직선 l 위에 있으므
   로 3명이다. 이들의 1차 점수는
   각각 7점, 8점, 9점이므로
   $$(\text{평균})=\dfrac{7+8+9}{3}=\dfrac{24}{3}=8(\text{점})$$

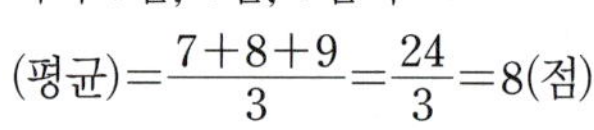
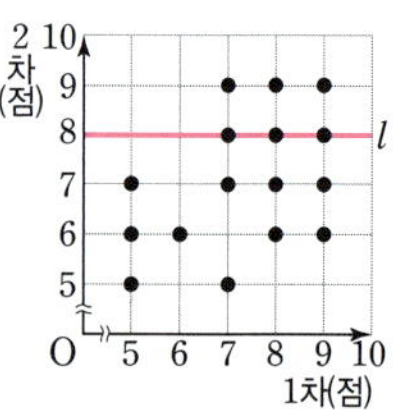

유형 2 P. 91

1 (1) ㄱ, ㄹ (2) ㄷ, ㅁ (3) ㄹ (4) ㅁ (5) ㄴ, ㅂ
2 (1) 양 (2) 없다 (3) 음 (4) 양 (5) 음
3 (1) 양의 상관관계 (2) E (3) A

1 (4) x의 값이 증가함에 따라 y의 값이 대체로 감소하는 경향
   이 있으면 x, y 사이에는 음의 상관관계가 있고, 이 경향
   이 가장 뚜렷한 것은 음의 상관관계 중 가장 강한 것이므
   로 ㅁ이다.

3 (1) 몸무게가 많이 나갈수록 키도 대체로 크므로 두 변량 사
   이에는 양의 상관관계가 있다.

1　(1) 양의 상관관계　(2) 7점　(3) 4명　(4) $\dfrac{2}{5}$　(5) 20 %

2　(1) 음　(2) 없다　(3) 양　(4) 없다　(5) 양　(6) 음

3　ㄷ

4　(1) 양의 상관관계　(2) A

1　(1) 1차 점수가 높을수록 2차 점수도 대체로 높으므로 두 변량 사이에는 양의 상관관계가 있다.
　(2) 1차 점수가 가장 낮은 학생의 1차 점수는 6점이고, 이 학생의 2차 점수는 7점이다.
　(3) 1차와 2차 점수에 변화가 없는, 즉 1차와 2차 점수가 같은 학생은 오른쪽 그림에서 대각선 위에 있으므로 4명이다.

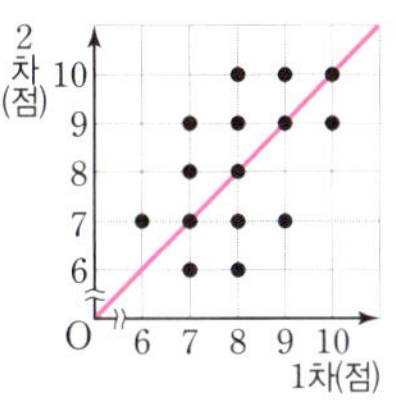

　(4) 1차 점수보다 2차 점수가 높은 학생은 오른쪽 그림에서 색칠한 부분(경계선 제외)에 속하므로 6명이다.
　　따라서 그 비율은 $\dfrac{6}{15}=\dfrac{2}{5}$이다.

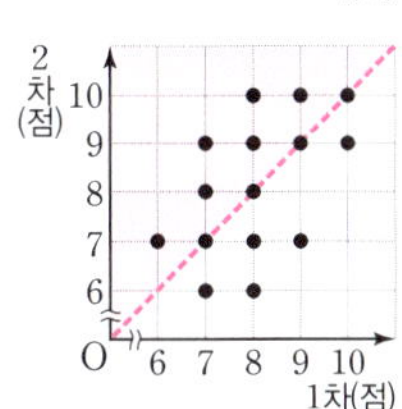

　(5) 1차와 2차 점수가 모두 8점 미만인 학생은 오른쪽 그림에서 색칠한 부분(경계선 제외)에 속하므로 3명이다.
　　$\therefore \dfrac{3}{15}\times100=20\,(\%)$

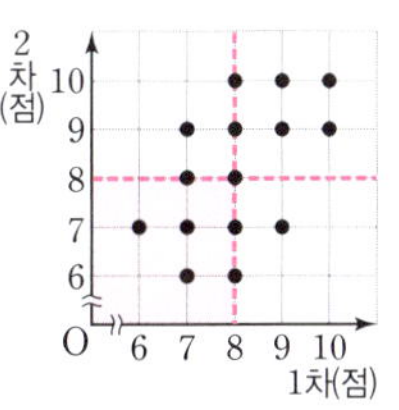

3　ㄷ. C의 듣기 성적은 5점이고, A의 듣기 성적은 6점이므로 C는 A보다 듣기 성적이 더 낮다.

4　(1) 공부 시간이 길수록 학업 성적도 대체로 높으므로 두 변량 사이에는 양의 상관관계가 있다.

쌍둥이 **기출문제**　　　　　　　　　　P. 93~94

1　(1) 3명　(2) 40 %　　　**2**　(1) 4명　(2) 40 %
3　(1) 양의 상관관계　(2) 74병
4　(1) 양의 상관관계　(2) 85점
5　④　　**6**　⑤　　**7**　②　　**8**　⑤

[1~2] 산점도의 분석
주어진 조건에 따라 기준이 되는 보조선을 긋는다.
(1) 이상, 이하 ⇨ 가로선 또는 세로선 긋기
(2) 두 변량의 비교 ⇨ 대각선 긋기

1　(1) 필기 점수가 80점 이상이고 실기 점수가 90점 이상인 학생은 오른쪽 그림에서 색칠한 부분(경계선 포함)에 속하므로 3명이다.

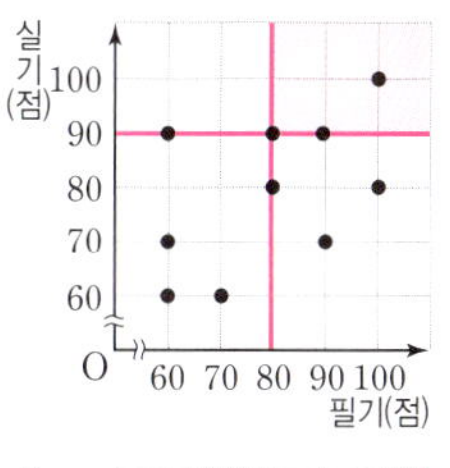

　(2) 필기 점수와 실기 점수가 같은 학생은 오른쪽 그림에서 대각선 위에 있으므로 4명이다.
　　$\therefore \dfrac{4}{10}\times100=40\,(\%)$

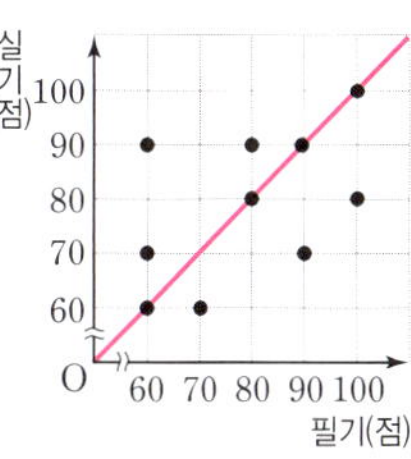

2　(1) 사회 성적이 도덕 성적보다 높은 학생은 오른쪽 그림에서 색칠한 부분(경계선 제외)에 속하므로 4명이다.

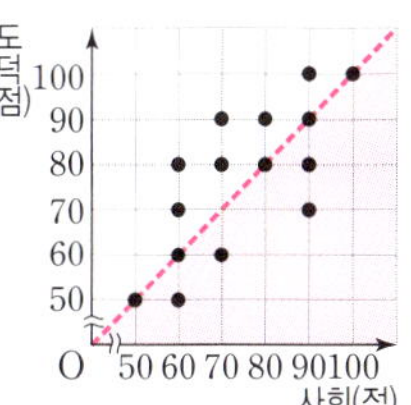

　(2) 도덕 성적이 70점 이하인 학생은 오른쪽 그림에서 색칠한 부분(경계선 포함)에 속하므로 6명이다.
　　$\therefore \dfrac{6}{15}\times100=40\,(\%)$

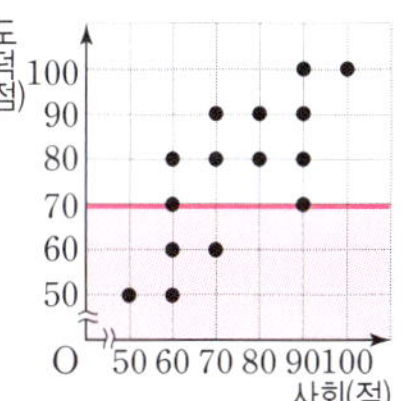

[3~8] 상관관계
(1) 양의 상관관계
　⇨ x의 값이 증가함에 따라 y의 값도 대체로 증가하는 경향이 있는 관계
(2) 음의 상관관계
　⇨ x의 값이 증가함에 따라 y의 값이 대체로 감소하는 경향이 있는 관계
(3) 상관관계가 없다.
　⇨ x의 값이 증가함에 따라 y의 값이 증가하는지 감소하는지 분명하지 않은 관계

3　(1) 일일 최고 기온이 높을수록 생수의 판매량도 대체로 많으므로 두 변량 사이에는 양의 상관관계가 있다.
　(2) 일일 최고 기온이 29 ℃ 미만인 날은 오른쪽 그림에서 색칠한 부분(경계선 제외)에 속하므로 5일이다.
　　이날들의 생수의 판매량은 각각 65병, 70병, 75병, 75병, 85병이므로
　　$(\text{평균})=\dfrac{65+70+75+75+85}{5}=\dfrac{370}{5}=74\,(\text{병})$

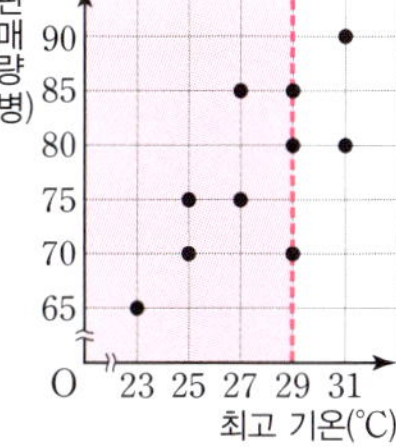
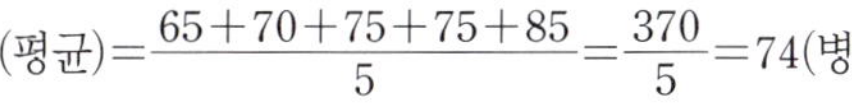

4 (1) 관객 점수가 높을수록 심사위원 점수도 대체로 높으므로 두 변량 사이에는 양의 상관관계가 있다.

(2) 심사위원 점수가 90점 이상인 참가자는 오른쪽 그림에서 색칠한 부분(경계선 포함)에 속하므로 4명이다.

이들의 관객 점수는 각각 70점, 80점, 90점, 100점이므로

$$(\text{평균})=\frac{70+80+90+100}{4}=\frac{340}{4}=85(\text{점})$$

5 ①, ②, ③ 양의 상관관계
④ 음의 상관관계
⑤ 상관관계가 없다.
이때 주어진 산점도는 음의 상관관계를 나타내므로 산점도를 그렸을 때 주어진 그림과 같은 모양이 되는 것은 ④이다.

6 ①, ② 음의 상관관계
③, ④ 상관관계가 없다.
⑤ 양의 상관관계
이때 주어진 산점도는 양의 상관관계를 나타내므로 산점도를 그렸을 때 주어진 그림과 같은 모양이 되는 것은 ⑤이다.

7 ② B는 수학 성적에 비해 과학 성적이 낮은 편이다.

8 ⑤ C는 앉은키에 비해 키가 큰 편이다.

채점 기준	비율
(ⅰ) 만들기 점수와 그리기 점수가 같은 학생 수 구하기	20 %
(ⅱ) 만들기 점수와 그리기 점수가 모두 8점 이상인 학생 수 구하기	20 %
(ⅲ) 만들기 점수와 그리기 점수가 모두 8점 이상인 학생이 전체의 몇 %인지 구하기	20 %
(ⅳ) 그리기 점수가 7점인 학생들의 만들기 점수의 평균 구하기	40 %

2 지면에서의 높이와 산소량 사이에는 음의 상관관계가 있다.
①, ②, ④ 양의 상관관계
③ 상관관계가 없다.
⑤ 음의 상관관계
따라서 주어진 상관관계와 같은 상관관계가 있는 것은 ⑤이다.

3 ㄱ. A, B, C, D 4명의 학생 중에서 용돈이 가장 많은 학생은 A이다.
ㄷ. A, B, C, D 4명의 학생 중에서 용돈에 비해 저축액이 가장 많은 학생은 B이다.
ㅁ. 용돈이 많은 학생은 저축액도 대체로 많다.
ㅂ. 용돈과 저축액 사이에는 양의 상관관계가 있다.
따라서 옳은 것은 ㄴ, ㄹ이다.

단원 마무리
P. 95

1 (1) 5명 (2) 25 % (3) 7점
2 ⑤   **3** ㄴ, ㄹ

1 (1) 만들기 점수와 그리기 점수가 같은 학생은 오른쪽 그림에서 대각선 위에 있으므로 5명이다. … (ⅰ)

(2) 만들기 점수와 그리기 점수가 모두 8점 이상인 학생은 오른쪽 그림에서 색칠한 부분(경계선 포함)에 속하므로 4명이다. … (ⅱ)

$$\therefore \frac{4}{16}\times100=25(\%) \qquad \cdots (ⅲ)$$

(3) 그리기 점수가 7점인 학생은 위의 그림에서 직선 l 위에 있으므로 4명이다.
이들의 만들기 점수는 각각 5점, 6점, 7점, 10점이므로

$$(\text{평균})=\frac{5+6+7+10}{4}=\frac{28}{4}=7(\text{점}) \qquad \cdots (ⅳ)$$

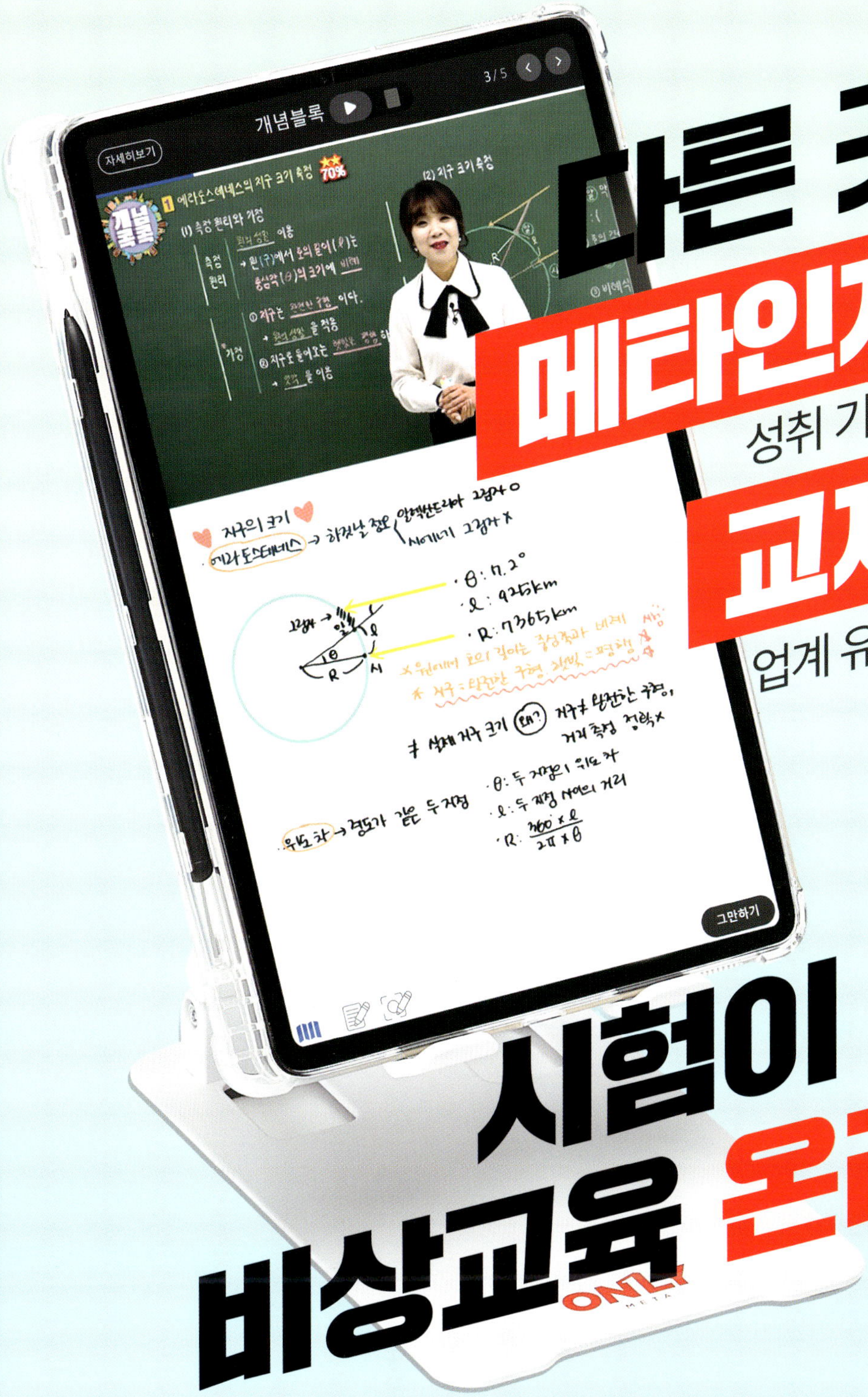

다른 곳엔 없는
메타인지 학습 과
성취 기반 AI메타보드·AI채움퀘스트
교재 강의 로
업계 유일한 비상교재, 쎈 강좌 보유

시험이 쉬워지는
비상교육 온리원 중등

0원 무제한 학습!
지금 신청하기

★★★ 10명 중 8명 내신 최상위권
★★★ 특목고 합격생 167% 달성
★★★ 1년 만에 2배 장학생 증가

※ 2023년 2학기 기말 기준, 전체 성적 장학생 중 모범, 으뜸, 우수상 수상자(평균 93점 이상) 비율 81.2% /
특목고 합격생 수 2022학년도 대비 2024학년도 167.4% / 21년 1학기 중간 ~ 22년 1학기 중간 누적 장학생 수(3,499명) 대비
21년 1학기 중간 ~ 23년 1학기 중간 누적 장학생 수(6,888명) 비율

문의 1588-6563 | www.only1.co.kr

✚ 개념·플러스·유형·시리즈 개념과 유형이 하나로! 가장 효과적인 수학 공부 방법을 제시합니다.

대표전화 1544-0554
주소 경기도 과천시 과천대로2길 54(갈현동, 그라운드브이)